中 等 专 业 学 校 教 材

牵 引 供 电 规 程 与 规 则

张道俊　王汉兵　主编
林永顺　　　　主审

中 国 铁 道 出 版 社

2018 年·北京

内 容 简 介

本书是根据铁路中等专业学校供电专业教学指导委员会审议通过的教学大纲编写的。结合电气化铁道牵引供电设备运用、检修和事故处理中所遵循的规章制度,系统地阐述了接触网和牵引变电所安全工作规程及运行检修规程、铁路技术管理规程、牵引供电事故管理规则、事故抢修规则、行车组织规则、牵引供电调度规则、牵引供电跳闸统计规定。对有关规章列举了大量事故案例进行分析,对重要条款作了详细介绍。

本书结合实际,便于理解和掌握牵引供电有关规程与规则,是中等专业学校供电专业的教材,也可作为技工学校和职工培训教材。

图书在版编目(CIP)数据

牵引供电规程与规则/张道俊编著 . —北京:
中国铁道出版社,1999.10 (2018.2 重印)
中等专业学校教材
ISBN 978-7-113-03501-3

Ⅰ. 牵… Ⅱ. 张… Ⅲ.①电气化铁道-电力索引-供电-规程-专业学校-教材②电气化铁道-电力索引-供电-规则-专业学校-教材 Ⅳ. TM922.3-65

中国版本图书馆 CIP 数据核字(1999)第 44895 号

书 名	牵引供电规程与规则
作 者	张道俊 王汉兵
出 版 发 行	中国铁道出版社(100054, 北京市西城区右安门西街 8 号)
责 任 编 辑	阚济存
封 面 设 计	王镜夷
印 刷	北京鑫正大印刷有限公司
开 本	787×1092 1/16 印张:14.25 字数:352 千
版 本	1999 年 12 月第 1 版 2018 年 2 月第 8 次印刷
书 号	ISBN 978-7-113-03501-3
定 价	32.00 元

前　　言

　　本书是根据铁路中等专业学校供电专业教学指导委员会审议通过的有关教学大纲编写的,供69学时教学使用。

　　本课程是电力铁道供电专业的一门专业课,主要讲授牵引供电接触网和牵引变电所安全工作规程及运行检修规程,铁路技术管理规程,牵引供电事故管理规则,行车组织规则,牵引供电调度规则,牵引供电跳闸统计规定。可以满足中等专业学校、技工学校和现场职工培训的需要。由于电气化铁道发展较快,各种规程与规则随着科技的进步也不断修改与完善,各铁路局也根据自己特点相应修改细则。因此,各校和单位在应用中应紧密结合实际做好教学和培训工作。

　　本书由张道俊和王汉兵主编,林永顺主审。参加本书编写的人员有:苗福,编写第五章第一节、第二节、第三节和第六章第一节、第三节、第四节;茹国富,编写第二章第七节、第八节和第三章第一节、第二节、第三节;魏宝红,编写第四章;张宝奇,编写第二章第一节、第二节、第三节和第三章第五节、第六节、第七节;任建均,编写第九章第一节、第二节和第七章第一节、第二节、第三节。在编写当中受到郑州供电段技术科、教育科、郑州铁路机械学校大力帮助,在此表示感谢!

编　者

1999 年 6 月

目　　　录

第一章 绪 论

随着我国经济的不断发展,标志铁路现代化的电气化铁路得到了迅速的发展,电气化区段逐步延伸,供电设备日渐更新,特别近年准高速和高速电气化铁路的建设,要求加强牵引供电系统的工作,进一步提高科学管理水平和工作效率,更好地为运输生产服务。同时,电气化铁路的发展对电气化设备运营管理工作所面临的"三高"的危险更加严峻。为保证人身和设备安全,铁道部及有关铁路局、处以文件形式制定颁发了牵引供电规程和规则,从事牵引供电工作的人员必须严格执行有关规程和规则。因此应加大规程和规则的学习,强化安全意识,树立"安全第一"的思想,确保人身和设备的安全,把铁路电气化事业推向一个新阶段。

第一节 部颁电气化铁路规程、规则

对于学习和从事牵引供电的人员对铁道部历年所颁布的有关电气化铁路方面的规程、规则必须有所了解,对于重点的规程、规则必须严格掌握,用规程、规则指导安全生产。下面是部颁有关电气化铁路安全规程、规则:

1.《接触网安全工作规程》和《接触网运行检修规程》

为了接触网运行、检修和安全工作的需要,提高接触网的质量和管理水平,以适应电气化铁路的发展需要,铁道部自 1983 年 4 月 1 日以(82)铁机字 881 号文(现场又简称 881 部令)颁布实施。现场简称《安规》和《检规》。

2.《牵引变电所安全工作规程》和《牵引变电所运行检修规程》

为了搞好牵引变电所运行、检修和安全工作,提高牵引变电所的设备质量、供电质量和管理水平,以适应电气化铁路的发展需要,铁道部自 1983 年 4 月 1 日以(82)铁机字 1670 号文(现场简称 1670 部令)颁布实施。现场简称《安规》和《检规》。

3.《电气化铁路接触网事故抢修规则》

为了保证电气化铁路的安全运行,一旦接触网发生故障,能迅速出动,及时抢修,尽快地恢复供电和行车,最大限度地减小事故损失和对运输的干扰,铁道部自 1989 年 10 月 17 日以铁机(1989)126 号文(现场简 126 部令)发布实施。现场简称《抢规》。

4.《铁路技术管理规程》

铁路是国民经济的大动脉,具有高度集中,半军事性,各个工作环节紧密联系和协同动作的特点。为使各部门、各单位、各工种安全、准确、迅速、协调地进行生产活动,更好地为运输生产服务,铁道部自 1992 年 9 月 1 日以铁道部第 1 号文发布实施。现场简称《技规》。《铁路技术管理规程》规定了铁路各部门、各单位从事运输生产时,必须遵守的基本原则,是铁路管理的基本法规。要求铁路各部门、各单位制定的规程、规范、规则、细则、标准和办法等都必须符合《铁路技术管理规程》的规定。

5.《牵引供电事故管理规则》

为了加强对牵引供电事故的调查分析,做好事故的统计管理,制定有效的防止措施,搞好安全运输生产,铁道部自 1985 年 6 月 1 日以(85)铁机字 124 号文发布实施。现场简称《事规》。

6.《电气化铁路有关人员电气安全规则》

为了贯彻执行国务院发布的有关安全规定精神,保证人民生命财产安全,适应电气化铁路发展以及新建电气化线路送电通车的安全宣传要求,铁道部自 1979 年 4 月 26 日以(79)铁机字 654 号文发布实施。要求对通往电气化区段的乘务人员、押运人员及电气化铁路沿线路内外职工、城乡广大人民群众组织传达学习和广为宣传,为有效地预防触电伤亡事故发生,保证铁路运输安全。

7.《牵引供电工作评比办法》

为在牵引供电系统深入开展全面质量管理活动,铁道部自 1985 年 5 月 17 日以(85)铁机字 110 号文(现场又简称 110 文件)公布《牵引供电工作评比办法》。要求供电段每年对牵引供电工作要按季、年组织段管内,按全面质量管理基础,"三定"、"四化"记名检修,设备质量,安全生产和主要指标五个方面检查内容进行评比,依"一切用数据说话"的原则以提高工作质量来确保供电质量。

8.《铁路电化区段防止刮弓网措施》和《铁路电化区段合理安排使用接触网维修"天窗"措施》

为了保证电气化铁路的安全运行,适应扩能和运输需要,铁道部自 1986 年 10 月 22 日以机电(1986)117 号文公布实施。

9.《牵引供电设备故障跳闸统计办法》和《弓网故障统计办法》

为加强牵引供电故障跳闸及弓网故障的分析管理,铁道部自 1991 年 7 月 25 日以机电(1991)61 号文制定公布。

10.《铁路牵引供电调度规则》

为了适应电气化铁路发展和运输生产的需要,必须加强牵引供电系统的运行调度管理。为此铁道部自 1993 年 1 月 1 日起以铁机(1992)143 号文制定公布实施。

11. 此外铁道部还以文件形式下发了牵引供电有关如《"天窗"时间接触网检修作业基本要求》、《晶体管继电保护检验标准》、《真空断路器检验标准》、《提高电化区段"天窗"兑现率保证安全供电和正常运输的通知》和《公布牵引供电四种报表的通知》等。在以后的章节中重点对主要部颁牵引供电规程、规则进行讲解。

第二节　铁路局、处公布实施的电气化铁路规程、规则

电气化铁路发展到 1996 年底突破一万公里大关,电化率达 20%左右。由于电气化铁路区段地理和自然环境不同,各铁路局和机务处根据铁道部《铁路技术管理规程》的有关规定,相应地制定了适合本局电气化铁路特点的规则和细则。从事牵引供电工作人员除必须严格执行铁道部规程、规则外,还必须严格执行铁路局和机务处制定的细则。本书在编写中主要根据郑州铁路局,郑州铁路局机务处历年公布实施的牵引供电文件。各校及各单位在讲授和执行当中,要结合本校及本单位所在铁路局特点,有针对性地讲授和运用。

一、铁路局公布实施的牵引供电文件

1.《行车组织规则》

为科学、合理地组织运输生产,实现安全、高效地加强行车组织管理。依据《技规》有关条文,结合本局设备特点,郑州铁路局自 1998 年 1 月 1 日以郑铁总[1997]180 号文公布实施,现均简称《行规》。《行规》是路局行车组织工作的基本法规,是对《技规》的补充规定。

2.《电化区段"天窗"管理办法》

由于电气化铁路管理薄弱和设备检修手段落后,牵引供电设备经常跳闸停电,干扰了铁路正常运输。为了确保电气化区段供电设备安全运行,预防发生严重事故,铁道部自 1988 年 3 月 31 日以机电(1988)312 号文,郑州铁路局于 1988 年 5 月 21 日以郑铁机(1988)290 号文制定《郑州铁路局电化区段"天窗"管理办法》。

3.《严禁机车闯接触网无电区的通知》

铁路局针对所辖管内连续发生电力机车闯入接触网停电作业区,将未停电区段高压电带到有人作业区和机车撞车梯人员情况,为确保人身和设备安全,重申(79)铁机字 654 号部令和郑铁总(1987)215 号《行规》文中的有关规定,郑州铁路局自 1989 年 8 月 15 日以郑电劳(1989)176 号文公布。

4.《红线管理规则》

为了保证电气化区段超限货物运输和行车安全,根据《技规》和局《行规》的有关规定,郑州铁路局自 1990 年 9 月 28 日以郑铁总(1990)554 号文公布实施。

5.《复线电气化区段 V 型天窗接触网作业安全工作暂行规定》

随着电气化铁路的发展,电气化铁路建设从山区走向了平原,长大复线干线相继电化。根据"郑武电化区段利用 V 型天窗进行作业安全防护措施"的研究成果,郑州铁路局自 1994 年 4 月 4 日以郑铁机(1994)128 号文公布实施。

6. 此外,铁路局还以文件形式下发了对铁道部牵引供电有关文件补充规定、细则和通知,如《接触网安全工作规程》、《接触网运用检修规程》补充细则,关于公布《牵引供电调度工作细则》的通知,关于《加强调度命令管理》的通知,关于印发《电调命令编号和命令格式的补充规定》的通知等。在以后的章节中只对铁路局的部分文件进行讲解。

二、机务处公布实施的牵引供电文件

1.《牵引供电工作评比办法执行细则》

为了更好的执行铁道部 1985 年 5 月 17 日以(85)机电字 110 号文公布实施的《牵引供电工作评比办法》,以进一步促进供电段质量管理工作,不断提高管理水平和牵引供电设备质量,确保不间断地安全供电,郑州铁路局机务处自 1986 年 6 月 1 日起以郑铁机供(86)31 号文公布实施。

2.《牵引供电跳闸统计的规定》

为了更系统的对牵引供电跳闸进行统计分析,改进牵引供电工作,提高牵引供电设备可靠性,郑州铁路局机务处自 1986 年 6 月 1 日起以郑机供(86)31 号文公布实施。该规定与铁道部 1991 年 7 月 25 日以机电(1991)61 号文制定公布的《牵引供电设备故障跳闸统计办法》相比,公布实施时间要早,因此在执行过程中两个文件要互相参照,依铁道部文件为准。

铁路局机务处为执行铁道部、铁路局牵引供电文件精神,相应地还制定了其它一些文件。由于各局条件不一样,出台的牵引供电文件不尽相同,所以在执行当中要结合本局的特点,用牵引供电文件来规范牵引供电工作。

第二章　接触网安全工作规程

第一节　总则与一般规定

一、总　　则

《接触网安全工作规程》(以下简称《安规》),是为了在接触网运行和检修工作中,确保人身、设备安全和行车安全而制定的。适用于电气化铁路工频 50Hz、单相 25kV 接触网的运行和检修。各主管部门要经常进行安全技术教育,组织有关人员认真学习和熟悉本规程,要领导和监督有关人员切实贯彻执行本规程的各项规定,确保人身、设备和行车的安全。

对严格遵守本规程和防止事故有功人员,应根据具体情况给予表扬、奖励;对违反本规程的人员,应根据情节轻重给予批评、教育、处分。

《安规》总则当中要求各铁路局可根据本规程规定的原则和要求,结合本局管内实际情况制定相应的细则、办法。

二、一般规定

1. 所有接触网设备,自第一次受电开始即认定为带电设备。之后,接触网上的一切作业,均必须按本规程的各项规定严格执行。

铁道部 1979 年 4 月 26 日(79)铁机 654 号文《电气化铁路有关人员电气安全规则》(以下简称《安全规则》)总则第五条规定:新建的电气化铁路在接触网接电的 15 天前,铁路局要把接电日期用书面通知铁路内外各有关单位。各单位在接到通知后,要立即转告所属有关人员。从此开始视为接触网带电,所需要的作业,均必须按带电要求办理。

所有接触网设备应包括新建的电气化铁路,更新改造和扩建的电气化铁路。

2. 为保证接触网运行和检修作业的安全,对有关人员实行安全等级制度。凡从事接触网运行和检修工作的所有人员,都必须经过考试评定安全等级(安全等级的规定,如表 2-1-1 所示)。取得安全合格证之后,方准参加相应的接触网运行和检修工作。

郑州铁路局 1984 年 6 月 1 日起实行的郑铁机(84)395 号文《接触网安全工作规程补充细则》(以下简称《补充细则》)中补充规定:对实习人员必须经过安全教育考试合格后方可下现场随同参加指定的工作,但不得单独工作。

对从事接触网运行和检修工作的有关现职人员,要每年定期进行一次安全考试。此外,对属于下列情况的人员,要事先进行安全考试:

(1)开始参加接触网工作的人员;

(2)当职务或工作单位变更,但仍从事接触网运行和检修工作的人员;

(3)中断工作连续 6 个月以上而仍继续担任接触网运行和检修工作的人员。

根据班组和所在车间提出安全等级需要升级人员名单,结合安全年审考试成绩,负责安全等级考试部门确定安全等级是否进行升级。

3. 根据接触网运行和检修工作人员职务的不同,按表 2-1-2 的规定分别由铁路局机务处和供电段组成考试委员会,负责进行安全等级的考试并签发合格证。

表 2-1-1　接触网工作人员安全等级的规定

等级	允许担当的工作	必须具备的条件
一级	地面简单的工作(如推扶车梯、拉绳、整修基础帽等)。	新工人经过教育和学习,初步了解电气化铁道安全作业的基本知识。
二级	1、各种地面上的工作; 2、不拆卸零件的高空作业(如清扫绝缘子、支柱涂漆、涂号码牌、验电、装设接地线)。	1、参加接触网运行和检修工作 3 个月以上; 2、掌握接触网高空作业一般安全知识技能; 3、掌握接触网停电作业接地线的规定和要求,熟悉作业区防护信号的显示方法。
三级	1、各种高空和停电作业; 2、一般带电作业; 3、隔离开关倒闸作业; 4、防护人员的工作; 5、单独进行巡视。	1、参加接触网运行和检修工作 1 年以上,具有技工学校或相当于技工学校及以上学历(供电专业)的人员,可以适当缩短; 2、熟悉接触网停电和带电作业的有关规定; 3、具有接触网高空作业的技能,能正确使用检修接触网用的工具、材料和零部件; 4、具有列车运行的基本知识,熟悉作业区防护的规定及信联闭知识; 5、能进行触电急救。
四级	1、各种停电和一般带电作业的工作票签发人及工作领导人; 2、特殊带电作业的操作人; 3、工长。	1、担当三级工作 1 年以上; 2、熟悉本规程; 3、能领导作业组进行各种停电和一般带电作业; 4、能进行特殊带电作业。
五级	1、特殊带电作业的工作票签发人及工作领导人; 2、领工员、供电调度员; 3、技术主任、技术副主任、接触网技术人员; 4、段长、副段长、总工程师、副总工程师。	1、担当四级工作 1 年以上,对技术人员及正、副段长具有中等专业学校(或相当于中等专业学校)及以上的学历(供电专业)可不受此限; 2、熟悉本规程、接触网运行检修规程,以及接触网主要的检修工艺; 3、能领导作业组进行各种停电和带电作业。

铁道部 1983 年 1 月 23 日(83)机电字 145 号文《接触网规定有关条文说明》(以下简称《条文说明》)对于电力调度和分局有关人员安全等级的有关问题有以下说明:鉴于目前各局电力调度管理机构不统一,电力调度属于供电段领导者由供电段组织考试,签发安全合格证;电力调度属分局机务科(分处)领导者由铁路局机务处主持考试,签发安全合格证,分局有关人员由机务处主持考试和签发安全合格证。

郑州铁路局根据自己实际情况在《补充细则》中又重新规定:电力调度属于供电段领导者由供电段组织考试,签发安全合格证;电力调度属分局领导者由分局机务科(分处)主持考试,签发安全合格证;分局机务科(分处)主管牵引供电的科长(处长)、技术人员由铁路局机务处主持考试和签发安全合格证。各铁路局对电力调度和分局有关人员安全等级考试主持部门划分上应根据自己所在局《补充细则》进行。《补充细则》没有明确规定的或没有制定《补充细则》的铁路局应按照铁道部《安规》和《条文说明》进行安全等级考试。

表 2-1-2　安全等级考试委员会

应考人员	主持考试单位	考试委员会成员
供电段段长、副段长、总工程师、副总工程师	铁路局机务处	处长(或副处长、总工程师)、主管科长(或副科长)、主管接触网技术人员、专职安全(或教育)人员
供电段副总工程师以下的所有有关人员	供电段	段长(或副段长、总工程师)、技术主任(或副主任)、专职安全(或教育)人员、有关领工区领工员

4. 接触网工每二年进行一次身体检查,对不合适接触网作业的人员要及时调整。

5. 雷电时禁止在接触网上进行作业,遇有雨、雪、雾或风力在 5 级以上的恶劣天气时,一般不进行接触网带电作业,特殊情况需要进行带电作业时,必须有可靠的安全措施。

雷电时禁止在接触网上进行作业,一般解释为:在作业地点可听见雷声或看见闪电。

《补充细则》中补充规定:遇有雨、雪、雾或风力在 5 级以上的恶劣天气时,需要进行停电检修和事故抢修时,应在作业范围前后再增加临时接地线各一组,并在加强安全监护情况下,方可进行作业。

6. 在接触网上进行停电或带电作业时,除具备规定的工作票外,还必须有值班供电调度员批准的作业命令。除遇有危及人身和设备安全的紧急情况,供电调度发布的倒闸命令可以没有命令编号和批准时间外,接触网所有的作业命令,均必须有命令编号和批准时间。

7. 在进行接触网作业时,作业组全体成员均需戴安全帽。所有的工具和安全用具,在使用前均必须进行检查,符合要求方准使用。

8. 接触网的巡视工作,要有安全等级不低于三级的人员担任,在巡视中不得攀登支柱并时刻注意避让列车。

《补充细则》中补充规定:接触网巡视必须有两人进行。在任何情况下,不论接触网上有、无电,巡视人员均必须以有电对待。

9. 有关吸流变压器及回流线路的各项规定,由铁路局根据具体情况自行制定。

第二节 作业制度

一、作业分类

接触网的检修作业分为三种:

(1)停电作业——在接触网停电设备上进行的作业;

(2)带电作业——在接触网带电设备上进行的作业;

(3)远离作业——在距接触网带电部分附近的设备上进行的作业。

二、工作票

1. 工作票是在接触网上进行作业的书面依据,要字迹清楚、正确,不得涂改和用铅笔书写。工作票填写一式二份,一份由发票人保管,一份交给工作领导人。

事故抢修和遇有危及人身或设备安全紧急情况,作业时可以不开工作票,但必须有电力调度的命令,按第一节第 7 条规定:这样的供电调度的命令必须有命令编号和批准时间,除遇有危及人身或设备安全的紧急情况,电力调度发布的倒闸命令之外。

2. 根据作业性质的不同,工作票分为三种

(1)接触网第一种工作票,用于停电作业,填写方法参考表 2-2-1;

(2)接触网第二种工作票,用于带电作业,填写方法参考表 2-2-3;

(3)接触网第三种工作票,用于远离作业即距带电部分 1m 及其以外的高空作业和较复杂的地面作业(如安装或更换火花间隙和地线、检修回流线、开挖和爆破支柱基坑等),填写方法参考表 2-2-4。

接触网第一种工作票填写方法和要求如下:

(1)"V"停作业时,工作票右上角应加盖"上行"(表示上行接触网停电作业),或"下行"(表示下行接触网停电作业)印记;

(2)"第号"栏:应分别按月及工作票(第一种工作票)签发顺序编号,如填写4—1,表明4月份第一种工作票的第一张工作票(相应的命令票为4—1—1),则表示四月份第一张工作票的第一张命令票,命令票为4—1—2,则表示四月份第一张工作票的第二张命令票);

表 2-2-1 接触网第一种工作票填写参考表

五里堡接触网工区

下行

第 <u>4—1</u> 号

作 业 地 点	五小区间下行13#～33#		发 票 人	A
作 业 内 容	综 合 检 修		发 票 日 期	1995.4.4
工作票有效期	自 1995 年 4 月 5 日 8 时 00 分至 1995 年 4 月 8 日 18 时 00 分止			
工作领导人	姓名:B　　安全等级:4			
作业组成员姓名及安全等级 (安全等级填在括号内)	A(4)	F(3)	J(2)	N(1)
	C(3)	G(3)	K(2)	(　)
	D(3)	H(2)	L(1)	(　)
	E(3)	I(2)	M(1)	(　)
	共计 14 人			
需停电的设备	薛店变电所1#馈线五小区间 9#～37#			
装设接地线的位置	五小区间 11#～35#柱及相应两支柱上 AF、PW 线			
作业区防护措施	五里堡车站信号楼派人座台防护、要令填写运统 17,封锁五小区间下行,严禁电力机车通过小李庄车站、谢庄车站、薛店车站上、下行渡线;作业组两端各设 800m 行车防护。			
其它安全措施	(1)工作领导人分工明确、作业组全体人员各负其责,坚守岗位; (2)验电接地按程序,严禁臆测行事挂接地线; (3)高空作业人员扎好安全带、短接线、检修按工艺; (4)推车梯人员,思想集中,扶稳车梯、上下呼唤应答; (5)作业完毕、清理现场,确认无误及时消令,勿晚消令。			
变更作业组成员记录				
工作票结束时间	1995 年 4 月 7 日 12 时 00 分			
工作领导人(签字)	B	发票人(签字)		A

注:1."作业地点"栏范围小于"装设接地线位置"栏范围。"装设接地线位置"栏范围小于"需停电设备"栏范围。

2."工作票有效期"最长为 6 个工作日,只能在 6 个工作日的作业地点、内容不变的情况下方可使用,如果发生变化需要重新开工作票。

(3)"作业地点"栏:应具体到某某柱～某某柱,在站场作业时,还应具体到某某股道,"作业地点"栏填写范围应比装设接地线的位置的范围小,即"作业地点"的位置应在所接地线的保护范围内;

(4)"发票日期"栏:应填写当时发票时的日期,且比"工作票有效期起始日期"提前一天;

(5)"工作票有效期"栏:填写本张工作票具体使用日期,但不能超过 6 个工作日。如"发票日期"为"1995 年 4 月 4 日"。那么,"工作票有效期"最长为"1995 年 4 月 5 日 8 时 00 分至 1995 年 4 月 11 日 8 时 00 分;

(6)"作业组成员姓名及安全等级"栏:填写所有作业组成员姓名及其安全等级。如果作业组成员较多时应填写在工作票附页上,共计人数为含工作领导人在内的全体作业组成员,若发票人为作业组成员时,须在"作业组成员姓名及安全等级栏"内填;

(7)"需停电的设备"栏:应填写某某变电所某某馈线,某某站(或区间)某某柱～某某柱接触网设备;

(8)"装设接地线位置"栏:具体到某某站(或区间)某某柱～某某柱(站场时具体到某某股道)及相应支柱上的地线等。接地线位置的支柱号应在"需停电设备"范围内。

在接触网利用"V型"天窗停电检修作业时,工作票中"其它安全措施"栏强调要防止感应电伤人的安全措施。所谓"V型"天窗即复线电化区段,上下行接触网分别停电的开天窗方式称为"V型"天窗,利用"V型"天窗进行的接触网检修作业称为"V型"天窗接触网检修作业。那么,"V型"天窗停电的接触网设备上感应电是如何产生的呢?这是由于"V型"天窗接触网检修作业方式是一线接触网停电而另一线接触网仍然带电。所以,根据电磁感应原理,有电的接触网上的电流在周围产生的磁力线切割停电接触网,在已停电接触网中产生感应电动势(感应电压),即平常所说感应电。

接触网上的感应电大小以理论计算上是比较复杂的,因为它受外界条件影响因素很多。根据1992年西安铁路科研所在郑武线薛店至新郑区间所做试验情况,测试出了在"V型"天窗作业时感应电数值如表2-2-2。

表 2-2-2　接触网"V型"天窗作业感应电压参考表

序号	接触网线路情况	接触网电压	正馈线电压	保护线电压
1	区间上行停电没有接接地线,下行带电无电力机车取流	3300V		
2	区间上行停电,但没有接接地线;下行带电,有一台电力机车取流	3410V	3650V	
3	区间上行停电且地线间距300m,下行带电有一电力机车取流	1.4V	0.2V	0.7V
4	区间上行停电且地线间距780m,下行带电有一电力机车取流	1.8V	8.1V	1.6V
5	区间上行停电且地线间距1980m,下行带电有二台电力机车取流	2V	1V	18V
6	站场上行停电且地线间距1000m,下行有二台电力机车取流	5.2V	3V	18.5V
7	区间上行停电且地线间距1537m,下行带电接地	5V	12.5V	5V

从"V型"天窗接触网检修作业感应电参考表说明:采用"V型"天窗检修作业,如果停电检修的接触网没有接接地线,不管另一线接触网是否有电力机车取流,接触网感应电压在3000V以上,而规程规定人身安全电压是36V。所以,接触网在没有接接地线情况下的感应电危害人身安全,甚至造成死亡事故。

【事故案例】　1996年9月20日,京广线某网工区利用下行"V型"天窗处理某车站55#～59#13道跨中拉出值和13道55#及49#承力索缺陷时如图2-2-1所示,因中途撤除地线,感应电电死人造成责任职工伤亡事故。

【事故经过】　某站场13道55#～59#跨中拉出值因设计原因严重超标达586mm,工区利用9月20日上午下行"V型"天窗在13道55#～59#跨中立铁塔和顺便调整13道55#和

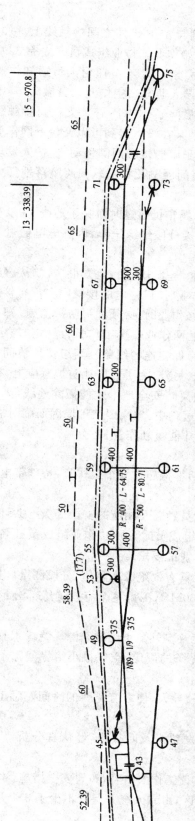

图 2-2-1 接触网站场平面图—部分

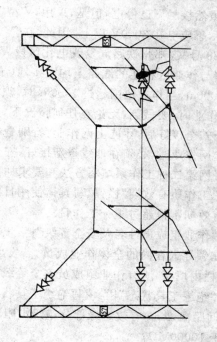

图 2-2-2 跨越分段绝缘子串感应电示意图

49#承力索,地线位置在 43#隔离开关柱分段绝缘器南侧与 45#锚柱之间接触线上。10：32分接触网工区接到停电命令并按地线位置接好地线后,开始作业。作业组成员在立完 55#~59#跨中铁塔后,按分工由监护人带领 3 人调整 55#承力索,10：55 分座台人员通知作业组 13 道有调车机通过,由于地线接在接触线上,所以工作领导人通知高空作业人员撤离(其中调整 55#承力索高空操作人上到 55#钢柱上),车梯下道,撤除了 43#~45#支柱间接触线上地线。当调车机通过后,还没有接地线前,55#柱操作人某某在没有接到可以开始上网作业命令情况下沿着 55#~57#软横跨从接地侧跨越分段绝缘子串向接触网侧移动,监护人发现制止时已为时过晚,某某跨越分段绝缘子串触及到接触网瞬间触电死亡从软横跨坠落地面如图 2-2-2 所示。

【事故原因】 某某触电死亡直接原因是作业过程中,调车机通过时撤除了地线,在没有重新接接地线情况下,跨越分段绝缘子串触及到接触网,短接分段绝缘子串,因感应电通过人身而触电死亡。

从这次感应电触电死亡事故看,违章违纪情况很严重,违反规程的地方很多,单从感应电方面看,虽然接触网已停电,但是,采用"V 型"天窗检修作业时,已停电的接触网在没有接接地线情况下,感应电在 3000V 以上。因此,在"V 型"天窗检修作业时,必须加强防护措施。郑铁机(1994)128 号文《郑州铁路局复线电化区段 V 型天窗接触网作业安全工作暂行规定》规定：作业区两端与作业区相连的线路上均需接地(不含通过绝缘件相连的线路),两组接地线间距不得大于 1000m,当作业范围超过 1000m 时,须增设接地线。另外,为了更好地防护感应电,在"V型"天窗作业时,要做到：无论在任何情况下,人员必须撤离到安全地带才能撤除地线,人员必须在地线安全接好后,才能上网作业。特别是在检修作业过程中,地线因某种原因而临时撤除,人员需上网作业时,必须在地线重新接好,安全措施完备才能重新作业。

接触网第二种工作票填写方法和要求如下：

(1)"工作票有效期"栏：填写具体使用日期,但有效期不得超过 6 个工作日,特殊带电作业工作票有效期不得超过 1 个工作日;

(2)"作业组成员姓名及安全等级"栏：填写作业组成员姓名及相应的安全等级。共计人数为含工作领导人在内的全体作业成员,若发票人为作业组成员时,须在"作业组成员姓名及安全等级"栏内填写,所有作业组成员安全等级符合带电作业的要求;

(3)"绝缘工具状态"栏：填写绝缘工具状态及绝缘工具有效绝缘电阻值,分段测量(电极宽2cm,极间距离 2cm)有效绝缘部分绝缘电阻不得少于 100MΩ,测量整个有效绝缘部分绝缘电阻不低于 10000MΩ;

(4)"安全距离"栏：填写绝缘工具最小有效绝缘长度及空气最小绝缘间隙。绝缘工具最小有效绝缘长度规定见本章第五节第四款"绝缘工具"第 1 条的规定,空气最小绝缘间隙不得小于 600mm。

3. 发票人一般应在工作前 1 天将工作票交给工作领导人,使之有足够的时间熟悉工作票中内容及做好准备工作。

4. 工作领导人对工作票内容有不同意见时,要向发票人及时提出,经认真分析,确认无误,方准作业。

5. 每次开工前,工作领导人要向作业组全体成员宣读工作票内容,布置安全措施。作业结束后,工作领导人要将工作票(附相应的命令票)交给工区,由专人统一保管不少于 3 个月。

表 2-2-3　接触网第二种工作票填写参考表

五里堡接触网工区

作 业 地 点	五 小 区 间	发 票 人		A
作 业 内 容	带 电 测 量	发 票 日 期		1995.4.7
工作票有效期	自 1995 年 4 月 8 日 8 时 00 分至 1995 年 4 月 9 日 18 时 00 分止			
工作领导人	姓名:B　安全等级:4			
作业组成员姓名及安全等级(安全等级填在括号内)	A(4)	F(3)	（　）	（　）
	C(3)	（　）	（　）	（　）
	D(3)	（　）	（　）	（　）
	E(3)	（　）	（　）	（　）
	共计 6 人			
绝缘工具状态	绝缘工具状态应良好,分段测量有效绝缘部分绝缘电阻应不得少于 100MΩ,整个有效绝缘部分绝缘电阻应不低于 10000MΩ			
安 全 距 离	绝缘测杆最小有效绝缘长度应不小于 1000mm,空气最小绝缘间隙应不小于 600mm			
作业区防护措施	测量时,向电力调度申请撤除薛店变电所 1#、2# 馈线重合闸,作业组两端各设 800m 行车防护。			
其它安全措施	(1)测量前按规定对绝缘工具进行检查,检查合格方可使用。 (2)作业中严禁攀登支柱,并时刻注意避让列车。 (3)作业完毕及时向电调消除重合闸撤除命令。			
变更作业组成员记录				
工作票结束时间	1995 年 4 月 9 日 18 时 00 分			
工作领导人(签字)	B	发票人(签字)		A

表 2-2-4　接触网第三种工作票填写参考表

许昌接触网工区 第　4—3　号

作 业 地 点	许昌车站 38# 号支柱	发 票 人		孙义庆
作 业 内 容	更换火花间隙	发 票 日 期		1995.4.10
工作票有效期	自 1995 年 4 月 11 日 8 时 00 分至 1995 年 4 月 11 日 18 时 00 分止			
工作领导人	姓名:郭宏伟　安全等级:4			
作业组成员姓名及安全等级(安全等级填在括号内)	冯钢(3)	张宝中(3)	郭金新(2)	刘伟(1)
	（　）	（　）	（　）	（　）
	（　）	（　）	（　）	（　）
	（　）	（　）	（　）	（　）
	共计 5 人			
安全措施	(1)工作领导人分工明确,全组人员听从指挥,按章作业; (2)带齐所用工具、材料,检查合格,更换设备按工艺; (3)作业地点设专人监视来往机车,及时通知全组作业人员; (4)更换火花间隙前,用同等截面短接线将两端短接牢固; (5)作业人员、工具、材料不得侵入限界,做 好检修记录。			
变更作业组成员记录				
工作票结束时间	1995 年 4 月 11 日 16 时 20 分			
工作领导人(签字)	郭宏伟	发票人(签字)		孙义庆

　6. 工作票的有效期不得超过 6 个工作日。一般带电作业中如包括特殊带电作业须另开工

作票。

工作票的有效期不得超过 6 个工作日,在有效期内一般情况下,若作业方式、内容、地点不变可以使用同样工作票。如表 2-2-1 第 4—1 号工作票,在有效期 1995 年 4 月 5 日 8 时 00 分至 1995 年 4 月 8 日 18 时 00 分止,若作业方式(停电作业)、内容(综合检修)、地点(五一小区间下行 13#～33#)都不变,可以使用同样工作票第 4—1 号工作票,每次停电作业附相应的命令票如第 4—1—1 号(命令编号为 57520,允许五一小区间下行接触网设备综合检修)、第 4—1—2 号(命令编号为 57521,允许五一小区间下行接触网设备综合检修)等。《补充细则》第 6 条规定:在一般情况下,若变更作业方式、内容、地点时,须废除原工作票,签发新的工作票。

7. 工作票中规定的作业组成员,一般不应更换;若必须更换时,应经发票人同意,若发票人不在可经工作领导人同意,但工作领导人更换时仍须发票人同意,并在工作票上签字。

8. 1 个工作领导人或 1 个作业组,同时只能接受 1 张工作票。1 张工作票只能发给 1 个作业组。

9. 对较简单的地面作业可以不开工作票(如支柱培土、清扫基础帽等),由有关负责人向工作领导人布置任务,说明作业的时间、内容、安全措施,并记入值班日志中。

三、作业人员的职责

1. 停电和一般带电作业的工作票签发人和工作领导人,须由安全等级不低于四级的人员担当;特殊带电作业的工作票签发人和工作领导人须由安全等级不低于五级的人员担当。同 1 张工作票的签发人和工作领导人必须由 2 人分别担当,不得相互兼任。

2. 工作票签发人在安排工作时,要做好下列事项:

(1)所安排的作业项目是必要和可能的;

(2)所采取的安全措施是正确和完备的;

(3)所配备的工作领导人和作业组成员的人数和条件符合规定。

3. 工作领导人要做好下列事项

(1)作业地点、时间、作业组成员等均应符合工作票提出的要求;

(2)作业地点所采取的安全设施正确而完备;

(3)时刻在场监督作业组成员的作业安全,如果必须短时离开作业地点时,要指定临时代理人,否则停止作业,并将人员和机具撤至安全地带。

《条文说明》关于"临时代理人"的安全等级规定及《补充细则》第 7 条规定:临时代理人的安全等级应不低于该项作业工作领导人应具备的安全等级。另外,《补充细则》又对工作领导人职责做了补充规定,补充规定要求:

(1)作业领导人在作业前应监督检查所使用的安全工具和其他施工工具是否良好和足够;

(2)作业领导人应监督作业组成员遵照接触网标准化作业程序进行作业;

(3)作业领导人对作业组成员进行必要的指导并监督其遵守安全要求和正确的检修方法,各种安全工具,施工工具的使用;

(4)作业结束后应检查接触网状态是否正常、作业地点的材料、工具等是否清理完毕,以保证供电和行车安全。

4. 作业组成员要服从工作领导人的指挥、调动、遵章守纪;对不安全和有疑问的命令,要果断及时地提出,坚持安全作业。

第三节 高空作业

一、一般规定

1. 凡在距地面 3m 以上的处所进行的所有作业，均称为接触网高空作业。

《条文说明》中说明：关于在距地面 3m 以上的处所进行的作业称为高空作业，是根据劳动部对国务院(56)国议周字第 40 号"建设安装工程安全技术规程"问题解答："工人在离开地面 3 公尺以上的地点进行工作，一般统称为'高空作业'"，这是全国统一的规定。

2. 高空作业必须设有专人监护，其监护要求如下：

(1) 带电作业时，每个作业地点均要设有专人监护；

(2) 停电作业时，每 1 个监护人的监护范围，不超过 2 个跨距，在同 1 组软横跨上作业时不超过 4 条股道。在相邻线路同时作业，要分别派监护人各自监护；

(3) 当停电成批清扫绝缘子时，可视具体情况设置监护人员。

《条文说明》关于"监护人"的安全等级规定：接触网各种作业监护人的安全等级，应高于该项作业操作人所应具备的安全等级。

3. 高空作业要使用专门的用具传递工具、零部件和材料等，不得抛掷传递。高空作业人员要系好安全带(安全带的试验标准如表 2-3-1 所示)。

表 2-3-1 常用工具机械试验标准

顺号	名　　　　称	周期(月)	负荷(kg)	时间(min)	合　格　标　准
1	车梯： (1)工作台 (2)工作台栏杆 (3)每一级梯蹬	12	300 200 200	5 5 5	无裂损和永久变形
2	梯子:每一级梯蹬	12	200	5	无裂损和永久变形
3	绳子	12	2PH	10	无破损和断股
4	安全带	12	225	5	无破损
5	金属工具	24	2.5PH	10	无裂损和永久变形
6	非金属工具	12	2.0PH	10	
7	起重工具	12	1.2PH	10	

注：PH——为额定负荷。

安全带事故案例分析：

【事故经过】1996 年 11 月 5 日，京广线某接触网工区在某车站利用 15 时 30 分～17 时 05 分"垂直"天窗大点施工。接触网停电后，地线监护人在 58♯ 钢柱处监护操作人接地线。操作人挂完 58♯ 柱正馈线地线后，下移至地面 5m 左右地方，准备加挂下部固定绳上第二根接地线，由于安全带扣环未扣牢，加挂地线时身体后仰，手握地线杆斜身坠落路肩道碴上，经医院及时抢救，脱离生命危险，但第一腰脊骨折。由于高空坠落，构成职工重伤事故。

【事故原因】操作人员扎完安全带后，没有确认是否扎牢，造成身体后仰安全带失去保护作用而高空坠落。

二、攀杆作业

1. 攀登支柱前要检查支柱状态,选好攀杆方向和条件,攀登时手把牢靠,脚踏稳准。用脚扣和踏板攀登时,要卡牢和系紧,严防滑落。

2. 攀登支柱时要尽量避开设备,且与带电设备要保持规定的安全距离。

攀登支柱时与带电设备要保持规定的安全距离:停电作业规定的安全距离按本章第四节第一款"安全距离"规定办理;间接带电作业规定的安全距离按本章第五节第三款"安全距离"规定办理。

三、登梯作业

1. 接触网作业用的车梯和梯子必须符合下列要求:

(1)结实、轻便、稳固;

(2)在有轨道电路的区段上,对车梯的车轮必须采取可靠的绝缘措施;

(3)按表 2-3-1 的规定进行试验。

《补充细则》第 8 条补充规定:在有轨道电路的区段作业时,不得使金属物体将车梯底座与信号轨相连或短接绝缘轮,不得使长大金属物体(长度大于或等于轨距)将线路两根钢轨短接,特别是使用手扳葫芦、钢丝绳、滑轮组等施工或钢尺测量时更应注意。

所谓轨道电路就是利用铁路线路的钢轨作导体,用以检查有无列车、传递列车占用信息以及实现地面与列车间传递信息的电路。轨道电路的原理图,如图 2-3-1 所示。

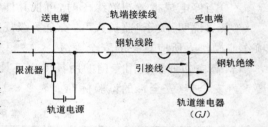

图 2-3-1　轨道电路的原理图

轨道没有被列车占用时,通过轨道继电器的电流比较大,轨道继电器衔铁励磁吸起,利用轨道继电器前接点的闭合条件,接通信号机的绿灯电路,表示该轨道电路设备完整、没有被列车占用,允许列车进入该区段,如图 2-3-2(a)所示。当轨道若被列车占用时,由于列车的轮对将轨道电路短路,对轨道继电器中的电流分流,使通过轨道继电器线圈的信号电流就会减少,轨道继电器衔铁因此而落下,利用它后接点的闭合条件,接通信号机的红灯回路,表示该轨道电路和区段已被占用,向续行列车显示列车禁止信号,如图 2-3-2(b)所示。

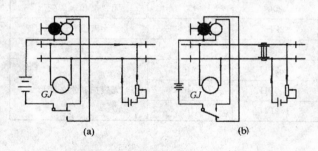

图 2-3-2　轨道电路工作原理图

接触网作业所采用的车梯,不管是绝缘车梯,还是非绝缘车梯,车梯底座一般采用的是钢管加工而成,为了确保车梯不短接轨道电路,每台车梯车轮都有 2 个或 3 个绝缘轮。如果金属物体将车梯底座与信号轨相连或短接绝缘轮,可能会因通过车梯底座或绝缘轮而短接轨道电路,造成轨道继电器因此而落下,后接点闭合,信号机红色信号灯亮,同时,在车站运转室电气集中控制台上出现红光带。

车站行车室(运转室或信号楼)电气集中控制台红光带应正确反应列车占用情况,如果因接触网作业造成轨道电路短路,出现红光带就无法正确反应列车占用情况,打乱铁路运输正常秩序。因为,一旦出现红光带,不管是否有列车占用,车站值班员都禁止列车进入该区段,以保证行车安全。由于列车占用出现红光带,而且,当轨道电路某一设备损坏,如引接线或钢轨折断时,轨道继电器也会因得不到足够的电流而落下,同样使信号机点亮红灯。因此,在接触网检修作业或事故抢修中,严禁金属物件将车梯底座与信号轨相连或短接绝缘轮,主要是车梯上悬挂的铁线、吊弦、手扳葫芦、钢丝绳以及绝缘轮上固定轮毂的铁线或绝缘轮不正偏磨车梯底座等。

【事故案例】 1999年6月23日京广线某车站上行线一离去信号机出现红光带造成部级重点特快列车30次晚点21min的一般行车事故。

【事故经过】 6月23日,某接触网工区利用停电点处理巡视中发现的黄——广区间96#支柱定位管低头缺陷,地线位置94#和100#,作业地点96#支柱处,地线无短接轨道电路的可能性,如图2-3-3所示。

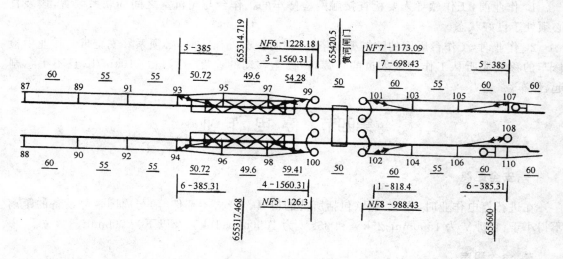

图 2-3-3　黄——广区间接触网平面图一部分

接触网检修作业组10时14分接到电调发布停电作业命令,作业组接好地线后车梯上道开始作业。10时30分座台人员通知作业组有列车通过,要求车梯、作业组人员下道(其中10时21分车站已出现红光带,座台防护人员并没有引起重视)。10时32分座台人员认为(误认)列车待避,重新通知现场可继续作业,10时33分电务通知出现红光带,并到作业地点了解情况,10时40分红光带消失,车站发车,10时42分列车通过作业地点,检修作业组11时00分消令。

【事故原因】 接触网检修作业组在检修作业时,车梯绝缘轮上固定轮毂的铁线松脱短接了其中一个绝缘车轮上的绝缘板,从而使车梯底座通过被短接的绝缘轮短接轨道电路,形成红光带,影响30次旅客列车,构成一般行车事故。

2. 用车梯进行作业时,工作台上的人员不得超过2名;所用的零件、工具等均不得放置在工作台台面上。

3. 作业中推动车梯应服从工作台上人员的指挥。当车上有人时,推动车梯的速度不得超过5km/h,并不得发生冲击和急剧起、停车。台上人员和推车人员要呼唤应答,配合妥当。

4. 工作领导人和推车人员,要时刻注意和保持车梯的稳定状态。当车梯在曲线上或遇刮大风时,对车梯要采取防止倾倒的措施。当车梯在大坡道上时,要采取防止滑移的措施。当车梯放在道床、路肩上或作业人员超出工作台范围作业时,作业人员要将安全带系在接触网上,不得系在车梯工作台框架上。车梯在地面上推动时,工作台上不得有人停留。

《补充细则》第 9 条补充规定:在线路上使用车梯作业,推车梯人员,不得少于 4 人,并指定负责人。

5. 为避让列车需将车梯暂时移至建筑限界以外时,要采取防止车梯倾倒的措施。当作业结束,车梯需要就地存放时,须稳固在建筑限界以外不影响瞭望信号的地方。

6. 当用梯子作业时,作业人员要先检查梯子是否牢靠;要有专人扶梯,梯脚要放稳固,严防滑移;梯子上部要固定在接触网上之后再开始作业。梯子上只准有 1 人作业(硬梯比照上述有关规定执行)。

四、车顶作业

1. 作业前,工作领导人要检查接触网检修车的工作台与司机室之间的联系装置,该装置必须处于良好状态。

2. 作业时,工作台周围的防护栅要搭好;在防护栅外作业时,必须系好安全带。作业中检修车的移动应听从工作台上人员的指挥,检修车移动的速度不得超过 10km/h,且不得急剧起、停车。

第四节　停电作业

一、安全距离

在进行停电作业时,作业人员(包括所持的机具、材料、零部件等)与周围带电设备的距离不得小于:110kV 为 1500mm;25kV 和 35kV 为 1000mm;10kV 及以下为 700mm。

二、命令程序

1. 每个作业组在停电作业前由工作领导人或指定 1 名安全等级不低于三级的作业组成员作为要令人员,向电力调度申请停电。几个作业组同时作业时,每 1 个作业组必须分别向电力调度申请停电。在申请的同时,要说明停电作业的范围、内容、时间和安全措施等。

2. 电力调度员在发布停电作业命令前,要做好下列工作

(1)将所有的停电作业申请进行综合安排,审查作业内容和安全措施,确定停电的区段;

(2)通过列车调度办理停电作业封闭线路的手续,对可能通过受电弓导通电流的分段部位采取封闭措施,防止从各方面来电的可能;

(3)确认作业区段所有的电力机车已降下受电弓,断开有关馈电线断路器及接触网开关,作业区段的接触网已经停电,方可发布停电作业命令。

《条文说明》对关于电力调度在发布停电作业命令前应确认作业区段所有的电力机车已降下受电弓问题说明,系指利用断开隔离开关进行接触网停电的情况;如果利用断路器接触网停电时可不需确认降下受电弓。

《补充细则》第 10 条补充规定:电力调度利用断开隔离开关进行接触网停电时应确认作业区段所有电力机车已降下受电弓。

关于电力调度通过列车调度办理停电作业手续时,应对可能通过受电弓导通电流的分段

部位采取封闭措施。郑电劳(1989)176号文《严禁机车闯接触网无电区的通知》中：局管内连续发生电力机车闯入接触网停电作业区，将高压电带到有人作业区和机车险撞梯车及人员的情况，为确保人身、设备安全，特重申"(79)铁机字654号"部令《安全规则》和"郑铁总(1987)215号(现已改成郑铁总(1997)180号)文《行规》"文中的有关规定。

（1）654号部令，第26条规定：当区间或站内(包括机车整备线、装卸线)接触网停电接地时，不得向该区间或站内接发电力机车及其牵引的列车；司机如发现不符合此项规定时，要立即停车和降下受电弓。

（2）215号(现已改成180号)《行规》，第114条(现已改成124条)第二款规定：在列车运行图为接触网维修施工所留的空隙时间内，进行接触网施工时，除接触网施工用的接触网检查车、重(轻)型轨道车外，其他机车、车辆及重(轻)型轨道车，不经供电调度员许可，不准进入施工停电区间。

以上规定强调接触网停电作业时，严禁电力机车闯入接触网停电作业无电区。因为，电力机车闯入无电区，在电力机车受电弓经过分段部位一时，受电弓短接分段部位绝缘部分，将没有停电区段高压电带入已经停电有人作业无电区段，危害人身、设备安全，严重可能造成人身触电死亡事故。

【事故案例】 1992年9月15日京广线某接触网工区，利用某某车站下行接触网停电"V型"天窗检修下行接触网设备时，拆地线操作人触电死亡事故。

【事故经过】 9月15日上午9：55分，某某接触网工区检修作业组根据电力调度下达的接触网停电作业命令，在站场南头检调线岔，地线位置在139#和303#(两组接地线间距虽然大于1000m，由于当时还没有公布有关"V型"天窗作业规定，中间并没有增设接地线)，如图2-4-1所示。

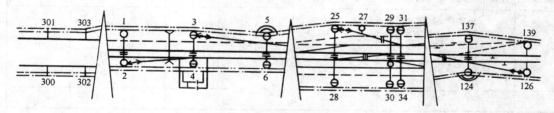

图 2-4-1 ＊＊站区接触网平面图示意图

接触网检修作业于10：40分完成，作业组工作领导人通知撤除两端接地线，当南头139#接地线通知已经撤除后，仍未得知北头303#接地线是否撤除。工作领导人多次联系并命令座台防护人员多次联系，仍未得到回信(以后才得知303#接地线监护人所持无线对讲机电池耗尽)，11：05分地线监护人徒步跑到信号楼才知操作人触电。当有关人员跑到事故地点时，操作人已经触电死亡。

【事故原因】 地线操作人在撤除正馈线上地线时(此时接触网303#腕臂上地线已撤)，违反本章节第三款"验电接地"第3条拆除地线程序规定，擅自在地线没有脱离接触网设备情况下，先行拆除地线的接地端，并在撤除地线且地线还没有脱离接触网设备过程

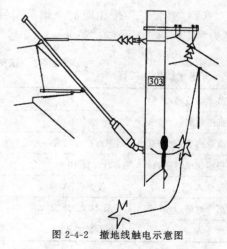

图 2-4-2 撤地线触电示意图

中，手触及地线（由于303#支柱上AP线肩架高且距303#支柱距离较远，如图2-4-2所示。在撤除地线时手够不着接地杆，操作人右手抓住接地线去抖接地杆）又违反本章节第三款"验电接地"第3条人体不得触及接地线，造成因电力机车闯无电区（正在此时，车站违反郑电劳（1989）176号文《关于严禁机车闯接触网无电区的通知》中强调的"654号部令"和"180号《行规》"规定，用电力机车调车作业闯入无电区，瞬间短接上、下行间分段绝缘器），使下行接触网瞬间带电，拆地线操作人员触电造成职工死亡事故。

电力调度员发布停电作业命令时，受令人认真复诵，经确认无误后，方可给命令编号和批准时间。在发、受停电命令时，发令人要将命令内容等记入"作业命令记录"中，受令人要填写"接触网停电作业命令票"，填写方法见表2-4-1、表2-4-2所示。

电力调度员发布的停电作业命令，必须有命令编号和批准时间，没有命令编号和批准时间的命令是无效的。

接触网停电作业"作业命令记录"填写方法和要求参考如下：

（1）"命令号"栏：接触网停电作业命令编号，如"57520"；

（2）"命令内容"栏：允许五一小区间下行接触网设备综合检修，注意下行分相，分相以北以及上行接触网设备有电，保持安全距离；

（3）"要求完成时间"栏：填写要求完成时间，如"10：30"；

（4）"批准时间"栏：填写批准允许作业时间，如"9：30"；

（5）"消令时间"栏：消除接触网停电作业命令时间，如"10：28"。

表2-4-1　接触网停电作业"作业命令记录"填写参考表

1995年

命令号	月日	命　令　内　容	发令人	受令人	要求完成时间	批准时间	消令时间	消令人	电力调度员
57520	4.5	允许五小区间下行接触网设备综合检修，注意下行分相，分相以北以及上行接触网设备有电，保持安全距离。	Y	A	10：30	9：30	10：28	A	Y

接触网停电作业命令票填写方法和要求参考如下：

（1）"第号"栏：按相应的工作票编号填写，如工作票编号为"第4－1号"，那么相应的命令票为"第4－1－1号"或"第4－1－2号"等；

表2-4-2　接触网停电作业命令票填写参考表

五里堡接触网工区

第4－1－2号

命令编号：57520
批准时间：1995年4月5日9时30分
命令内容：允许五小区间下行接触网设备综合检修，注意下行分相，分相以北以及上行接触网设备有电，保持安全距离
要求完成时间：1995年4月5日10时30分
发令人：Y　　　　　受令人：A
消令时间：1995年4月5日10时28分
消令人：A　　　　　电力调度员：Y

（2）"命令编号"栏：填写电力调度员给的命令编号，停电作业命令编号规定为 501～999 循环使用。如：命令编号为"57520"（编号原则详见第七章第五节，以下同）；

（3）"批准时间"栏：填写电力调度员给的批准时间，只有命令编号和批准时间全给的命令才有效；

（4）"消令时间"栏：作业命令完成电力调度员给的消除作业命令的时间，"消除时间"应该比"要求完成时间"提前，严禁晚消令。

三、验电接地

1. 作业组在接到停电作业命令后须先验电接地，然后方可作业。

目前，接触网停电作业验电方法大约有音响验电器（接触式和感应式音响验电器）和抛线法两种。

《补充细则》第 11 条关于使用音响验电器进行验电时补充要求如下：

（1）音响验电器必须随时处于良好状态，使用前并确认其状态良好，应有专人保管；

（2）在进行验电时除工作领导人手持验电器进行验电外，验电接地线操作者应手持验电器亲自进行验电；

（3）音响验电器只作为辅助验电方法，在用验电器验明接触网无电后，须用抛线法再进行一次验电。

在复线电化区段，由于上、下行接触网距离有时较近，"V 型"天窗作业时，采用抛线验电易使抛线抛至带电设备上或短接运营线路。为了保证验电安全，郑州局颁发的郑铁机(1994)128号《郑州铁路局复线电化区段 V 型天窗接触网作业安全工作暂行规定》"技术措施"第 15 条规定：在复线区段宜用验电器验电，验电前，应先在有电设备上试验，确认验电器良好。

2. 使用抛线法验电时按下列顺序进行

（1）检查所用抛线的技术状态。抛线须用截面积 6～8mm² 的裸铜软绞线做成；

（2）接好接地端；

（3）抛线时要使抛线不至触及其它带电设备，线抛出后人体随即离开抛线；

（4）接地线装设完毕后，方准拆除抛线。

使用其它方法验电时，由铁路局自行制定安全措施。

采用抛线法验电，抛线一端接地（一般接钢轨），接地位置一般应在接地线位置靠作业地点侧，抛线时应站在内侧使抛线抛至接地线位置内侧接触网停电导体上。因为，当接地线装设完毕后，要拆除抛线，若抛线抛至接地线位置外侧接触网停电导体上，当抛线缠绕在接触网上，在地面无法拆除时，人员若上网拆除，由于抛线位置不在地线保护范围内，就无法保证上网上员安全，所以必须将抛线抛至地线位置内侧接触网停电导体上。

抛线验电时，若抛出的线没有挂在接触网停电导体上。而落下，短接钢轨时，为了避免短接轨道电路而出现红光带，影响正常铁路运输，须立即捡起抛线。

3. 当验明确已停电后，须立即在作业地点的两端和与作业地点相连、可能来电的停电设备上装设地线；如作业区段附近有其它带电设备时，按本节"安全距离"规定在需要停电的设备上也装设接地线。

在装设接地线时，将接地线的一端先行接地，再将另一端与被停电的导体相连；拆除接地线时，其顺序相反。接地线要连接牢固，接触良好。

装设接地线时，人体不得触及接地线，接好的接地线不得侵入建筑接近限界。连接或拆除接地线时,操作人要借助于绝缘杆(试验标准见表2-4-3所示)进行。绝缘杆要保持清洁、干燥。

接地线要用截面积不少于 25mm² 的裸铜软绞线做成,并不得有断股、散股和接头。

表 2-4-3 常用绝缘工具电气试验标准

顺号	名　　　称	周期(月)	试验电压(kV)	时间(min)	合格标准
1	绝缘棒、杆、滑轮	6	120	5	
2	绝缘绳	6	105/0.5m	5	无发热、击穿
3	绝缘手套	6	8	1	和变形
4	绝缘靴	6	15	1	
5	接地线用的绝缘杆	6	90	5	

　　装设和撤除接地线时,必须严格按照其程序顺序进行。并且,在接地线没有脱离接触网停电导体情况下,严禁人身触及接地线,若接地线侵入建筑接近限界或接地杆离支柱较远时,必须借助绝缘工具处理。因为,虽然接触网已经停电,但还存在静电、感应电以及电力机车闯无电区等,因此,接地线一端没有先行接地(或接地不良)或接地线接地端先行拆除,人身触及和接触网停电导体相连的接地线时,静电、感应电或电力机车闯无电区带入电将要经过人身。即使,接地线在接地连接牢固情况下,人身触及和接触网停电导体相连的接地线时,停电接触网上可能存在的电也部分经过人身。所以,违反装撤接地线程序和人身触及接地线,严重危害人身安全。

　　【事故案例】 本节 1992 年 9 月 15 日,某某接触网工区,接地线操作人某某就是在撤除地线时违反撤地线程序,手触地线被电击死亡案例。某某在撤除地线时,将接地线接地端先行拆除。上支柱撤地线时,绝缘杆距支柱较远,不借助其它绝缘件而用右手抓地线去料接地杆,恰好此时电力机车闯无电区将高压电带入停电作业区,操作人手触地线,且地线接地端先行拆除,人身也成了主导电回路,使操作人右手掌心被电击烧伤呈黑色,电流从右手流经左膝盖处接地,左膝盖处裤腿烧糊,皮肤烧伤。高电压、大电流通过躯体致使操作人被电击死亡。

　　在有轨道电路区段,进行接触网停电作业时,注意选择接地线位置,防止因接地线短接轨道电路,出现红光带而影响铁路正常运输。

　　4. 在停电作业的接触网附近有平行带电的电线路或接触网时,为防止感应危险电压,除按第3条规定装设接地线外,还要根据需要增设接地线。

　　5. 验电和装设、拆除接地线,必须由2人进行,1人操作,1人监护,其安全等级分别不低于二级和三级。

四、作业结束

　　1. 工作票中规定的作业任务完成后,由工作领导人宣布作业结束,作业人员、机具、材料撤至安全地带,拆除接地线,确认具备送电、行车条件后,通知要令人向电力调度请求消除停电作业命令。几个作业组同时作业时,要分别向电力调度请求消除停电作业命令。

　　电力调度员经了解确认完全达到送电、行车条件后,给予消除停电作业命令的时间,双方均按规定作好记录,整个停电作业方告结束。

　　2. 电力调度员在送电时须按下列顺序进行

　　(1)确认整个供电臂所有的作业组均已消除停电作业命令;

　　(2)按照规定进行倒闸作业;

(3)通知列车调度员接触网已送电可以开行列车。

第五节　带　电　作　业

一、作业分类

1. 带电作业按其复杂程序分为一般带电作业和特殊带电作业两种,除规定的特殊带电作业项目以外,其余均为一般带电作业。

2. 特殊带电作业包括下列项目

(1)安装、拆除 5m 以上长度的承力索、接触线或供电线;

(2)安装、拆除绝缘子和承受补偿张力的部件;

(3)安装、拆除、检调、清扫分相分段绝缘器;

(4)安装、拆除腕臂;

(5)安装、拆除避雷器;

(6)隧道内和桥梁(下承桥)内及天桥、跨线桥下部的作业;

(7)安装、拆除、检调隔离开关;

(8)安装、拆除电联接器,检调锚段关节;

(9)夜间作业。

《条文说明》对关于检调锚段关节为特殊带电作业问题说明:因锚段关节结构较为复杂些,有电联接器,有的还有隔离开关,所以列为特殊带电作业。如果只检调悬挂作业,不拆装电联接器和隔离开关,也可按一般带电作业对待。

3. 带电作业按作业方式分为直接带电作业和间接带电作业

直接带电作业——用绝缘工具将人体与接地体隔开,使人体与带电设备的电位相同,从而直接在带电设备上作业。

间接带电作业——借助绝缘工具间接在带电设备上作业。

二、命令程序

1. 每个作业组作业前由工作领导人或指定 1 名安全等级不低于四级的作业组成员作为要令人员向电力调度申请带电作业。

几个作业组同时作业时,每 1 个作业组必须分别向电力调度申请作业命令。在申请的同时,要说明带电作业范围、内容、时间和安全措施等。用绝缘工具进行间接带电测量,若不影响列车正常运行时,可以不向电力调度申请作业命令。

2. 电力调度在发布带电作业命令前,要做好下列工作

(1)将所有的带电作业申请进行综合安排,审查作业内容和安全措施,确定带电作业地点、范围和安全措施;

(2)撤除有关馈电线断路器重合闸后,再发布带电作业命令。在作业过程中如果发现馈电线的断路器跳闸,电力调度员首先要弄清情况再决定是否送电。作业组如发现接触网无电时,要立即向电力调度报告;

(3)电力调度员在发布带电作业命令时,受令人认真复诵,经确认无误后,方可给命令编号和批准时间。每次带电作业,发令人将命令内容等填写在"作业命令记录"中,填写方法参考表

2-5-1所示;受令人要填写"接触网带电作业命令票",填写方法参考表2-5-2所示;电力调度员在发布作业命令的同时将列车有关运行计划和情况通知作业组。

电力调度员发布的带电作业命令,必须有命令编号和批准时间,没有命令编号和批准时间的调度命令无效。

《条文说明》关于将列车有关运行计划和情况通知作业组的问题说明:因为接触网带电作业,列车随时有可能开来,作业组要时刻注意防护和避让列车,电力调度员不一定要通知作业组,但是,在本章第四节"命令程序"第2条第(3)款中因进行停电作业,要加上将列车有关运行计划和情况通知作业组。这样更利于安全和工作。

表 2-5-1　接触网带电作业"作业命令记录"填写参考表

1995年

命令号	月日	命　令　内　容	发令人	受令人	要求完成时间	批准时间	消令时间	消令人	电力调度员
573005	4.8	允许五小区间接触网设备带电测量,联系地点:五里堡车站,联系电话:75645	Y	A	11:45	9:30	11:40	A	Y

接触网带电作业"作业命令记录"填写方法和要求如下:

(1)"命令号"栏:接触网带电作业命令编号,如"573005";

(2)"命令内容"栏:允许五—小区间接触网设备带电测量,联系地点:五里堡车站,联系电话:75645;

(3)"要求完成时间"栏:填写要求完成的时间,如"11:45";

(4)"批准时间"栏:填写批准允许作业时间,如"9:30";

(5)"消令时间"栏:消除接触网带电作业命令时间,如"11:40";

接触网带电作业命令票填写方法和要求参考如下:

(1)"第号"栏:按相应的带电作业工作票编号填写,如带电作业工作票编号为"第4—6号",那么相应的命令票为"第4—6—1号"或"第4—6—2号"等;

(2)"命令编号":填写电力调度员给的命令编号,带电作业命令编号,有四位数字组成,前三位是撤除重合闸的操作命令编号,第四位是作业组序号。变电所(含开闭所、分区亭、AT所)的操作命令,201～500循环使用,假如撤除重合闸操作命令编号为300,作业组顺序排在第5位,那么作业组带作业命令编号为573005;

(3)"批准时间":填写电力调度员给的批准时间,只有"命令编号"、"批准时间"全给的命令才有效。

表 2-5-2　接触网带电作业命令票填写参考表

五里堡接触网工区　　　　　　　　　　　　　　　　　　　　　　　第4—6—1号

命令编号:573005	
批准时间:1995年4月8日9时30分	
命令内容:允许五小区间接触网设备带电测量,联系地点:五里堡车站,联系电话:75645	
发令人:Y	受令人:A
消令时间:1995年4月8日11时40分	
消令人:A	电力调度员:Y

三、安全距离

直接带电作业时,作业人员(包括等电位的金属工具、工作台等)与接地体之间,以及间接带电作业时,作业人员(包括所持的非绝缘工具)与带电设备之间的距离均不得小于600mm。对于个别的简单辅助作业,如在支柱上拴滑轮等,可以不用绝缘工具,但作业人员与带电设备之间的距离必须符合本条规定。

四、绝缘工具

1. 带电作业用的各种绝缘工具,其材质的电气强度不得小于3kV/cm;其有效绝缘长度不得小于下列规定:

(1)直接带电作业用的车梯、梯子等为2000mm;

(2)间接带电作业用的绝缘操作杆等为1000mm;

(3)其它绝缘工具如滑轮用绝缘绳等,一般为1000mm,当受作业空间限制时为600mm。

《条文说明》对关于带电作业用的绝缘工具的问题说明:

(1)根据1973年原交通部机辆局公布的《牵引供电设备运用检修规程》,接触网带电作业用绝缘工具的有效绝缘长度不小于1m的规定,又考虑到一些较复杂的项目采用直接带电作业,在作业过程中长大物件较多,所以本规程直接带电作业工具的有效绝缘部分比间接带电作业工具的有效绝缘部分规定的长些;

(2)直接带电作业时,考虑人员上下绝缘梯(包括绝缘车梯和绝缘硬梯、软梯等,下同)过程中人体会将有效绝缘短接,短接后剩余绝缘部分应不小于1m,在净空条件允许时,其有效绝缘部分应尽量加长;

(3)为保证足够的有效绝缘长度,在同一侧同时只能有1人上下绝缘梯,当两人在不同侧上下绝缘梯时,其登梯速度要同步。

《补充细则》第13条规定:直接带电作业时,为保证足够的有效绝缘长度,在同侧同时只能1人上下绝缘梯,两人在不同侧上下梯时其登梯速度要同步。

2. 绝缘工具要有产品合格证并按下列要求进行试验(试验标准见表2-3-1和表2-4-3所示):

(1)新制和大修后的绝缘工具在第1次投入使用前,进行机械和电气强度试验;

(2)使用中的绝缘工具要定期进行试验;

(3)绝缘工具的机、电性能发生损伤或对其怀疑时,进行相应的试验。

禁止使用未经试验或试验不合格或超过试验周期的绝缘工具。

3. 绝缘工具在每次使用前要仔细检查有否损坏,并用清洁干燥的抹布擦试有效绝缘部分。应用2500V兆欧表分段测量(电极宽2cm,极间距离2cm)有效绝缘部分的绝缘电阻不得少于100MΩ或测量整个有效绝缘部分的绝缘电阻不低于10000MΩ。

郑铁机(1993)546号《郑州铁路局接触网带电作业暂行规则》规定:绝缘车梯的绝缘车轮,其绝缘电阻应不小于0.1MΩ。

4. 绝缘工具要指定专人保管,进行编号、登记、整理,监督按规定试验和正确使用。

5. 绝缘工具要放在专用的工具室内;室内要保持清洁、干燥、通风良好。对绝缘工具要有防潮措施。

6. 绝缘工具在运输和使用中要经常保持清洁干燥,切勿损伤。

使用管材制作的绝缘工具,其管口要密封。

五、一般带电作业

1. 在进行直接带电作业时,必须采取可靠的等电位措施,等电位人员与支柱上的人员之间禁止传递物件;等电位人员与地面人员之间传递物件时必须用绝缘绳,其有效绝缘长度在任何情况下均不得小于 1000mm。

接触网直接带电作业,必须采取可靠的等电位措施,即进行接触网直接带电作业时,要先挂等电位线。因为挂了等电位线后,接触网带电设备和绝缘车梯工作台已处于等电位状态,人触摸接触网带电设备进行作业时就没有任何感觉。若不先挂等电位线等电位措施,人体及工作台与接触网带电设备之间存在电位差,设备会对人体及工作台充电,充电电流通过人体时会造成人体麻电感觉,严重时造成作业人员高空坠落。

接触网直接带电作业,接触网作业人员在接触网上或在与接触网带电设备等电位的绝缘车梯工作台上,人体任何部位与接地体或地绝缘,与带电设备都是等电位。虽然,接触网设备具有 25kV 电压,但这电压只是指接触网对接地体或地而言。接触网带电设备之间几乎等电位,没有电位差,所以,人体也不存在电位差,也就没有电流通过人体。如果等电位人员与支柱上的人员之间直接传递物体,这样人体触及接地部分,因人体有 25kV 高电压与接地部分存在电位差,而且还构成通路,高电压产生强大电流流经人体,致使人员触电身亡。所以,等电位人员与支柱上人员之间严禁传递物件。等电位人员与地面传递物件时也必须用绝缘绳。

2. 在传递物体、上下车梯、上下硬梯以及作业中,均要防止长大物件短接有效绝缘部分。

3. 使用绝缘车梯和绝缘硬梯作业时,除遵守登梯作业的有关规定外,还须遵守下列规定:

(1)在车梯等电位之前,其各部分与带电设备之间的距离不得小于 300mm;

(2)在车梯带电的情况下,严禁人员上下车梯。在同一侧同时上下车梯的人数不得超过 1 人;

(3)推扶车梯时,人体各部均不宜触及绝缘部分;

(4)硬梯必须有人扶持,扶硬梯的部位要尽量靠近地面,以保持足够的有效绝缘长度。

接触网直接带电作业,车梯等电位之前,其各部分与带电设备之间的距离不得小于 300mm;是为了保证等电位之前,作业人员安全。在车梯带电的情况,即一般为车梯等电位情况下,严禁人员上下车梯,是防止人员上下车梯一方面短接绝缘有效部分,另一方面人员离开或接触车梯工作台金属部分瞬间,工作台对人身充电,危及人身安全。所以,作业人员上车梯时,人身接触到工作台金属部分后且人体距接触网带电部分大于 300mm 前挂接等电位线;下车梯时,人身离开工作台金属部分前且人体距接触网带电部分大于 300mm 后撤除等电位线。推扶车梯时,人体各部分均不宜触及绝缘部分,防止因触及绝缘部而缩短其有效绝缘长度。硬梯扶持人员扶硬梯部位要尽量靠近地面,防止没有足够的有效绝缘长度,危及人身安全。

4. 脚踏接触线上作业,当有电力机车通过时,要注意防止被机车受电弓刮碰。

5. 在测量绝缘子电位分布时,须由接地侧向带电侧逐个测量。对绝缘子串,采用 3 片绝缘子的有 1 片不合格时,采用 4 片绝缘子的有 2 片不合格时,均须立即停止测量。

六、特殊带电作业

1. 当进行特殊带电作业时,等电位人员必须穿着均压衣裤、手套、帽子和袜子,各穿着之间要电气连接可靠。

2. 在接触线、承力索、供电线、电联接线，以及隔离开关等设备上进行带电作业时，要按有电流对待，若需断开上述设备时，必须事先用不小于该线截面的导线关联。

3. 直接带电甩、接隔离开关、避雷器引线及长大线段、作业工具进入或撤离等电位时，必须用等电位线过渡。等电位线要用 $6\sim8mm^2$ 的裸铜软绞线做成。

4. 更换分段绝缘器时，须将整个绝缘器短接；直接带电检调、清扫分段绝缘器时，须将主绝缘短接。短接线要用截面积不小于 $25mm^2$ 的裸铜软绞线做成。在开始加设短接线时，人员不得与其串联。在作业期间隔离开关须始终处于闭合状态，必要时加锁或派人看守。

5. 分相绝缘器有三块主绝缘时方能进行带电作业。直接带电更换、检调、清扫分相绝缘器的主绝缘时，须将该主绝缘短接；当电力机车通过时，要先拆除短接线。

6. 在跨越同相位电分段的接触网上进行直接带电作业时，要事先将分段隔离开关闭合，或连接好短接线再行跨越。

7. 在接有吸流变压器的锚段关节内进行直接带电作业时，要先闭合分段隔离开关，然后方可进行锚段关节作业；作业结束后，要立即将分段隔离开关恢复原状。

8. 设在隧道两端的保护间隙，要在作业前投入，作业结束后及时撤除。保护间隙的距离为 $170\sim300mm$。

七、作业结束

1. 工作票中规定的作业任务完成，作业人员、机具、材料撤至安全地带后，由工作领导人宣布结束作业，通知要令人向电力调度请求消除带电作业命令。几个作业组同时作业时，要分别向电力调度请求消除带电作业命令。电力调度员确认作业组已经结束作业，不防碍正常供电和行车后，给予消除作业命令的时间，双方均记入记录中，整个带电作业方告结束。

2. 电力调度员确认供电臂内所有的作业组均已消除带电作业命令，方能恢复接触网正常的分段状态和有关馈电线断路器的重合闸。

第六节　倒　闸　作　业

1. 凡接触网及电力作业人员进行隔离开关倒闸时，必须有电力调度的命令，对车站、机务段或路外厂矿等单位有权操作的隔离开关，在向电力调度申请倒闸命令之前要由要令人向该站、段、厂、矿等单位主管负责人办理倒闸手续。从事隔离开关倒闸作业人员，其安全等级不得低于三级。

《条文说明》关于货物装卸线、机车整备线隔离开关倒闸作业须有调度命令的问题说明：接触网上所有隔离开关的倒闸作业，原则上都必须经电力调度命令批准。鉴于装卸线、整备线等的隔离开关操作频繁、简单，又不致影响正线安全供电，所以下放给经考试合格指定的人员负责操作。但接触网及电力作业次数不多，为了管理上统一，须凭电力调度的命令进行倒闸作业。

2. 在进行隔离开关倒闸作业时，先由操作人向电力调度提出申请，电力调度员审查后，发布倒闸作业命令；操作人受令复诵，电力调度员确认无误后，方可给命令编号和批准时间；每次倒闸作业，发令人要将命令内容等记入"倒闸操作命令记录"，参考表 2-6-1 所示，受令人要填写"隔离开关倒闸命令票"，填写方法参考表 2-6-2 所示。

倒闸操作命令记录填写方法和要求参考如下：

(1)"命令号"栏：接触网倒闸命令为 $01\sim100$ 循环使用；如："57099"；

(2)"命令内容"栏：允许五里堡车站 5 号、10 号隔离开关倒闸作业；

(3)"操作卡片"栏：操作隔离开关卡片号(按局供电调表—4,没有此项)；

(4)"批准时间"栏：批准命令实际时间,如:"10 时 26 分";

(5)"完成时间"栏：倒闸实际完成时间,如:"10 时 29 分";

(6)"倒闸完成报告单"填写供电调度下达的隔离开关倒闸完成通知编号,编号为倒闸命令编号加上 100；

表 2-6-1　倒闸操作命令记录填写参考表

命令号	月日	命令内容	发令人	受令人	操作卡片	批准时间	完成时间	报告人	倒闸完成报告单	电力调度员
57099	9.9	允许五里堡车站 5#、10# 隔离开关倒闸作业	A	B	/	10:26	10:29	B	57199	A

隔离开关倒闸命令票填写方法和要求参考如下：

(1)"第__号"栏：填写电力调度下达的接触网倒闸命令编号:01～100 循环使用；

(2)"把__号车站(或区间)第____隔离开关____闭合或断开"栏:"车站"应填写车站名称应用全称不能简化,划去"或区间"如"五里堡";"区间"应以下行方向简略称呼两端相邻名称的第一个字,划去"车站",如"五小";"第__号隔离开关"写隔离开关编号,如"5"(隔离开关编号按所在支柱号);"__闭合或断开":是"闭合",划去"或断开";是"断开",划去"闭合或"。

表 2-6-2　隔离开关倒闸命令填写参考表

隔离开关倒闸命令票　　　　第 <u>57099</u> 号

1. 把五里堡车站第 5 号隔离开关断开；
2. 再将五里堡车站第 10 号隔离开关断开。

　发令人 <u>A</u>,受令人 <u>B</u>

　批准时间:<u>10</u> 时 <u>26</u> 分　　日 期:<u>1995</u> 年 <u>9</u> 月 <u>9</u> 日

3. 倒闸人员接到倒闸命令后,要迅速进行倒闸。倒闸时操作人员必须戴好安全帽和绝缘手套(绝缘手套的试验标准见表 2-4-3 所示),操作要准确迅速,一次开闭到底,中途不得停留和发生冲击。

隔离开关倒闸过程中,断开隔离开关时,若误断隔离开关,闸刀刚离触头即发生电弧时,应立即合上并停止操作。如已经断开时,则不允许再合上。闭合隔离开关时,当合或误合隔离开关而发生弧光时,应果断地将其合上。一经合上则不得再拉开,否则会烧损设备。

4. 倒闸作业完成后,操作人员要立即填写"隔离开关倒闸完成报告单",填写方法参考表 2-6-3 所示,电力调度员要及时发布完成时间和编号并记入"倒闸命令记录",填写方法参考表 2-6-1 所示,至此倒闸操作方告结束。

隔离开关倒闸完成报告单填写方法和要求如下：

(1)"第____"栏:填写供电调度下达的隔离开关倒闸完成通知编号,编号为倒闸命令编号加上 100；

(2)"根据第____号倒闸命令"栏:填写接触网倒闸命令编号；

(3)"____车站(或区间)第____号隔离开关已于____时____分闭合或断开"栏:分别填写车站名称应用全称或区间以下行方向简略称呼两端相邻站名称的第一个字;"第____号"填写隔离开关编号;"时分"该台隔离开关操作完成时间。

5. 遇有危及人身或设备安全的紧急情况，可以不经电力调度批准，先行断开断路器或有条件断开的隔离开关，并立即报告电力调度；但再闭合时必须有电力调度员的命令。

6. 严禁带负荷进行隔离开关倒闸作业。隔离开关可以开、合不超过 10km（延长公里，下同）线路的空载电流。超过这个数值时，应经过试验，由铁路局批准，并报部机务局核备。

接触网上安装的隔离开关一般均不带灭弧装置，也没有和断路器配合使用，所以不能带负荷操作，也只允许开、合不超过 10km 线路空载电流。因为线路上带负荷情况下（机车取流），通过隔离开关刀闸的电流可达几百安；不带负荷空载情况下（没有机车取流），接触网上空载电流（主要电容电流、泄漏电流）由于线路长也很大，断开这么大的电流，会产生大电弧，电弧能烧坏设备，严重时使支撑绝缘子爆炸，威胁人身和设备。

表 2-6-3　隔离开关倒闸完成报告单填写参考表

隔离开关倒闸完成报告单　　　　　　　　　　　　　　第 57199 号
根据第 57099 号倒闸命令，已完成下列倒闸： 1. 五里堡车站第 5 号隔离开关已于 10 时 27 分断开； 2. 五里堡车站第 10 号隔离开关已于 10 时 28 分断开； 　倒闸操作人 C，电力调度员 A 完成时间：10 时 29 分　　　　　日期：1995 年 9 月 9 日

【事故案例】　1991 年 5 月 21 日 21 时 40 分，陇海线某车站，车站调车员在站场 12 道货线，如图 2-6-1 所示，进行隔离开关倒闸操作时，烧损隔离开关，引起牵引变电所跳闸事故。

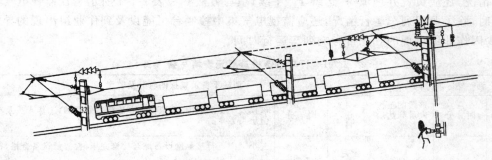

图 2-6-1　带负荷操作隔离开关示意图

【事故经过】　5 月 21 日白天，12 道货线进行装卸作业，并于 18 时 30 分装卸完毕。21 时 30 分电力机车要进入 12 道调车作业，车站调车员 21 时 25 分闭合了 66 号带接地闸刀常开隔离开关，21 时 39 分调车连结完毕并开始开行，车站调车员臆测行车，在电力机车受电弓还没有离开 32 号支柱处的分段绝缘器情况下，强行断开 66 号隔离开关，造成隔离开关刀闸、接地刀闸烧损，接地火花间隙爆炸烧坏轨道电路设备事故。

【事故原因】　车站调车员在电力机车还没有驶离无电区，还在取流情况下，带负荷强行断开隔离开关，产生电弧，电弧烧损主刀闸和接地刀闸，电弧电流使接地火花间隙爆炸，烧坏轨道电路设备并造成牵引变电所保护动作，设备跳闸。

7. 对带接地闸刀的隔离开关，应经常处于闭合状态。因工作需要断开时，当工作完毕须及时闭合。主闸刀和接地闸刀分别操作的隔离开关，其断开、闭合必须按下列顺序进行：

(1)闭合时要先断开接地闸刀，后闭合主闸刀；

(2)断开时要先断开主闸刀，后闭合接地闸刀。

(3)严禁接地闸刀处于闭合状态时强行闭合主闸刀。

8. 各隔离开关的传动机构必须锁住，钥匙存放固定地点，专人保管并有标签注明号码。相邻支柱的隔离开关及同一根支柱上的各台隔离开关,其钥匙不得相互通用。

第七节 作业区的防护

1. 在停电的线路上进行接触网检修可能影响列车正常运行时,除对有关的区间、车站办理封锁手续外还要对作业区采取防护措施。

《补充细则》第 14 条对防护措施补充规定如下:

(1)区间:作业区上下行两端 800m 列车运行方向线路左侧设置行车防护,眺望困难时应增设防护人员;

(2)站场:在作业股道作业组两端 50m(或道岔)处设置防护人员。

2. 利用列车运行的空隙时间进行作业有可能影响列车正常运行时,除按本节第 1 条的规定采用防护措施外,为随时掌握列车运行情况,及时通知作业组,使之适时避让列车,应按下列要求设置座台防护人员:

(1)区间作业时,设在能控制列车运行的相邻近车站的运转室(或信号楼);

(2)车站作业时,设在该站运转室(或信号楼)。

接触网作业时,为了随时掌握列车运行情况,及时通知作业组,使其适时避让列车,在车站运转室(或信号楼)设置座台防护人员。座台防护人员除了监视运转室电气集中控制台掌握列车运行情况,还应负责办理填写"运统 17"手续,填写方法参考表 2-7-1 所示。在监视电气集中控制台时,除了监视列车运行情况,还应监视电气集中控制台可能设及到作业组出现的异常状态,减少因作业组出现的红光带影响列车运行时间。

表 2-7-1　行车设备检查登记表填写参考表

到 达 时 间			消除不良及破损的时分及盖章		
月日	时 分	该段的工作人员到达后盖章	月日	时 分	破损及不良的原因,采取何种办法进行修理的,工作人员及车站值班员盖章。
4 月5 日	8:50	C	4 月5 日	10:28	五小区间下行接触网设备综合检修完毕,检修后设备合格,符合行车条件。座台防护人员:C　1995.4.5　10:28车站值班员:P　1995.4.5　10:29
月日	时 分	检查试验结果,所发现的不良及破损程度。	通 知 时 间		
			月日	时分	通知的方法用电报、电话书面或口头。
4 月5 日	9:00	五小区间下行接触网设备停电综合检修,禁止列车(含调车机)进入五小区间下行线路。允许五一小区间下行接触网设备综合检修,注意下行分相,分相以北及上行接触网设备有电,保持安全距离;命令编号:57520座台防护人员:C　1995.4.5　9:32车站值班员:P　1995.4.5　9:32			
4 月8 日	16:38	五小区间上行 38 号支柱定位脱落车站值班员:Q	4 月8 日	16:38	电话通知行车调度员。
			4 月8 日	16:39	电话通知电力调度员。
			4 月8 日	16:40	电话通知五里堡接触网工区。

【事故案例】 本章第三节介绍的 1997 年 6 月 23 日京广线某车站上线一离去信号机出现红光带影响部级重点特快列车 30 次晚点 21 分钟的一般行车事故。

从事故经过看:10时14分接触网作业组接到停电作业命令,验电接地完毕,作业车梯上线开始,10时21分车站信号楼电气集中控制台上开始出现红光带,座台防护人员只在询问现场接地线没有影响情况下就不在过问,没有引起足够重视。10时30分开来的30次列车因红光带要在车站停车,而座台人员误认为要通过,通知作业组人员、工具撤离。10时32分座台人员又误认为已停车的30次是待闭,重新通知现场继续作业。直至10时33分电务人员到现场了解情况,并于10时40分车梯下线,红光带消失,车站发车,11时00分消令,座台防护人员都没有因红光带影响列车运行而采取措施。因此,座台防护人员在防护时一定集中思想,对影响列车运行时,必须认真分析,通知作业组采取必要措施,直至撤离人员和机具,停止作业。

牵引供电系统填写"运统17"办法

为了确保电气化铁路接触网设备作业安全,依据《行车组织规则》第11条"行车设备施工检修登记的补充规定"和《铁路技术管理规程》第289条的有关规定,接触网设备进行停(带)电作业影响行车设备正常使用时,在作业前必须填写《行车设备检查登记簿》(运统17)。

填写"运统17"的一般规定和办法如下:

(1)登记范围

在接触网设备进行停(带)电作业影响行车设备正常使用时,如:

①接触网设备按计划周期进行停(带)电检修作业;

②接触网设备进行大修、改造施工;

③接触网设备故障抢修或配合起复救援等;

④接触网倒闸作业。

(2)登记程序

接触网设备正常维修"运统17"登记内容:

①接触网作业组座台防护员应掌握本次作业内容、地点、停电范围及限制列车(含调车机)进入范围,提前到达车站运转室并填写到达时间和盖章,如:4月5日8时50分,盖章或签字",与供电调度员核对本次停(带)电作业内容、作业地点、停电范围,限制列车(含调车机)进入范围及注意事项,确认作业中影响使用的设备编号。

②接触网座台防护员与电力调度员核对后在"运统17"登记簿上"月、日"、"时、分"栏内:登记时间,如:"4月5日"和"9时00分",在"检查试验结果,所发现的不良及破损程度"栏内:登记本次作业内容、停电范围及限制列车(含调车机)进入的范围,如:"五小区间下行接触网设备停电综合检修,禁止列车(含调车机)进入五小区间下行线路"。

③接触网座台防护员"运统17"登记完后,交车站值班员核对登记内容是否与行车调度员下达的作业命令相同。

④接触网座台防护员接到电力调度员下达的作业命令后,再在"运统17"的"检查试验结果、所发现的不良及破损程度"栏内登记作业命令票中的命令内容和命令编号、签字并交车站值班员核准签字后,通知接触网作业组开始作业,如:"允许五小区间下行接触网设备综合检修,注意下行分相、分相以北以及上行接触网设备有电,保持安全距离;命令编号57520;C(防护人员签名)、P(车站值班员签名)"。

⑤接触网作业组检修作业完毕后,座台防护员应及时向电力调度员消令,在"运统17"的"消除不良影响及破损的时分及盖章"栏内:填写检修后状态及检修完毕时间,消记签字,再交车站值班员核实消记签字,如:"4月5日10时28分。五小区间下行接触网设备综合检修完毕,检修后设备合格,符合行车条件;C、P"。

接触网设备故障或异状"运统 17"登记程序：

①发现接触网设备临时故障或异状时，车站值班员应及时在"运统 17"上的"月、日""时、分"栏内：登记获悉时间，如："4 月 8 日 16 时 38 分"；在"检查试验结果、所发现不良及程度"栏内：登记接触网设备故障或异状情况并签字，如："五小区间上行 38 号支柱定位脱落，Q（车值班员签字）"；并通知有关部门（行车调度员、电力调度员、接触网工区）在"通知时间"栏内，登记车站值班员通知有关部门的日期、时间和通知的方法。有关部门接到通知后应及时抢修，抢修过程中座台防护员仍按上述的本项第①、②、③、④、⑤条（接触网设备正常维修"运统 17"登记程序）办理登记手续。

②供电巡视人员发现设备故障时，除及时向电力调度员汇报外，应立即到邻近车站行车室进行登记。需降弓通过时，电力调度员与行车调度员联系办理有关手续。需马上抢修的，按上述第①条办理。

（3）登记要求

①登记的内容必须与本次作业内容相符，要严肃认真，按格式填写。仅有登记无双方（座台防护员、车站值班员）签字视为无效，有登记无消记时间，无消记双方签字视为设备停用，登记消记一次有效，签字后不得变更登记内容，必须变更（含延点）时应重新进行登记。

②正在检修中的设备需要使用时，必须经座台人员同意，消记签字后方准使用，再次检修需重新登记。

③在区间作业时，应在临近车站登记，停电范围内的其它车站由列车调度员下达有关限制行车的命令。

④必须用钢笔或圆珠笔填写，字迹工整，文句简练，不得涂改。每次登记必须按顺序编号，不得隔号或重号，若登记无效，再次编号顺延。

3. 防护人员在执行任务中，要思想集中，坚守岗位，履行职责；要认真、及时、准确地进行联系和显示各种信号。一旦中断联系，须立即通知工作领导人，必要时停止作业。防护人员的安全等级不低于三级。

《补充细则》第 15 条补充规定：作业组的防护人员要用区间电话（或载波机）和相邻车站运转室的防护人员加强联系，作到及时准确地将列车运行情况通知给作业人员，使用电话机和区间电话时，有呼有答、语言清楚、明确，力求简短，双方须复诵确认，作业时不得在电话中谈论与防护无关的事宜。

《补充细则》第 16 条补充规定：防护人员要及时、准确地进行联系和显示各种信号，相邻作业组在使用信号时，必须确认本作业组成员显示的信号。

接触网作业区现场防护人员要加强与作业组和车站运转室防护人员之间的联系，当前方来车，作业组来不及避让，或设备满足不了运行条件，运行列车可能危及人身或设备安全时，果断采取措施，给列车显示信号，如停车信号（见图 2-7-1）、减速信号（见图 2-7-2）、降弓信号和升弓信号（见图 6-1-2 和 6-1-3）。

停车信号：要求列车停车。

昼间：人员应站在列车运行方向的左侧，面迎列车驶来方向，站于限界之外，右臂下垂，左臂平侧伸，手执展开的红色信号旗。昼间无红色信号旗时，面迎列车驶来方向，位于列车运行方向左侧，站于限界外，两臂高举头上向两侧急剧摇动。

夜间：人员应站在列车运行方向左侧，面迎列车驶来方向，站于限界外，左臂下垂，右臂侧举，手持红色灯光与臂平。夜间无红色灯光时，面迎列车驶来方向，位于列车运行方向左侧，站于限界外，左臂下垂，右臂侧举，手持白色灯光上下急剧摇动。

昼间　　　　　　夜间　　　　　　昼间　　　　　　夜间
图 2-7-1　停车信号示意图

昼间　　　　　　夜间　　　　　　昼间　　　　　　夜间
图 2-7-2　减速信号示意图

减速信号：要求列车降低到要求的速度。

昼间：人员应站在列车运行方向的左侧，面迎列车驶来方向，站于限界之外，左臂下垂，右臂平侧伸，手执展开的黄色信号旗。昼间无黄色信号旗时，面迎列车驶来方向，位于列车运行向左侧，站于限界外，左臂下垂，右臂平侧伸，手执展开的绿色信号旗下压数次。

夜间：人员应站在列车运行方向左侧，面迎列车驶来方向，站于限界外，左臂下垂，右臂侧举手持黄色灯光与臂平。夜间无黄色灯光时，面迎列车驶来方向，站于列车运行方向左侧，站于限界外，左臂下垂，右臂侧举，手持白色或绿色灯光下压数次。

第八节　事　故　抢　修

1. 各种事故的抢修，应根据不同事故发生的具体情况，采取针对性、有效的安全防护措施；迅速设法送电、通车，并与电力调度经常保持联系。在有接触网断线事故时，必须采取防护措施，使任何人在装设接地线以前不得进入距断线落下地点 10m 范围以内。

接触网断线事故，断线落下地面时，牵引变电所（或开闭所、分区亭）保护动作，设备跳闸，接触网故障设备虽已经停电。但是，可是由于人为误送电、设备误动作、电力机车误闯无电区等原因，使接触网断线接地故障设备瞬时带电。接地故障电流经断线落地点，以半球面形状向地中流散,如图 2-8-1 所示。在距断线落下地点较近的地方,由于半球面较小故电阻大,接地电流通过此处的电压降也较大,所以电位就高。反之,在远离断线落下地点的地方,由于半球面大,故电阻较小所以电位就低。试验证明:在离开单根接地点 20m 以外的地方,球面就相当大了,实际上已没有什么电阻存在,故该处的电位已近于零。

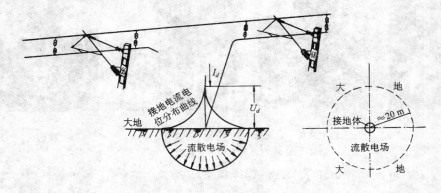

图 2-8-1　地中电流和对地电压分布图

当接触网发生断线接地故障,在装设接地线以前,可能使故障设备带电因素使故障设备瞬间带电,接地电流通过接地断线向大地扩散,这时有人在接地短路点周围行走,其两脚之间(人的跨步一般按 0.8m 考虑)就受到地面上不同点之间的电位差,称为跨步电压 U_k,如图 2-8-2 所示。跨步电压将沿人的两腿产生电流,致使双脚抽筋跌倒,并因电流流经人体的重要器官而造成危害。

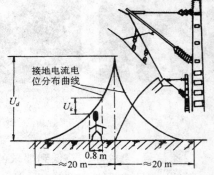

图 2-8-2　跨步电压示意图

2. 事故抢修时,虽然故障的设备已经停电,但必须仍按第四节的规定办理停电作业命令,经过验电接地后方准接触故障的设备或进行抢修。

3. 在事故抢修中,如与电力调度的直接通讯联系中断时,可设法通过列车调度、地区电话进行联系;当一切电话中断时,在作业前必须采取下列措施:

(1)做好事故地点的安全防护措施;

(2)与牵引变电所、分区亭、开闭所联系,断开有关的断路器和隔离开关;

(3)断开接触网有关隔离开关并加锁,必要时派人看守;

(4)在可能来电的空气间隙和绝缘器处派专人进行防护;

(5)按规定装设接地线;

(6)工作领导人要设法将事故有关情况,通过各种方式,尽快报电力调度。

《补充细则》第 17 条补充规定:各接触网工区应建立事故抢修分工责任制,抢修工具材料、备品要有专人保管,交通工具时刻处于良好状态,接到抢修命令,白天 15min,夜间 20min 内出动,到达现场后应迅速查明事故状态,制定抢修方案,并上报段电力调度,抢修中必须设法随时向电调报告事故抢修情况。抢修前,应尽量作好事故状态的各种数据记录并对于事故状态造成的破坏材料、配件回收妥善保管以备分析。

第三章　牵引变电所安全工作规程

第一节　总则及一般规定

一、总　　则

《牵引变电所安全工作规程》(以下简称《安规》)是为了在牵引变电所(包括开闭所、分区亭、以下皆同)的运行和检修工作中,确保人身、设备安全和行车安全而制定的。适用于电气化铁路牵引变电所的运行和检修。各主管部门要经常进行技术教育,组织有关人员认真学习和熟悉本规程,不断提高安全水平,要领导和监督有关人员切实贯彻本规程的各项规定,确保人身、设备和行车的安全。

牵引变电所的所有电气设备,自第一次受电开始即认定为带电设备。之后,上述设备的一切作业,均必须按本规程的各项规定严格执行。

对严格遵守本规程和防止事故有功的人员,应根据具体情况表扬或奖励;对违反本规程的人员,应根据情节给予批评教育和处分。各铁路局可根据本规程规定的原则和要求,结合实际情况制定细则、办法、并报部核备。

二、一般规定

1. 为保证牵引变电所运行和检修作业的安全,对有关人员实行安全等级制度。凡从事牵引变电所运行和检修工作的所有人员,都必须经过考试评定安全等级(安全等级规定,如表 3-1-1 所示),取得安全合格证之后,方准参加相应的运行和检修工作。

安全等级表 3-1-1 中规定,只在技术员及干部(即五级)中规定,具有中等专业学校及以上学历可不受此限,是考虑这些学校的毕业生有些定职即为技术员,取得条件中规定的工龄有困难,其它均未因学历而放宽(与接触网规程规定的不同),主要考虑变电所设备复杂,各所有各自的具体情况,需要一定时间熟悉和掌握。

2. 对从事牵引变电所运行和检修的人员,要每年定期进行 1 次安全考试。此外,对属于下列情况的人员,要事先进行安全考试:

(1)开始参加牵引变电所运行和检修工作的人员;

(2)当职务或工作单位变更,但仍从事牵引变电所运行和检修工作并需提高安全等级的人员;

(3)中断工作连续 3 个月以上而仍继续担当牵引变电所运行和检修工作的人员。

根据班组及车间(领工区)提出需要安全等级提级人员名单,结合安全年审考试成绩,负责安全等级考试部门确定安全等级是否进行提级。

铁道部 1984 年 11 月 27 日发布(84)机设字 335 号文《牵引变电所规程有关条文说明》(以下简称《条文说明》)对"当职务或工作单位变更,但仍从事牵引变电所运行和检修工作并需要提高安全等级的人员"说明:"职务变更":包括工种的变更,例如值班员改为检修或试验人员;

"工作单位变更"：系指段及其以上各单位之间的调动。有些虽不需要提高安全等级，但由于工种的变更，侧重面有所不同，是否需要考试，由各局根据具体情况确定。

表 3-1-1　牵引变电所工作人员安全等级的规定

等级	允许担当的工作	必须具备的条件
一级	进行停电检修较简单的工作。	新工人经过教育和学习初步了解在牵引变电所(包括开闭所或分区亭，下同)内安全作业的基本知识。
二级	1. 助理值班员； 2. 停电作业； 3. 远离带电部分的作业。	1. 担当 1 级工作半年以上； 2. 具有牵引变电所运行、检修或试验的一般知识； 3. 了解本规程； 4. 根据所担当的工作掌握电气设备的停电作业和助理值班员工作； 5. 能处理较简单的故障； 6. 会进行紧急救护。
三级	1. 值班员； 2. 停电作业和远离带电部分作业的工作领导人； 3. 进行带电作业； 4. 高压试验的工作领导人。	1. 担当二级工作 1 年以上； 2. 掌握牵引变电所运行、检修或试验的有关规定； 3. 熟悉本规程； 4. 根据所担当的工作掌握电气设备的带电作业和值班员的工作； 5. 能领导作业组进行停电和远离带电部分的作业。
四级	1. 牵引变电所工长； 2. 检修或试验工长； 3. 带电作业的工作领导人； 4. 工作票签发人。	1. 担当三级工作 1 年以上； 2. 熟悉牵引变电所运行、检修和试验的有关规定； 3. 根据所担当的工作熟悉下列中的有关部分，值班员的工作，电气设备的检修和试验； 4. 能领导作业组进行高压设备的带电作业； 5. 能处理较复杂的故障。
五级	1. 领工员、电力调度员； 2. 技术主任、技术副主任、有关技术人员； 3. 段长、副段长、总工程师、副总工程师。	1. 担当四级工作 1 年以上，技术员及以上的各级干部具有中等专业学校或相当于中等专业及以上的学历者(牵引供电专业)可不受此限； 2. 熟悉并会解释牵引变电所运行、检修安全工作规程及有关检修工艺。

郑铁局 1985 年 1 月 4 日发布郑机水(85)5 号转发《牵引变电所规程有关条文说明的通知》以下简称转发《条文说明》确定：考虑到由于各工种差别较大，工种变更时，仍应进行相应的考试。

3. 根据从事牵引变电所运行和检修工作人员职务的不同，按表 3-1-2 规定分别由铁路局机务处和供电段组成考试委员会，负责进行安全等级的考试并签发合格证。

表 3-1-2　安全等级考试委员会

应考人员	主持考试单位	考试委员会成员
供电段段长、副段长、总工程师、副总工程师	铁路局机务处	处长(或副处长、总工程师)、主管科长(副科长)、主管牵引变电所技术人员、专职安全(或教育)人员
供电段副总工程师以下的所有关人员	供电段	段长(或副段长、总工程师)、技术主任(或副主任)专职安全(或教育)人员、有关领工区领工员

4. 对违反本规程受处分的人员，必要时降低其安全等级；需要恢复其原来安全等级时，必须重新经过考试。

5. 对未按规定参加安全考试和未取得安全合格证的人员，必须经当班的值班员的准许，在安全等级不低于二级的人员监护下，方可进入牵引变电所的高压设备区。

6. 牵引变电所的值班人员及检修工,要每 2 年进行 1 次身体检查,对不适合从事牵引变电所运行和检修作业的人员要及时调整。

7. 雷电时禁止在室外设备以及与其有电气连接的室内设备上作业。遇有雨、雪、雾、风(风力在五级以上)的恶劣天气时,禁止进行带电作业。

8. 高空作业人员要系好安全带(安全带的试验标准如表 3-1-3 所示)。在作业范围内的地面作业人员必须戴好安全帽。高空作业时要使用专门的用具传递工具、零部件和材料等,不得抛掷传递。

表 3-1-3 常用工具试验标准

顺号	名 称	周期(月)	电压等级(kV)	试验电压(kV)	负荷(kg)	时间(min)	汇漏电流(mA)	合格标准
1	绝缘棒、杆、滑轮	6	110	四倍相电压	——	5		
			27.5	120				
			6—10	44				
2	绝缘绳	6	高压	105		5		无过热、击穿和变形
				0.5m				
3	绝缘手套	6	高压	8		1	≤9	
			低压	2.5			≤2.5	
4	绝缘靴	6	高压	15		1	≤7.5	
5	绝缘梯	6	——	2.5cm		5		
6	验电器	6	27.5	120		5		无过热、击穿和变形 发光电压不高于额定电压的 25%
			6—10	40				
7	梯子	12			200	5		任一级蹬加负荷后没有裂损和永久变形
8	绳子	12			2PH	5		无破损和变形
9	安全带	6			225	5		无破损

《条文说明》对"高空作业"说明:"高空作业"即凡在距地面 3m 以上的处所进行的所有作业均为高空作业。作业时工作领导人或由工作领导人指定安全等级不低于该作业工作领导人应具备的安全等级的人员进行监护。此外鉴于变电所设备比较复杂,所以只规定在地面的人员戴安全帽。

9. 作业使用的梯子要结实、轻便、稳固并按表 3-1-3 的规定进行试验。当用梯子作业时,梯子放置的位置要使梯子各部分与带电部分之间保持足够的安全距离,且有专人扶梯。登梯前作业人员要先检查梯子是否牢靠,梯脚要放稳固,严防滑移,梯子上只能有 1 人作业。使用人字梯时,必须有限制开度的拉链。

10. 在牵引变电所内搬动梯子、长大工具、材料、部件时,要时刻注意与带电部分保持足够的安全距离。

11. 使用携带型火炉或喷灯时,不得在带电的导线、设备以及充油设备附近点火。作业时其火焰与带电部分之间的距离:电压为 10kV 及以下者不得小于 1.5m;电压为 10kV 以上者不得小于 3m。

12. 每个高压分间及室外每台隔离开关的锁均应有两把钥匙,由值班员保管 1 把,交接班时移交下一班;另一把放在控制室内固定的地点。各高压分间以及各台隔离开关的钥匙均不得互相通用。当有权单独巡视设备的人员或工作票中规定的设备检修人员需要进入高压分间巡视或检修时,值班员可将其保管的高压分间的钥匙交给巡视人员或作业组的工作领导人,巡视结束时和每日收工时值班员要及时收回钥匙,并将上述过程记入值班日志中。除上述情况外,高压分间的钥匙,不得交给其他人员保管或使用。

按本章第二节"运行"第二款"巡视"第1条规定:有权单独巡视的人员是:牵引变电所值班员和工长,安全等级不低于四级的检修人员、技术人员和主管的领导干部。

13. 在全部或部分带电的盘上进行作业时,应将有作业的设备与运行设备以明显的标志隔开。

《条文说明》对"作业的设备与运行设备以明显的标志隔开"说明:对较为复杂特殊的设备(如上下层布置的母线),有的带电、有的停电,在带电的设备上无法挂标志时,可由作业人员在作业的设备上悬挂"只在此工作"的标示牌。

14. 电力调度员下达的倒闸和作业命令除遇有危及人身设备安全的紧急情况外,均必须有命令编号和批准时间;没有命令编号和批准时间的命令无效。

15. 牵引变电所自用电变压器,频定电压为27.5kV及以上的设备,其倒闸作业以及撤除或投入自动装置和继电保护,除本章第二节"运行"第三款"倒闸"第10条规定的特殊情况外,均必须有电力调度的命令方可操作。额定电压为27.5kV以下的设备,其倒闸作业以及撤除或投入自动装置和继电保护,须经牵引变电所工长或值班员准许方可操作,并将倒闸作业(撤除或投入自动装置和继电保护)的时间、原因、准许人的姓名记入值班日志中。对供给非牵引负荷用电的设备,在倒闸作业前还要由值班员通知用电主管单位,必要时办理停送电手续(具体办法由铁路局制定)。

16. 停电的甚至是事故停电的电气设备,在断开有关电源的断路器和隔离开关并按规定做好安全措施前,任何人不得进入高压分间或防护栅内,且不得触及该设备。

17. 牵引变电所发生高压(对地电压为250V以上,下同)接地故障时,在切断电源之前,任何人与接地点的距离:室内不得小于4m,室外不得小于8m。当人员必须进入上述范围内作业时,作业人员要穿绝缘靴,接触设备外壳和构架时要戴绝缘手套。当作业人员进入电容器栅内或在电容器上工作时,要将电容器逐个放电并接地后方可作业。

牵引变电所发生高压接地故障时,不仅接地电流在地中扩散时存在跨步电压,而且高压电气设备外壳和构架有可能带电。此时,人站在发生接地短路故障的设备旁边,距设备水平距离0.8m,人手接触设备外壳或构架,手与脚两点之间呈现电位差,即接触电压U_j,如图3-1-1所示。因此,当发生高压设备接地故障时,任何人与接地点保持以上规定的安全距离,以防跨步电压伤人。并且,任何人不得接触设备外壳和构架,以防接触电压伤人。当人员必须进入上述范围时,要穿绝缘靴,接触设备外壳和构架时,要戴绝缘手套。因为,绝缘靴和绝缘手套分别是防跨步电压和接触电压有效手段。

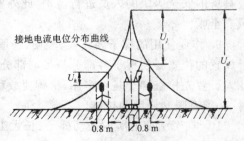

图 3-1-1 跨步电压和接触电压示意图

18. 牵引变电所要按规定配备消防设施和急救药箱。当电气设备发生火灾时,要立即将该设备的电源切断,然后按规定采取有效措施灭火。在牵引变电所内作业时,严禁用棉(或人造纤维织品)、汽油、酒精等易燃物擦拭带电部分,以防起火。

第二节　运　行

一、值　班

1. 牵引变电所及有人值班的开闭所和分区亭,必须设2名人员同时值班。1名为值班员,其安全等级不低于三级;另1名为助理值班员,其安全等级不低于二级。

2. 当班值班员不得签发工作票和参加检修工作;当班助理值班员可参加检修工作,但必须根据值班员的要求能随时退出检修组。助理值班员在值班期间受当班值班员的领导,当参加检修工作时,听从作业组工作领导人的指挥。

《条文说明》对"当班值班员不得签发工作票和参加检修工作"说明:系指工作票签发人与该项作业的许可人不得相互兼任。因此当班的值班员和助理值班员均不得签发工作票。当班的助理值班员参加作业时应征得值班员和工作领导人的同意,退出作业组时要告知工作领导人和值班员,至于是否填入工作票的作业组成员栏内,由各局自定。

转发《条文说明》规定:当助理值班员参加作业时,可以不填入工作票。

二、巡　视

1. 除允许有权单独巡视的人员可1人巡视外,均须由不少于2人同时进行牵引变电所的巡视。 有权单独巡视的人员是:牵引变电所值班员和工长;安全等级不低于四级的检修人员、技术人员和主管的领导干部。

2. 值班员巡视时,要事先通知电力调度或助理值班员;其他人员巡视时要经值班员同意。在巡视时不得进行其它工作。当1人单独巡视时,禁止移开、越过高压设备防护栅或进入高压分间。如必须移开高压设备的防护栅或进入高压分间时,要与带电部分保持足够的安全距离,并要有安全等级不低于三级的人员在场监护。

当1人单独巡视时,如必须移开高压设备的防护栅或进入高压分间时,巡视和监护人员与带电部分保持的安全距离按表3-4-1所示。

3. 在有雷、雨的情况下必需巡视室外高压设备时,要穿绝缘靴,戴安全帽,并不得靠近避雷针和避雷器。

三、倒　闸

1. 对需由电力调度下令倒闸的断路器和隔离开关。在倒闸前要由值班员向电力调度提出申请,电力调度员审查后发布倒闸作业命令;值班员受令复诵;电力调度员确认无误,方可给予命令编号和时间;每个倒闸命令发令人和受令人双方均要填写倒闸操作记录,填写方法如表3-2-1所示。电力调度员对1个牵引变电所1次只能下达1个倒闸作业命令,即1个命令完成之前,不得发出另1个命令。对不需电力调度下令倒闸的断路器和隔离开关,倒闸完毕后要将倒闸的时间、原因和操作人、监护人的姓名记入值班日志或有关记录中。

倒闸操作命令记录填写方法和要求如下:

(1)"命令内容"栏:一般按倒闸卡片的倒闸内容填写,如图3-2-1所示,郑北变电所2号电源1号变代2号电源2号变运行倒闸操作;

(2)"操作卡片"栏:填写倒闸操作卡片编号,如郑北变电所2号电源1号变代2号电源2

号变运行倒闸操作卡片编号为 110；

（3）"命令号"栏：倒闸操作命令编号，牵引变电所的操作命令，201～500 循环使用，如："57201"。

表 3-2-1 停电"倒闸操作命令记录"填写参考表   1997 年

日 期	命 令 内 容	发令人	受令人	操作卡片	命令号	批准时间	完成时间	报告人	电力调度员
9月19日	2号电源1号变代2号电源2号变	Y	G	110	57201	10：5	10：20	G	Y

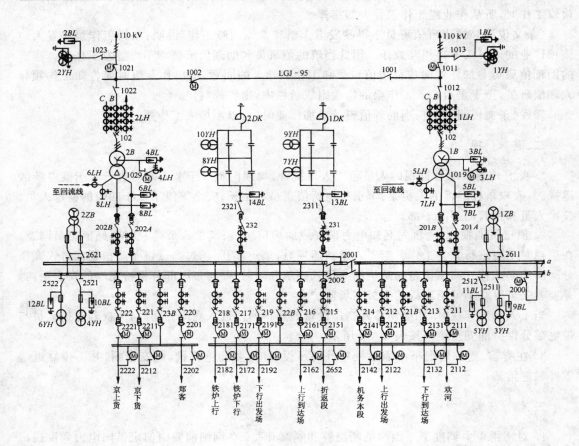

图 3-2-1 郑北变电所一次主接线图

按本章第一节"总则及一般规定"第二款"一般规定"第 15 条规定：需要由电力调度下令倒闸的断路器和隔离开关是：牵引变电所自用电变压器，额定电压为 27.5kV 及以上的设备，其倒闸作业须有电力调度的命令。不需要由电力调度下令倒闸的断路器和隔离开关是：额定电压为 27.5kV 以下的设备，其倒闸作业，不需电力调度下令。

《条文说明》对"电力调度员对 1 个牵引变电所 1 次只能下达 1 个倒闸命令，……"解释说明：系指一张操作卡片或一张倒闸表所具备的项目。

2. 所有的倒闸作业均必须有 2 人同时进行，助理值班员操作，值班员监护，值班员在接到倒闸命令后，要立即进行倒闸，用手动操作时操作人和监护人均必须穿绝缘靴、戴安全帽，同时操作人还要戴绝缘手套(绝缘靴和绝缘手套的试验标准如表 3-1-3 所示)。隔离开关的倒闸操作要准确迅速,一次开闭到底,中途不得停留和发生冲击。

《条文说明》对"倒闸作业时操作人要戴绝缘手套"规定说明:系指操作隔离开关时必须戴绝缘手套,但对开锁、闭锁、拔锁、是否戴绝缘手套由各局自定。

转发《条文说明》补充说明规定:当倒闸操作人在操作前后进行开锁、闭锁、拔锁作业时,可以不戴绝缘手套,但在操作倒闸过程中,不允许人体直接接触有关金属体。

3. 倒闸作业完成后,值班员要立即向电力调度报告,电力调度员要及时发布完成时间,至此倒闸作业方可结束。

《条文说明》对"倒闸作业完成后,……;电力调度员要及时发布完成时间,……"规定说明:发布命令到倒闸作业完成,是严肃认真贯彻执行安全倒闸作业的全部过程。虽然完成时间是根据值班员的报告,但也要按电力调度发布的完成时间为准。

4. 倒闸作业要按操作卡片进行,没有操作卡片的由值班员编写倒闸表并记入值班日志中。由电力调度下令倒闸的设备,其倒闸表要经过电力调度员的审查同意。

5. 编写操作卡片及倒闸表要遵守下列原则:

(1)停电时的操作程序:先断开负荷侧后断开电源侧;先断开断路器后断开隔离开关。送电时,与上述程序相反;

(2)隔离开关分合闸时,先断开主闸刀后闭合接地闸刀;合闸时,与上述程序相反;

(3)禁止带负荷进行隔离开关的倒闸作业和在接地闸刀闭合的状态下强行闭合主闸刀。

《条文说明》对第(1)条规定的倒闸操作程序:系指一般接线型式所应遵守的原则,即倒闸顺序应以当发生误操作时,影响面最小为原则。

停电的操作程序是针对馈线停送电而言。在停电时,可能出现的误操作情况有:断路器开关尚未断开电源,先断开隔离开关刀闸,造成带负荷断开隔离开关,弧光短路点在断路器内侧,将可能造成母线短路,造成上级保护动作跳闸。但如先断开负荷侧隔离开关,则弧光短路点在断路器外侧,断路器开关保护动作跳闸,切除故障,缩小了事故范围。送电时,可能出现的误操作情况有:断路器误在合闸位置,便去合隔离开关。如断路器误在合闸位,便去合隔离开关,此时,若先合负荷侧隔离开关,后合电源侧隔离开关,等于用电源侧隔离开关带负荷送电,一旦发生弧光短路,便造成母线故障,人为扩大事故范围。若先合电源侧隔离开关,后合负荷侧隔离开关,等于用负荷侧隔离开关带负荷送电,发生弧光短路时,断路器保护动作跳闸,切除故障,缩小了事故范围。

针对编写操作卡片及倒闸表而言:当一张卡片或倒闸表涉及到几个及更多高压开关倒闸操作时,也应按照停电时:先断开负荷侧开关(断路器和隔离开关),后断开电源侧开关(断路器和隔离开关),送电时与上述程序相反。也就是停电时,靠负荷侧越近开关先断,后断开距负荷侧较远的开关,按负荷侧到电源方向顺序先后断开开关,送电时与上述程序相反。

6. 与断路器并联的隔离开关,只有当断路器闭合时方可操作隔离开关。当回路中未装断路器时可用隔离开关进行下列操作:

(1)开、合电压互感器和避雷器;

(2)开、合母线和直接接在母线上的设备的电容电流。

(3)开、合变压器中性点的接地线(当中性点上接有消弧线圈时,只有在电力系统没有接地故障的情况下方可进行);

(4)用室外三联隔离开关开、合 10kV 及以下、电流不超过 15A 的负荷;

(5)开、合电压 10kV 及以下、电流不超过 70A 的环路均衡电流。

《条文说明》对"回路中未装断路器时可用隔离开关进行的操作"规定说明:系指根据水电部 1990 年公布的《电力工业技术管理法规(试行)》第 4-4-18 条制定的,法规中还有一款应补充为本条的第(6)款:"开、合励磁电流不超过 2A 的空载变压器和电容电流不超过 5A 的无负荷线路,但当电压在 20kV 及以上时,应使用室外垂直分合式的三联隔离开关"。依照法规第 4-8-18 条最后一段(根据现场试验或系统运行经验,经运行单位的总工程师批准可超过该条规定的限额)的精神,结合具体情况,根据试验或运行经验,经供电段总工程师(或主管副段长)批准,本条规定的范围可以适当扩大,扩大后的具体规定应报铁路分局备案。

转发《条文说明》规定:对已扩大范围进行操作的有关各段,应补办书面规定,报分局备案。

7. 拆装高压熔断路应由 2 人同时作业,助理值班员操作,值班员监护。操作人和监护人均应要穿绝缘靴、戴防护眼镜,操作人还要戴绝缘手套。

8. 带电更换低压熔断器时,操作人要戴防护眼镜,站在绝缘垫上,并要使用绝缘柄夹钳或戴绝缘手套。

9. 在正常情况下,不应操作脱扣杆进行断路器分闸。电动操作合闸的断路器,除操作机构中具有储能装置外,禁止手动合闸送电(如用千斤顶闭合 DW3-110 型断路器等)。

10. 对需由电力调度下令进行倒闸作业的断路器和隔离开关,遇有危及人身和设备安全的紧急情况,值班员可先行断开有关的断路器和隔离开关,再报告电力调度,但再合闸时必须有电力调度员的命令。

第三节 检修作业制度

一、作业分类

电气设备的检修作业分为三种:

(1)高压设备停电作业——在停电的高压设备上进行的及在低压设备和二次回路上进行的需要高压设备停电的作业;

(2)高压设备带电作业——在带电的高压设备上进行的作业;

(3)高压设备远离带电部分的作业(简称远离带电部分的作业,下同)——当作业人员与高压设备的带电部分之间保持规定的安全距离的条件下在高压设备上进行的作业;

(4)低压设备停电作业——在停电的低压设备上进行的作业;

(5)低压设备带电作业——在带电的低压设备上进行的作业。

远离带电部分的作业,作业人员与高压设备的带电部分之间保持规定的安全距离,安全距离按表 3-4-1 所示规定执行。

二、工 作 票

1. 工作票是在牵引变电所内进行作业的书面依据,要字迹清楚、正确、不得用铅笔书写。工作票要填写 1 式 2 份,1 份交工作领导人,1 份交牵引变电所值班员。值班员据此办理准许作业手续,做好安全措施。

2. 事故抢修,情况紧急时可不开工作票,但应向电力调度报告事故概况,听从电力调度的指挥;在作业前必须按规定做好安全措施,并将作业的时间、地点、内容及批准人的姓名等记入值班日志中。

《条文说明》对"事故抢修"补充说明:"事故抢修"包括紧急情况下需立即处理的故障。

3. 根据作业性质的不同,工作票分为三种

(1)第一种工作票,填写方法如表 3-3-1 所示,用于高压设备停电作业;

(2)第二种工作票,填写方法如表 3-3-2 所示,用于高压设备带电作业;

(3)第三种工作票,填写方法如表 3-3-3 所示,用于远离带电部分的作业、低压设备上的作业,以及在二次回路上进行的不需要高压设备停电的作业。

表 3-3-1　牵引变电所第一种工作票填写参考表

郑北变电所　　　　　　　　　　　　　　　　　　　　　　　　　　　　　　　第 9-6 号

作业地点及内容	室外 102 断路器小修			
工作时间	自 1997 年 9 月 19 日 8 时 00 分至 1997 年 9 月 19 日 18 时 30 分止			
工作领导人	姓名:　D　　安全等级:四			
作业组成员姓名及安全等级 (安全等级填在括号内)	(A)	(4)	(/)	(/)
	(B)	(3)	(/)	(/)
	(C)	(3)	(/)	(/)
	(E)	(1)	(/)	(/)
	共计　5　人			

必须采取的安全措施(本栏由发票人填写)	已经完成的安全措施(本栏由值班员填写)
1. 断开的断路器和隔离开关:断开 202A 和 202BDL 拉出小车并防滑,断开 102DL 拉开 1022 和 1029GK 并加锁;	1. 已经断开的断路器和隔离开关:202A、202B 和 102DL、1022 和 1029GK;
2. 安装接地的位置:102DL 靠 2B 侧 1 组 3 根,102DL 靠 2LH 侧 1 组 3 根;	2. 接地线装设的位置及其号码:102DL 靠 2B 侧 1 组 3 根,编号 05、06、07 装设位置 √,102DL 靠 2LH 侧 1 组 3 根,编号 15、16、17 装设位置 √;
3. 装设防护栅、悬挂标示牌的位置:在 102、202A、202BDL 和 1022、1029GK 操作手柄上各挂一块禁合牌,在 1022GK、202A、202BDL 机构上各挂一块禁攀牌;	3. 防护栅、标示牌装设的位置:√;
4. 注意作业地点附近有电的设备是:1022GK 进线侧、202A 和 202BDL 出线侧;	4. 注意作业地点附近有电的设备是:√;
5. 其它安全措施:断 102、202A、202BDL 控制和保护电源,将其选择开关打至当地位,撤除 1#B 自投装置。	5. 其它安全措施:√。

发票日期:1997 年 9 月 19 日　　　发票人:F(签字) 　　根据电力调度员的第 57506 号命令准予在 1997 年 9 月 19 日 10 时 20 分开始工作,电力调度要求在 1997 年 9 月 19 日 14 时 30 分结束工作	
	值 班 员:　G　(签字)
经检查安全措施已做好,实际于 1997 年 9 月 19 日 10 时 25 分开始工作。	
	工作领导人:　D　(签字)
变更作业组成员记录:　/	
	发 票 人:　/　(签字) 工作领导人:　/　(签字)
经电力调度员 Y 同意工作时间延长到 1997 年 9 月 19 日 16 时 40 分	
	值 班 员:　G　(签字) 工作领导人:　D　(签字)
工作已于 1997 年 9 月 19 日 16 时 30 分全部结束。	
	工作领导人:　D　(签字)
接地线共 2 组和临时防护栅、标示牌已拆除,并恢复了常设防护栅和标示牌,工作票于 1997 年 9 月 19 日 16 时 35 分结束。	
	值 班 员:　G　(签字)

表 3-3-2　牵引变电所第二种工作票填写参考表

郑北变电所

作业地点及内容	更换室外 1 号变 110kV 引线与母线连接线夹			
工作时间	自 1997 年 9 月 26 日 8 时 00 分至 1997 年 9 月 26 日 16 时 00 分止			
工作领导人	姓名：D　安全等级：四			
作业组成员姓名及安全等级 （安全等级填在括号内）	(A′)	(4)	(/)	(/)
	(B′)	(3)	(/)	(/)
	(C′)	(3)	(/)	(/)
	(/)	(/)	(/)	(/)
	共计　4　人			

必须采取的安全措施（本栏由发票人填写）：	已经完成的安全措施（本栏由值班员填写）：
1. 装设防护栅、悬挂标示牌的位置：在 1 号主变 1B 高压侧箱体上和断路器 101DL 靠主变侧网栅上挂"禁攀"牌； 2. 注意作业地点附近接地或带电设备是：1 号主变 1B 高、低压侧引线和断路器 101DL 进、出线带电；1 号主变 1B 外壳和断路器 101DL 底座接地； 3. 注意作业地点附近不同电压的设备是：1 号主变 1B 高、低侧引线； 4. 绝缘工具状态：绝缘绳和绝缘挂梯电气强度不得小于 3kV/cm，用 2500V 兆欧表测量其绝缘电阻不得小于 10000MΩ，有效绝缘长度不得小于 1300mm，并须用清洁干燥的抹布擦拭有效绝缘部分； 5. 其它安全措施：必须保证人员上下梯子时，有效绝缘被短接后，剩余部分仍能满足要求，撤除自投装置。	1. 防护栅、标示牌装设位置：√； 2. 注意作业地点附近接地或带电的设备是：√； 3. 注意作业地点附近不同电压的设备是：√； 4. 绝缘工具状态：√； 5. 其它安全措施：√。

发票日期：1997年9月26日　　发票人：F　（签字）

　　根据电力调度员的第573006号命令准予在1997年9月26日9时00分开始工作，电力调度要求在1997年9月26日11时40分结束工作

值 班 员：G　（签字）

经检查安全措施已做好，实际于1997年9月26日9时05分开始。

工作领导人：D　（签字）

变更作业组成员记录：_____/_____。

发 票 人：/　（签字）
工作领导人：/　（签字）

工作已于1997年9月26日11时30分全部结束。

工作领导人：D　（签字）

临时防护栅、标示牌已拆除，并恢复了常设防护栅和标示牌，工作票于1997年9月26日11时35分结束。

值 班 员：G　（签字）

表 3-3-3　牵引变电所第三种工作票填写参考表

郑北变电所　　　　　　　　　　　　　　　　　　　　　　　　　　　第 9-2 号

作业地点及内容	室外更换 1 号主变硅胶	发票人	F	（签字）
		发票日期	1997.9.12	
工作票有效期	自 1997 年 9 月 12 日 8 时 00 分至 1997 年 9 月 12 日 18 时 00 分止			
工作领导人		姓名：B　安全等级：三		
作业组成员姓名及安全等级	（A）	（4）	（/）	（/）
	（C）	（3）	（/）	（/）
	（I）	（2）	（/）	（/）
	共计　4　人			

必须采取的安全措施（本栏由发票人填写）： 1. 注意与变压器带电部分保持一定安全距离； 2. 检查变压器外壳接地完好。	已经完成的安全措施（本栏根据内容分别由值班员和工作领导人填写）√

已做好安全措施准予在 1997 年 9 月 12 日 10 时 00 分开始工作。

经检查安全措施已做好，实际于 1997 年 9 月 12 日 10 时 02 分开始工作。　　　　　　　　　值　班　员：_G_（签字）

　　　　　　　　　　　　　　　　　　　　　　　　　　　　　　　　工作领导人：_B_（签字）

变更作业组成员记录：　/

　　　　　　　　　　　　　　　　　　　　　　　　　　　　　　　　发　票　人：_/_（签字）

　　　　　　　　　　　　　　　　　　　　　　　　　　　　　　　　工作领导人：_/_（签字）

工作已于 1997 年 9 月 12 日 10 时 35 分全部结束。

　　　　　　　　　　　　　　　　　　　　　　　　　　　　　　　　工作领导人：_B_（签字）

作业地点已清理就绪，工作票于 1997 年 9 月 12 日 10 时 38 分结束。

　　　　　　　　　　　　　　　　　　　　　　　　　　　　　　　　值　班　员：_G_（签字）

　　《条文说明》对"工作票的填写及表 3-3-1、表 3-3-2"说明：第一种工作票适用于一切高压（即对地额定电压在 250V 以上的设备）设备的停电作业。凡须电力调度下令倒闸的设备，应由电力调度审查安全措施，其余高压设备的停电作业，可不经过电力调度审查，但仍使用第一种工作票，其中凡涉及电力调度的内容均不填（如表 3-3-4）。在表 3-3-1、表 3-3-2 的规定中，根据电力调度的命令准予开始工作的后面增加一项即电力调度要求完成的时间。

　　牵引变电所第一种工种票填写方法和要求如下：

　　（1）"第　　号"栏：按工作票应分别按所（亭）、种类、月份编写原则填写第一种工作票编号，编号按月工作票顺序编号，若该票是当月（如 9 月份）第 6 张第一种工作票，那么编号为："9-6"（编号方法和接触网工作票类同）；

　　（2）"作业地点及内容"栏：填写应具体，地点应具体到室外、室内配电盘、高压室高压分间等，内容应具体到设备运行编号及修程，必要时还应注明作业的部位；如："室外 102 断路器小修"；

　　（3）"工作时间"栏：填写计划的作业时间，如："1997 年 9 月 19 日 8 时 00 分至 1997 年 9 月 19 日 18 时 30 分止"；

　　（4）"作业组成员姓名及安全等级"栏：填写参加作业组成员姓名全称和其安全等级，牵引变电所高压设备停电作业作业组成员安全等级最低可以是一级（如表 3-1-1 所示）；助理值班员参加检修工作按本章第二节"运行"第一款"值班"第 2 条转发《条文说明》规定可以不填入工作票中；

　　（5）"共计　　人"栏：包括工作领导人在内作业组成员，若发票人参加作业组，在作业组成员栏内应填入其姓名和安全等级，如："共计 5 人"；

表 3-3-4　牵引变电所第一种工作票填写参考表

广柳变电所 　　　　　　　　　　　　　　　　　　　　　　　　　　　　　　　第 9-7 号

作业地点及内容	更换室外 10kV 动力线门型构架瓷瓶			
工作时间	自 1997 年 9 月 6 日 8 时 00 分至 1997 年 9 月 6 日 18 时 00 分止			
工作领导人	姓名： C′　　安全等级：三			
作业组成员姓名及安全等级 （安全等级填在括号内）	(A′)	(4)	(/)	(/)
	(I′)	(2)	(/)	(/)
	(/)	(/)	(/)	(/)
	(/)	(/)	(/)	(/)
	共计　3　人			

必须采取的安全措施（本栏由发票人填写）	已经完成的安全措施（本栏由值班员填写）
1. 断开的断路器和隔离开关：断 301DL 和拉开 3003GK 并加锁； 2. 安装接地线的位置：在 3003GK 出线侧挂 1 组 3 根地线； 3. 装设防护栅、悬挂标示牌的位置：在 301DL 和 3003GK 操作手柄各挂禁合牌； 4. 注意作业地点附近有电的设备是：301DL 进线侧和 2DB； 5. 其它安全措施：断 301DL 控制电源和电机电源。	1. 已经断开的断路器和隔离开关：301DL 和 3003GK； 2. 接地线装设的位置及其号码：3003GK 出线侧 1 组 3 根编号 01、02、03 位置√； 3. 防护栅、标示牌装设的位置：√； 4. 注意作业地点附近有电的设备是：√； 5. 其它安全措施：√。

发票日期：1997年9月6日　　　发票人：D　（签字）

　　根据电力调度员的第　/　号命令准予在　/　年/月/日/时/分开始工作。

　　　　　　　　　　　　　　　　　　　　　值　班　员：　/　（签字）

经检查安全措施已做好，实际于1997年9月6日14时30分开始工作。

　　　　　　　　　　　　　　　　　　　　　工作领导人：　C′　（签字）

变更作业组成员记录：　/　。

　　　　　　　　　　　　　　　　　　　　　发　票　人：　/　（签字）
　　　　　　　　　　　　　　　　　　　　　工作领导人：　/　（签字）

经电力调度员/同意工作时间延长到　/　年/月/日/时/分。

　　　　　　　　　　　　　　　　　　　　　值　班　员：　/　（签字）
　　　　　　　　　　　　　　　　　　　　　工作领导人：　/　（签字）

工作已于1997年9月6日15时40分全部结束。

　　　　　　　　　　　　　　　　　　　　　工作领导人：　C′　（签字）

接地线共1组和临时防护栅、标示牌已拆除，并恢复了常设防护栅和标示牌，工作票于1997年9月6日15时45分结束。

　　　　　　　　　　　　　　　　　　　　　值　班　员：　G　（签字）

（6）"必须采取的安全措施"栏

①"断开的断路器和隔离开关"栏：按照本节"作业人员的职责"第 5 条和本章第四节"高压设备停电作业""停电范围"第 2 条规定应按运行编号逐台写清，断路器小车的拉出和隔离开关加锁在本栏内注明；

②"安装接地线的位置"栏：装设位置应具体到设备的进、出线侧或靠某设备侧，并注明几组多少根；

③"装设防护栅、悬挂标示牌的位置"栏：根据本章第四节"高压设备停电作业"第四款"标示牌和防护栅"第 1 条……已经断开的所有断路器和隔离开关的操作手柄上，……挂'有人工作，禁止合闸'标示牌规定、应具体到手柄、把手等位置，标示牌可简写成"禁止"；

④"注意作业地点附近有电的设备"栏：指高压及其二次设备，应指明设备的运行编号及有电范围；

⑤"其它安全措施"栏:指针对工作任务应采取的有关安全措施及注意事项,安全措施一般包括断开设备的操作能源,断开二次来电方向并短封接地,高压设备放电,撤除自动装置,断开或短接连动回路,将选择开关打至"当地"位等,当进行二次回路带电作业、高空作业、有危险液体、气体的作业及易引起误动的作业时,应注明有关注意事项;

(7)"已经完成安全措施"栏

①"已经断开的断路器和隔离开关"栏:按运行编号逐台填写清楚;

②"接地线装设的位置及其号码"栏:应填写装设地线的编号,装设位置打"√"号;

③"防护栅、标示牌装设的位置"栏:与"必须采取的安全措施第③条"相同时可打"√"号;

④"注意作业地点附近有电的设备"栏:与"必须采取的安全措施第④条"相同时可打"√"号;

⑤"其它安全措施"栏:与"必须采取的安全措施第⑤条"相同时可打"√"号;

(8)"发票日期"栏:填写发票日期,牵引变电所第一种工作票没有向接触网工作票要求发票人在工作前1天将工作票交给工作领导人,而是要求尽早将工作票交给工作领导人和值班员,因此牵引变电所第一种工作票既可以提前1天或几天,也可以当天发票。如:"1997年9月19日";

(9)"根据电力调度员的第　号命令准予在　年　月　时　分开始工作和要求在　年　月　日　时　分结束工作"栏:按本章第四节"作业命令的办理"第(1)款规定由值班员填写电力调度员发布的准予停电作业命令,停电作业命令501～1000循环使用,如"57506";后面日期填写电力调度发布的准予开始工作日期和时间和要求结束的日期和时间,如:"1997年9月19日10时20分"和"1997年9月19日14时30分";

(10)"实际于　年　月　日　时　分开始工作"栏:值班员和工作领导人共同检查安全措施已做好后,由工作领导人填写实际开始工作日期和时间,如:"1997年9月19日10时25分";

(11)"变更作业组成员记录和发票人,工作领导人(签字)"栏:当作业组成员变更时填写变更人员姓名和安全等级并由发票人和工作领导人共同签字,当变更工作领导人时,由新工作领导人签名;否则不填不签字;

(12)"经电力调度员同意工作时间延长到　年　月　日　时　分"栏:按本节"工作票"第4条规定:若在规定的工作时间内作业不能完成,应在规定结束时间前,根据工作领导人的请求,值班员向电力调度办延期手续,分别填写电力调度员姓名全称和同意延长的日期和时间,如:"1997年9月19日16时40分";

(13)"已于＿年＿月＿日＿分全部结束"栏:由工作领导人填写工作全部结束时间,如"1997年9月19日16时30分";

(14)"工作票于＿年＿月＿日＿时＿分结束"栏:由值班员填写工作票结束时间,如"1997年9月19日16时35分"。

牵引变电所第二种工作票填写方法和要求如下:

(1)"第　号"栏:本张工作票编号,按月份第二种工作票顺序编号,如"9-6"表示9月份第6张第二种工作票;

(2)"作业地点及内容"栏:地点应具体到室外、室内配电盘、高压分间,内容具体设备运行编号和内容,如"更换室外1号主变110kV侧引线与母线连接线夹";

(3)"工作时间"栏:按本节"工作票"第4条规定:第二种工作票有效时间最长为1个工作日,不得延长。"工作时间"最长为24h,即"1997年9月26日8时00至1997年9月27日8时

00 分止""工作时间"栏只能填比 24h 短的时间,如"1997 年 9 月 26 日 8 时 00 分至 1997 年 9 月 26 日 16 时 00 分止";

(4)"共计　人"栏:填写作业组成员数,包括工作领导人在内;当发票人参加作业时,应在作业组成员中加入发票人姓名和其安全等级;当助理值班员(其安全等级应在三级及以上)参加检修作业时,按本章第二节"运行"第一款"值班"第 2 条转发《条文说明》规定可以不填入工作票中;

(5)"必须采取的安全措施"栏

①"装设防护栅、悬挂标示牌的位置"栏:填写需要装设防护栅和悬挂标示牌位置,如:"在 1 号主变 1B 和高压侧箱体上和断路器 101DL 靠主变侧网栅上挂'禁攀'"牌;101DL 进、出线带电;1 号主变 1B 外壳和断路器 101DL 底座上接地";

②"注意作业地点附近接地或带电的设备"栏:填写作业地点附近接地或带电的设备名称,如:"1 号主变 1B 高低压侧引线和断路器 101DL 进、出线带电;1 号主变 1B 外壳和断路器 101DL 底座接地";

③"注意作业地点附近不同电压的设备"栏:填写作业地点附近不同电压等级(相别)设备名称,如:"1 号主变 1B 高,低压侧引线";

④"绝缘工具状态"栏:填写所用绝缘工具状态,如:"绝缘绳和绝缘挂梯电气强度不得小于 3kV/cm,用 2500V 兆欧表测量其绝缘电阻不得小于 10000MΩ,有效绝缘度不得小于 1300mm,并须用清洁干燥的抹布擦拭有效绝缘部分";

⑤"其它安全措施"栏:填写其它安全措施和注意事项,如:"必须保证人员上下梯子时,有效绝缘被短接后,剩余部分仍能满足要求,撤除自投装置";

(6)"发票日期和发票人(签字)"栏:分别填写发票日期和发票人签自已姓名全称;带电作业发票人安全等级应为四级及以上;

(7)"根据电力调度员的第__员命令准予在__年__月__日__时__分开始工作和要求在__年__月__日__时__分结束工作"栏,分别填写带电作业命令编号和准予开始工作日期和时间以及电力调度要求结束时间,带电作业命令编号有四位数字,前三位是撤除重合闸的操作命令编号如"300";第四位是作业组序号,如:"6"则带电作业命令编号为"573006";

(8)"变更作业组成员记录和发票人、工作领导人(签字)"栏:若作业组成员变更则填变更人员姓名和其安全等级,发票人和工作领导人双方签字,否则不填不签。

牵引变电所第三种工作票填写方法和要求如下:

(1)"第　号"栏:第三种工作票当月发票编号,如"9-2"为 9 月份第二张第三种工作票;

(2)"作业地点及内容"栏:地点应具体到室外、室内配电盘、高压室高压分间等,内容应具体到设备运行编号,必要时具体到作业部位;

(3)"工作票有效期"栏:按本节"工作票"第 4 条规定:第三种工作票有效时间最长为 1 个工作日,即"1997 年 9 月 12 日 8 时 00 分至 1997 年 9 月 13 日 8 时 00 分止","工作票有效期"在 24 小时 1 个工作日之内,如"1997 年 9 月 12 日 8 时 00 分至 1997 年 9 月 12 日 18 时 00 分止";

(4)"工作领导人姓名和安全等级"栏:分别填写工作领导人姓名和其安全等级〔安全等级分别按本章第六节"其它作业"第一款"远离带电部分的作业"第 2 条第(2)款;第二款"低压设备上的作业"第 1 条和第 2 条;第三款"二次回路上的作业"第 1 条第(2)款等办理〕,第三种工作票工作领导人安全等级应为三级及以上;

(5)"变更作业组成员记录和发票人、工作领导人(签字)"栏:当作业组成员变更时填入变更人员姓名全称和其安全等级并由发票人和工作领导人双方签字确认，没有变更则不填；

牵引变电所高压设备停电作业若可不经过电力调度审查，仍使用第一种工作票时，工作票填写方法和要求如下：

（1）"第　号"栏：第一种工作票编号，如"9-7"；

（2）"作业地点及内容"栏：填写应具体，地点应具体到室内、室外配电盘、高压室高压分间等，内容应具体到设备运行编号及修程，必要时应说明作业的部位；

（3）"必须采取的安全措施"栏

①"断开的断路器和隔离开关"栏：按运行编号逐台写清，断路器小车拉出和隔离开关加锁在本栏内注明；

②"安装接地线的位置"栏：装设位置应具体到设备进、出线侧或靠某设备侧，并注明几组多少根；

③"装设防护栅、悬挂标示牌的位置"栏：应具体到手柄、把手位置、标示牌可简称为"禁合"；

④"注意作业地点附近有电的设备"栏：指高压设备及其二次设备，应指明设备运行编号及有电范围；

⑤"其它安全措施"栏：指针对工作任务要采取的有关安全措施及注意事项；

（4）"已经完成的安全措施"栏

①"已经断开的断路器和隔离开关"栏：按运行编号逐台填写清楚；

②"接地线装设的位置及其号码"栏：应填写装设接地线编号，装设位置打"√"号；

③"防护栅、标示牌装设的位置"栏：与"必须采取的安全措施第③条"相同时可打"√"号；

④"注意作业地点附近有电的设备"栏：与"必须采取的安全措施第④条"相同时可打"√"号；

⑤"其它安全措施"栏："必须采取的安全措施第⑤条"相同时可打"√"号；

（5）"变更作业组成员记录和发票人、工作领导人（签字）"栏：当作业组成员变更时填入变更人员姓名和安全等级并由发票人和工作领导人双方签字；

4. 第一种工作票的有效时间，以批准的检修期为限，间断时间不得超过48h。若在规定的工作时间内作业不能完成，应在规定的结束时间前，根据工作领导人的请求，由值班员向电力调度办理延期手续。第二种、第三种工作票有效时间最长为1个工作日，不得延长。因作业时间较长，工作票污损影响继续使用时，应将工作票重新填写。

《条文说明》对"因作业时间较长，工作票污损……，应将该工作票重新填写"说明规定：此时原工作票应与重新填写的工作票一并保存。

5. 发票人在工作前要尽早将工作票交给工作领导人和值班员，使之有足够的时间熟悉工作票中内容及做好准备工作。

6. 工作领导人和值班员对工作票内容有不同意见时，要向发票人及时提出，经过认真分析，确认正确无误，方准作业。

7. 工作票中规定的作业组成员，一般不应更换；若必须更换时，应经发票人同意，若发票人不在，可经工作领导人同意，但工作领导人更换时，必须经发票人同意，并均要在工作票上签字。工作领导人应将作业组成员的变更情况及时通知值班员。

《条文说明》对"……，工作领导人应将作业组成员的变更情况及时通知值班员"说明规定：工作领导人和作业组成员变更后除通知值班员外，还应及时通知电力调度。

8. 在远离带电部分作业中的取油样,以及在低压设备和二次回路上进行简单的且不需要高压设备停电的作业时可以不开工作票,但应由工长(在根据电业部门的通知必须立即改变继电保护装置整定值等紧急情况下若工长不在可根据设备分管权限,分别由当班的电力调度员或值班员代替)向工作领导人布置工作任务和安全措施,并记入有关记录中。作业前工作领导人必须取得值班员的同意方准开工,必要时由值班员做好安全措施,并向工作领导人指明准许作业的范围、时间及注意事项。作业完毕,由工作领导人通知值班员,经值班员检查有关设备,确认符合安全供电要求时,工作领导人方准离开。值班人员要将进行上述作业的工作领导人的姓名、作业时间和内容等记入值班日志或有关记录中。

9. 对非专业人员在牵引变电所工作时须遵守下列规定

(1)若需设备停电,要按停电的性质和范围填写相应的工作票,办理停电手续,并须在安全等级不低于三级的人员的监护下进行工作。工作票由牵引变电所工长签发,1张发给当班值班员,另1张发给监护人。监护人负责有关电气安全方面的监护职责。

(2)若设备不需停电,由值班员负责做好电气方面的安全措施(如加设防护栅、悬挂标示牌等),向有关作业负责人讲清安全注意事项,并记录在值班日志或有关记录中,双方签认后方准开工。必要时可派安全等级不低于二级的人员进行电气安全监护。

《条文说明》对不属于以上两条规定的非专业人员在牵引变电所工作时须遵守的规定补充说明:如非本段的专业人员(如供电局和其它单位的牵引变电所专业人员)作业时原则上由担当作业的单位签发工作票和监护;由值班员根据工作票的要求经审查后,办理停电,做安全措施。关于开工、工作间断、结束工作票等均按本规程有关条款执行。本段的接触网和电力人员在变电所内的牵引供电设备上作业时,签发工作票、监护等应比照本节"工作票"第9条规定执行。

10. 1个作业组的工作领导人同时只能接受1张工作票。1张工作票只能发给1个作业组。同1张工作票的签发人和工作领导人必须由2人分别担当,不得相互兼任。

三、作业人员的职责

1. 工作票签发人在签发工作票时要做到

(1)所安排的作业项目是必要和可能的;

(2)所采取的安全措施是正确和完备的;

(3)所配备的工作领导人和作业组成员的人数和条件符合规定。

2. 工作领导人要做好下列事项

(1)作业范围、时间、作业组成员等符合工作票要求;

(2)复查值班员所做的安全措施,要符合规定要求;

(3)时刻在场监督作业组成员的作业安全,如果必须短时离开作业地点时,要指定监时代理人,否则停止作业,并将人员和机具撤至安全地带。

3. 值班员做好下列工作

(1)复查工作票中必须采取的安全措施符合规定要求;

(2)经复查无误后,向电力调度(或用电主管单位)申请(联系)停电或撤除重合闸;

(3)按照有关规定和工作票的要求做好安全措施,办理准许作业手续。

4. 作业组成员要服从工作领导人的指挥和调动,遵章守纪,对不安全和有疑问的命令要果断及时地提出意见,坚持安全作业。

5. 发票人和值班员填写工作票时在"断开的断路器和隔离开关"及"已经断开的断路器和

隔离开关"栏内,须将作业前所有将要断开和已经断开的断路器和隔离开关分别按编号全部填写清楚。

四、准许作业的规定

1. 值班员在做好安全措施后,要到作业地点进行下列工作
(1)会同工作领导人按工作票的要求共同检查作业地点的安全措施;
(2)向工作领导人指明准许作业的范围、接地线和旁路设备的位置,附近有电(停电作业时)或接地(直接带电作业时)的设备,以及其它有关注意事项;
(3)经工作领导人确认符合要求后,双方在 2 份工作票上签字,1 份交给工作领导人,另 1 份值班员留存,即可开始作业。
2. 每次开工前,工作领导人要在作业地点向作业组全体成员宣读工作票,布置安全措施。
3. 当停电作业时,在消除命令之前,禁止向停电的设备上送电。在紧急情况下必须送电时要按下列规定办理:
(1)通知工作领导人,说明原因,暂时结束作业,收回工作票。对非牵引负荷,在送电前必须通知有关用户的主管单位;
(2)拆除临时防护栅、接地线和标示牌,恢复常设防护栅和标示牌;
(3)属电力调度管辖的设备,由电力调度发布送电命令;其它设备由牵引变电所工长批准送电;
(4)值班员将送电的原因、范围、时间和批准人、联系人的姓名记入值班日志中。
4. 停电作业的设备,在结束作业前需要试加工作电压时,要按下列规定办理
(1)确认作业地点的人员、材料、部件、机具均已撤至安全地带;
(2)由值班员将该停电范围内所有的工作票均收回,拆除妨碍送电的临时防护栅、接地线及标示牌,恢复常设防护栅和标示牌;
(3)按照设备停、送电的所属权限,值班员将试加工作电压的时间分别报告电力调度和通知有关用户的主管单位,并将电力调度员和接到通知的人员姓名、所属单位及时间记入有关记录中;
(4)工作领导人与值班员共同对有关部分进行全面检查,确认可以送电后,在牵引变电所工长或工作领导人的监护人,由值班员进行试加工作电压的操作;
(5)试加工作电压完毕,值班人员要将其开始和结束的时间及试加电压的情况记入有关录中。试加工作结束后仍需继续作业,必须由值班员根据工作票的要求,重新做安全措施,办理准许作业手续。

五、安全监护

1. 当进行电气设备的带电作业和远离带电部分的作业时,工作领导人主要是负责监护作业组成员的作业安全,不参加具体作业。当进行电气设备的停电作业时,工作领导人除监护作业组成员的作业安全外,在下列情况下可以参加作业:
(1)当全所停电时;
(2)部分设备停电,距带电部分较远或有可靠的防护设施,作业组成员不致触及带电部分时。
《条文说明》对本条第(2)款规定的情况补充说明:工作领导人视情况参加作业,其主要职

责仍是监护作业组成员的作业安全。考虑牵引变电所与接触网不同,有的作业例如作业的设备引线已拆除,距离带电设备又较远,工作领导人可以参加一些力所能及的作业,当对作业安全不太把握时,工作领导人又必须参加作业,此时还应在作业中指定合乎条件的人(安全等级不低于本作业工作领导人应具备的安全等级)进行监护。所谓作业组成员(包括所执的工具和材料)不致触及带电部分,均指不侵入规定的安全距离。

2. 当作业人员较多或作业范围较广,工作领导人监护不到时,可设监护人。设置的监护人员由工作领导人指定安全等级符合要求的作业组成员担当。

工作领导人指定的监护人安全等级的要求按本节"安全监护"第 3 条办理,监护人的安全等级:停电作业不低于三级;带电作业不低于四级。

3. 当作业需要时可以派遣不少于 2 人的小组(包括监护人)到作业地点以外的处所作业,其作业人员的安全等级:停电作业不低于二级,带电作业不低于三级。监护人的安全等级:停电作业不低于三级,带电作业不低于四级。禁止任何人在高压分间或防护栅内单独停留和作业。

《条文说明》中"……到作业地点以外的处所作业时,……",系指作业组成员可能同时分别几处作业,工作领导人所在的作业地点以外。

4. 牵引变电所工长和值班员要随时巡视作业地点,了解其工作情况,当发现不安全情况时要及时提出,若属危及人身、行车、设备安全的紧急情况时,有权制止其作业,收回工作票,令其撤出作业地点;如必须继续进行作业时,要重新办理准许作业手续方可恢复作业,并将中断作业的地点、时间和原因记入值班日志中。

六、作业间断和结束工作票

1. 作业中需暂时中断工作离开作业地点时(如吃饭、午休等),工作领导人应将人员撤至安全地带,材料、零部件和机具要放置牢靠,并与带电部分之间保持规定的安全距离,将高压分间的钥匙和工作票交给值班员。当再继续工作时,工作领导人要征得值班员的同意,取回钥匙和工作票,重新检查安全措施符合工作票要求后方可开工。在作业中断期间,未征得工作领导人同意,作业组成员不得擅自进入作业地点。每日开工和收工除按上述规定执行外,在收工时还应清理作业场地,开放封闭的通路,开工时工作领导人还要向作业组成员宣读工作票,布置安全措施后方可开始作业。

《条文说明》对"在作业中断期间,作业组成员进入作业地点"补充说明:除征得工作领导人同意外,还须征得当班值班员的同意。

2. 当作业全部完成时,由作业组负责清理作业地点,工作领导人会同值班员检查作业中涉及的所有设备,确认可以投入运行,工作领导人在工作票中填写结束时间并签字,然后值班员即可按下列程序结束作业:

(1)拆除所有的接地线,点清其数目,并核对号码;

(2)拆除临时防护栅和标示牌,恢复常设的防护栅和标志;

(3)必要时可以测量设备状态。

在完成上述工作后,值班员在工作票中填写结束时间并签字,作业方告结束。

3. 使用过的工作票由发票人和牵引变电所工长负责分别保管。工作票保存时间不少于 3 个月。

4. 在无人值班的开闭所、分区亭作业时,只填写 1 张工作票。其本章中所列的值班员的职责,全部由工作领导人担当。

第四节　高压设备停电作业

一、停电范围

1. 当进行停电作业时,设备的带电部分距作业人员小于表3-4-1规定者均须停电。在二次回路上进行作业,引起一次设备中断供电或影响其安全运行者,其有关的设备均须停电。

2. 对停电作业的设备,必须从可能来电的各方面切断电源(运用中的星形接线设备,其中性点应视为带电部分),并要有明显的断开点。断路器和隔离开关开断后,要及时断开其操作能源。

要有明显的断开点一般解释为用人眼能够看得见的断开点,防止因没有明显断开点而混淆有电和无电设备,导致人身或设备事故。

表 3-4-1　停电作业时作业人员距设备带电部分安全距离

电压等级	无防护栅	有防护栅
110kV	1500mm	1000mm
27.5 和 35kV	1000mm	600mm
10kV 及以下	700mm	350mm

【事故案例】　1992 年 7 月 24 日京广线石柳变电所一号电源(一号系统)跳闸全所失压,造成人身伤亡危机事故。

表 3-4-2　第一种工作票

石柳变电　所　　　　　　　　　　　　　　　　　　　　　　　　第 7-4 号

作业地点及内容	室外 1B、1ZB、1LH 小修		
工作时间	自 1992 年 7 月 24 日 13 时 00 分至 1992 年 7 月 24 日 18 时 00 分止		
工作领导人	姓名：　W　　安全等级：四		
作业组成员姓名及安全等级 (安全等级填在括号内)	X(4)	(/)	(/)	(/)
	Z(3)	(/)	(/)	(/)
	Q(3)	(/)	(/)	(/)
	P(2)	(/)	(/)	共计 5 人

必须采取的安全措施(本栏由发票人填写)：	已经完成的安全措施：
1. 断开的断路器和隔离开关：断 101*DL*、断 2011、2021*GK*； 2. 安装接地的位置：101*DL* 出线侧 1 组 3 根,2011 和 2021*GK* 进线侧 1 组 4 根； 3. 装设防护栅、悬挂标示牌的位置,在 101*DL*、2011 和 2021*GK* 机构箱各悬挂标示牌,禁攀牌； 4. 注意作业地点附近有电的设备是：1011 和 1001*GK* 带电 2011 和 2021*GK* 出线侧带电； 5. 其它安全措施 (1)断 101*DL* 机构箱电机电源,控制开关打到"当地"位； (2)断 2011、2021*GK* 机构箱电机电源； (3)断+*CE*.3,1*B* 主变控制盘控制电源开关+*K*1.21。	1. 已经断开的断路器和隔离开关：101*DL*、2011 和 2021*GK*； 2. 接地线装设的位置及其号码：101*DL* 出线侧 1 组 3 根编号 01、02、03,装设位置 2011 和 2021*GK* 进线侧 1 组 4 根编号 04、05、06、07 装设位置：√； 3. 防护栅、标示牌装设的位置：√； 4. 注意作业地点附近有电的设备是：√； 5. 其它安全措施：√。

发票日期：1992 年 7 月 24 日　　发票人：X　(签字)

根据电力调度员的第 57580 号命令准予在 1992 年 7 月 24 日 15 时 20 分开始工作,要求在 1992 年 7 月 24 日 17 时 30 分结束工作

经检查安全措施已做好,并于 1992 年 7 月 24 日 15 时 40 分开始工作

变更作业组成员记录：

值班员：　　I　　(签字)

工作领导人：　W　(签字)

经电力调度员　　同意工作票有效期延长到　年　月　日　时　分

发票人：　　　　(签字)
工作领导人：　　　(签字)

值班员：　　　(签字)
工作领导人：　　(签字)

工作已于　年　月　日　时　分全部结束。

工作领导人：　　(签字)

接地线共　组和临时防护栅、标示牌已拆除,并恢复了常设防护栅和标示牌,工作票于　年　月　日　时　分结束。

值班员：　　　(签字)

【事故经过】 1992年7月24日下午，综合车间电器组利用7-4号工作票（工作票如表3-4-2所示）进行"1号主变、1号所内自用变、1LH小修"。

7月23日下午17:00电器组工长向电力调度提报了次日检修石柳变电所1号主变系统设备小修计划，7月24日上午11:00电器组到达变电所签发了一张7-4号"1号系代2号主变"运行时检修"1号主变、1号所内用变、1LH"工作票。

工作票7-4号必须采取的安全措施栏："断开的断路器和隔离开关"写的是："101DL、2011和2021GK"，从图3-4-1牵引变电所一次主接线图可以看出：停电设备一号主变1B与带电设备101DL进线及与之连接的法兰盘之间没有明显的断开点（违背了本节第2条"停电范围""……切断电源，并要有明显的断开点"规定）。在工作票"安装接地线的位置"写的是"101DL出线侧挂1组3根、2011和2021GK进线侧挂1组4根地线"，从图3-4-2牵引变电所断面图和断路器外观图可以看出：101DL出线侧1组3根地线距101DL进线法兰盘之间距离较近而且法兰盘上所带电的电压为110kV（违背了本节"验电接地"第3条"所装的接地线与带电部分应保持规定的安全距离"规定）。工作票签发人并没有意识到"1号系统代2号主变"运行时101DL进线法兰盘上带电，反把101DL当成是停电设备断开点（违背了本章第三节"作业人员的职责"第1条"所采取的安全措施是正确和完备的"规定）。

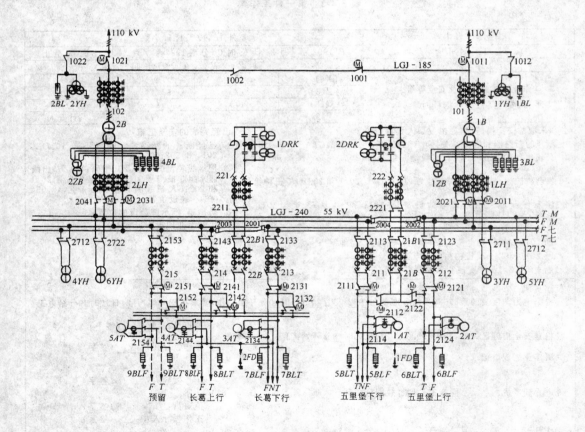

图3-4-1 石柳牵引变电所一次主接线

7月24日下午14:00牵引变电所值班员在审核工作票时未发现工作票中"断开的断路器和隔离开关"以及"接地线位置"不当错误（违背了本章第三节"作业人员的职责"第3条"复查工作票中必须采取的安全措施符合规定要求"规定）遂后向电力调度办理作业手续。14:54

电力调度员在办理停电作业有关手续时,也未发现 7-4 号工作票错误(违背本节"作业命令的办理"第(1)款"电力调度员审查无误后发布停电作业命令"规定)。15:00 牵引变电所值班员、助理值班员开始办理安全措施,但在接 101DL 出线侧地线时又未进行验电(违背本节"验电接地"第 2 条和第 5 条规定)。15:40 变电所安全措施布置完毕,通知电器组检修作业组工作领导人开工作业。在通知作业组作业前,工作领导人既没有认真审票发现问题,又没有会同值班员共同检查作业地点的安全措施(违背本章第三节"作业人员的职责"第 2 条"复查值班员所做的安全措施,要符合规定要求"规定)。

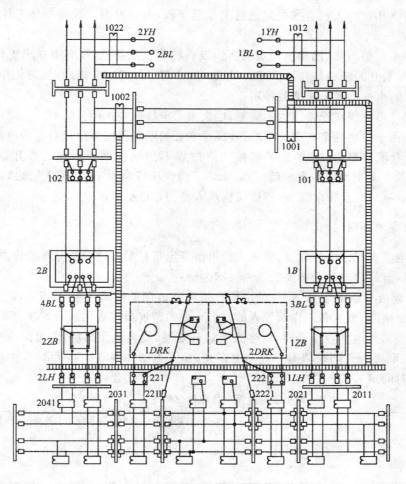

(a)石柳牵引变电所 110kV 进线及主变压器进出线俯视断面图

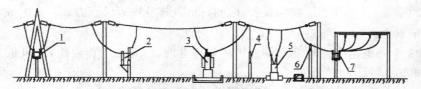

(b)石柳牵引变电所 110kV 进线及主变压器进出线侧视断面图

图 3-4-2 石柳牵引变电所断面图一部分

1——1011 进线电动隔离开关;2——101 断路器及电流互感器;3——1 号主变 1B;

4——避雷器 3BL;5——自用变 1ZB;6——电流互感器 1LH;7——2011、2021 电动隔离开关。

在检修作业组人员开始准备工作过程中,15:47 1 号系统跳闸,造成全所失压停电,101DL 出线侧 1 组 3 根地线右二根从中部烧断。16:17 用"2 号系统代 2 号主变"恢复全所供电,停电影响时间 30min。

【事故原因】从本次事故形成过程来看,造成本次跳闸全所失压停电事故的原因有以下几个方面的因素:

(1)电器组工长发票人对班组分管设备构造及运行方式认识不清,工作票签发接地线位置和断开的断路器和隔离开关错误;

(2)电器组工作领导人没有按规定进行工作票审核,而让发票人代替办理工作票,失去了审核把关作用;

(3)牵引变电所值班员、助理值班员对所内设备构造也不清楚,没有审核出工作票当中存在接地线位置和断开的断路器和隔离开关错误。在办理工作票安全措施时,简化作业程序,不按规定验电接地,也失去了审核把关作用;

(4)电力调度员对现场设备结构不清楚,也失去了审核把关作用。

综上所述,由于一些列审核把关不严,造成了断开的断路器使停电设备与带电设备之间电气连接部分没有明显断开点,导致了因接地线位置不当而使地线因风力作用触及带电的 101DL 进线侧法兰盘而使 1 号系统跳闸,110kV 进线失压停电 30min。并因为地线距带电部分较近易在接撤地线时触及带电部分,所以又构成人身伤亡危机事故。

二、作业命令的办理

对牵引变电所有权停电的设备,值班人员可按规定自行验电、接地,办理准许作业手续;对牵引变电所无权自行停电的设备要按下列要求办理:

1. 属电力调度管辖的设备,作业前由值班员向电力调度申请停电,申请时要说明作业的内容、时间、安全措施、班组和工作领导人的姓名。电力调度员审查无误后发布停电作业命令。电力调度员在发布停电作业命令时,受令人要认真复诵,经确认无误后,方可给命令编号和批准时间,发令人和受令人同时填写作业命令记录,填写方法如表 3-4-3 所示,并由值班员将命令编号和批准时间填入工作票中。

表 3-4-3 牵引变电所停电作业作业命令记录填写参考表　　　　　1997 年

日　期	命　令　内　容	发令人	受令人	要求完成时间	命令号	批准时间	消令时间	报告人	电　力调度员
9月19日	批准郑北变电所 9-6 号第一种工作票室外 102 断路器小修	Y	G	14:30	57506	10:20	16:37	G	Y

2. 对不属电力调度管辖的供电给非牵引负荷的设备停电时,由值班员向用电主管单位办理停电作业的手续,并将准予停电的设备、时间、范围、作业内容及双方联系人的姓名记入值班日志或有关记录中。

3. 在同 1 个停电范围内有几个作业组同时作业时,对每 1 个作业组,值班员必须分别办理停电作业申请。

高压设备停电作业"作业命令记录"填写方法和要求如下:

(1)"命令内容"栏:填写工作票的种类、编号、内容,如"批准郑北变电所 9-6 号第一种工作票室外 102 断路器小修";

(2)"要求完成时间"栏:填写电力调度员下达的要求作业完成时间,如"14:30";

（3）"命令号"栏：停电作业命令 501～1000 循环，填写电力调度员给的命令号，如"57506"；

（4）"批准时间"栏：电力调度员下达的批准时间，如"10 时 20 分"；

（5）"消令时间"栏：按本节"消除作业命令"第 1 条规定："当办完结束工作票手续后，值班员向电力调度请求消除停电作业命令，电力调度员确认具备送电条件后，给予消除作业命令时间"，如"16 时 37 分"；

三、验电接地

1. 高压设备验电及装设或拆除接地线时，必须 2 人同时作业，助理值班员操作，值班员监护。操作人和监护人均必须穿绝缘靴、戴安全帽，操作人还要戴绝缘手套。额定电压 35kV 以上的设备，在没有专用验电器的特殊情况下，可以使用绝缘棒代替验电器（绝缘棒的试验周期和标准比照相同电压等级的带电作业用绝缘棒的规定执行），根据绝缘棒端部有无火花和放电声来判断设备是否停电。

2. 验电前要将验电器在有电的设备上试验，确认良好方准使用。验电时，对被检验设备的所有引入、引出线均须验电。表示断路器、开关分闸和允许进入设备分间的信号，以及常设的测量仪表显示无电时，仍应通过验电器或绝缘棒检验设备是否确已停电；但若经验电器或绝缘棒检验设备已经停电，上述装置却显示有电时，必须按有电对待，并应立即查明原因。

3. 对于可能送电至停电作业设备上的有关部分均要装设接地线。在停电作业的设备上如可能产生感应电压且危及人身安全时应增设接地线。所装的接地线与带电部分应保持规定的安全距离，并应装在作业人员可见到的地方。

所装设的接地线与带电部分应保持规定的安全距离，安全距离可参考表 3-4-1。

4. 当变电所全所停电时，在可能来电的各路进出线均要分别验电和装设接地线。当部分停电时，若作业地点分布在电气上互不相连的几个部分时（如在以断路器或隔离开关分段的两段母线上作业），则各作业地点应分别验电接地。当变压器、电压互感器、断路器、室内配电装置单独停电作业时，应按下列要求执行：

（1）变压器和电压互感器的高、低压侧以及变压器的中性点均要分别验电接地；

（2）断路器进、出线侧要分别验电接地；

（3）母线两端均要装设接地线；

（4）室内配电装置的接地线应装在该装置导电部分画有标记的固定接地端子上。

配电装置的接地端子要与接地网相连通，其接地电阻须符合规定。

《条文说明》对"变压器和电压互感器的高、低压侧以及变压器的中性点均要分别验电接地"补充说明：在一般情况下中性点可以不接地线，但当两台变压器共用一个消弧线圈时，中性点应接地线。

配电装置的接地端子要与接地网相连通，其接地电阻须符合规定。接地电阻按第五章第五节"试验"第十三款"接地装置"对牵引变电所接地电阻值一般要求规定办理。

5. 当验明设备确已停电则要及时装设接地线。装设接地线的顺序是：先接接地端，再将其另一端通过接地杆接在停电设备裸露的导电部分上（此时人体不得接触接地线）；拆除接地线时，其顺序与装设时相反。接地线须用专用的线夹，连接牢固，接触良好，严禁缠绕。

6. 每组接地线均要编号并放在固定的地点。装设接地线时要做好记录，交班时要将接地线的数目、号码和装设地点逐一交接清楚。接地线要采用截面积不小于 25mm² 的裸铜软绞线，且不得有断股、散股和接头。

7. 根据作业的需要(如测量绝缘电阻等)必须拆除接地线时,经过工作领导人同意,可以将妨碍工作的接地线短时拆除,该作业完毕要立即恢复。拆除和恢复接地线仍需要由牵引变电所值班人员进行。当进行需拆除接地线的作业时,须设专人监护,其安全等级:作业人员不低于二级,监护人员不低于三级。

四、标示牌和防护栅

1. 在工作票中填写的已经断开的所有断路器和隔离开关的操作手柄上,均要悬挂"有人工作,禁止合闸"的标示牌。若接触网和电线路上有人作业,要在有关断路器和隔离开关操作手柄上悬挂"有人工作,禁止合闸"的标示牌。

2. 在室外设备上作业时,在作业地点附近,带电设备与停电设备之间要有时显的区别标志。

3. 于室内设备上作业时,在作业地点相邻的四周的分间栅栏上要悬挂"止步,高压危险!"的标示牌,并在检修的设备上和作业地点悬挂"有人工作"的标示牌。在禁止作业人员通行的过道或必要的处所要装设防护栅,并悬挂"止步,高压危险"的标示牌。

4. 在部分停电作业时,当作业人员可能触及带电部分时,要装设防护栅,并在防护栅上悬挂"止步,高压危险!"的标示牌。装设防护栅时要考虑到万一发生火灾、爆炸等事故时,作业人员能迅速撤出危险区。

5. 在结束作业之前,任何人不得拆除或移动防护栅和标示牌。

五、消除作业命令

1. 当办完结束工作票手续后,值班员即可向电力调度请求消除停电作业命令,电力调度员询问、确认该作业已经结束,具备送电条件时,给予消除作业命令时间,双方记入变电设备作业命令记录中。在同1个停电范围内有几个作业组同时作业时,对每1个作业组,值班员必须分别向电力调度请求消除停电作业命令。只有当在停电的设备上所有的停电作业命令全部消除完毕,值班员方可按下列要求办理送电手续:

(1)属电力调度管辖的设备,按电力调度命令送电;

(2)对不属电力调度管辖的供电给非牵引负荷的设备要与用电主管单位联系,确认作业结束,具备送电条件,方准合闸送电。并将双方联系人的姓名、送电时间,记入值班日志或有关记录中;

(3)对牵引变电所有权自行倒闸的设备,值班员确认所有的工作票已经结束、具备送电条件后方可合闸送电。

2. 对属于电力调度管辖的设备,按电力调度命令送电。送电时倒闸作业要填写倒闸操作命令记录,填写方法如表 3-4-4 所示。

表 3-4-4　送电倒闸操作命令记录填写参表　　　　　　　　1997年

日　期	命　令　内　容	发令人	受令人	操作卡片	命令号	批准时间	完成时间	报告人	电力调度
9月19日	2号电源2号变代2号电源1号变	Y	G	111	57202	16:38	16:44	G	Y

送电倒闸操作命令记录填写方法和要求如下:

(1)"命令内容"栏:按倒闸卡片的倒闸目的填写,如针对检修作业工作票而进行的停电倒闸操作命令,在检修作业完成,消除作业命令后,要恢复原来运行方式而进行的送电倒闸操作命令内容,2号电源2号变代2号电源1号变;

(2)"操作卡片"栏:填写"2号电源2号变代2号电源1号变"操作卡片号,如"111";

(3)"批准时间"栏:当工作票结束,电力调度员给予消除作业命令时间后,进行办理送电手续,电力调度员给予允许倒闸操作命令批准时间,如"16:38";

(4)"完成时间"栏:当倒闸操作任务完成后,电力调度员立即给予完成时间,如:"16时44分"。

第五节　高压设备带电作业

一、作业分类

带电作业按作业方式分为直接带电作业和间接带电作业。

1. 直接带电作业——用绝缘工具将人体与接地体隔开,使人体与带电设备的电位相同,从而直接在带电设备上作业。

2. 间接带电作业——借助绝缘工具,在带电设备上作业。

二、命令程序

除了值班员有权自行倒闸的设备外,对属于电力调度管辖的设备,在作业前由值班员向电力调度申请带电作业,申请时要说明作业的地点、内容、时间、安全措施、班组和工作领导人的姓名。电力调度员审查符合条件后,发布带电作业命令。电力调度员在发布带电作业命令时,受令人要认真复诵,经确认无误后,方可给命令编号和批准时间。发令人和受令人同时填写作业命令记录,填写见表3-5-1所示,并由值班员将其填写在工作票内,如表3-3-2所示。

值班员接到电力调度员发布的带电作业命令后,方可实施安全措施、办理准许作业手续。作业结束后,值班员要向电力调度请求消除带电作业命令,由电力调度给予消除作业命令时间,双方记入作业命令记录中。

表 3-5-1　牵引变电所带电作业作业命令记录填写参考表　　　　1997 年

日　期	命　令　内　容	发令人	受令人	要求完成时间	命令号	批准时间	消令时间	报告人	电力调度员
9月26日	允许郑北变电所9-6号第二种工作票室外更换1号主变110kV侧引线与母线连接线夹	Y	G	11:40	573006	9:00	11:36	G	Y

牵引变电所带电作业作业命令记录填写方法和要求如下:

(1)"命令内容"栏:填写工作票种类、编号、内容,如"允许郑北变电所9-6号第二种工作票室外更换1号主变110kV侧引线与母线连接线夹";

(2)"命令号"栏:带电作业命令编号有四位数字组成,前三位是撤除重合闸的操作命令编号,第四位是作业组序号。假设撤除重合闸的操作命令是300,作业组序号为6,则带电作业命令号为"573006";

三、安全距离

直接带电作业时,等电位人员与接地部分和相邻设备的带电部分之间;间接带电作业时,

表 3-5-2　安全距离表

电压等级	安全距离
110kV	1000mm
27.5和35kV	600mm
6~10kV	400mm

作业人员(包括所持的非绝缘工具)与带电部分之间的距离,均不得小于表3-5-2规定:

四、绝缘工具

1. 带电作业用的各种绝缘工具(包括绳索,下同)其材质的电气强度不得小于 3kV/cm;其有效绝缘长度不得小于表 3-5-3 规定:

2. 绝缘工具要有合格证,并进行下列试验(试验标准如表 3-1-3 所示)

(1)新制和大修后的绝缘工具在第一次投入使用前,进行机械和电气强度试验;

(2)对使用中的绝缘工具定期进行试验(试验周期如表 3-1-3 所示);

(3)绝缘工具的机、电性能发生损伤或对其怀疑时,进行相应的试验。

禁止使用未经试验或试验不合格或超过试验周期的绝缘工具。

表 3-5-3　带电作业绝缘工具有效绝缘长度

工具种类 有效绝缘长度 电压等级	绝缘操作杆和直接带电作业工具	其它绝缘工具
110kV	1300mm	1000mm
27.5 和 35kV	1000mm	600mm
6～10kV	700mm	400mm

注:(1)"绝缘操作杆"系指用以将人体与带电体隔离的绝缘工具(如传递物件的绳索等);"其它绝缘工具"系指不直接与人体接触的绝缘工具;

(2)直接带电作业工具必须保证当人员上下梯时,有效绝缘被短接后,其剩余部分仍能满足要求。

3. 绝缘工具在每次使用前要仔细检查,并须用清洁干燥的抹布擦拭有效绝缘部分,然后用 2500V 的兆欧表测量其绝缘电阻,绝缘电阻不得小于 10000MΩ。

4. 对绝缘工具要指定专人妥善保管,搞好编号、登记、整理,监督按规定试验和正确使用。

5. 绝缘工具要放在专用的工具室内;室内要保持清洁、干燥、通风良好,并有防潮设施。

6. 绝缘工具在使用中要经常保持清洁、干燥,切勿损伤。使用管材制作的绝缘工具,其管口要密封。

五、安全规定

1. 在进行带电作业前必须撤除有关断路器的重合闸(测量绝缘子的电压分布除处)。在作业过程中如果有关断路器跳闸或发现设备无电时,值班员均要立即向电力调度报告,电力调度员必须弄清情况后再决定送电。

2. 当进行直接带电作业时,等电位人员必须穿着均压衣裤、手套、帽子和袜子,各穿着之间要电气连接可靠;在等电位之前,人员距带电部分要有足够的距离。

3. 在使用绝缘硬梯作业时,除遵守使用梯子作业的有关规定外,还要注意扶梯的部位要尽量靠近地面,以保持足够的有效绝缘长度。

4. 在作业过程中尤其是传递物件、上下梯子时,要防止长大物件短接有效绝缘部分。直接带电作业时,等电位人员与构架、支柱上的人员之间禁止传递物件,等电位人员与地面人员之间传递物件时必须用绝缘绳,其有效长度要符合规定。

5. 断、接各种带有负荷的导线和引线时,必须有连接可靠、足够容量的并联分流措施。

6. 带电移动导线引起交叉跨越或平行接近其它导线时,必须采取可靠的安全措施,其交叉、平行距离不得小于表 3-5-4 规定。

一切非绝缘的绳索(如棕绳、钢丝绳等)与带电部分的距离要符合本节"安全距离"要求的规定。

表 3-5-4　交叉、平行安全距离

电压等级	距　　　离
110kV	3000mm
27.5 和 35kV	2500mm
10kV 及以下	1000mm

第六节 其 它 作 业

一、远离带电部分的作业

1. 当作业人员与高压设备带电部分之间的距离等于或大于表 3-4-1 规定数值时,允许不停电在高压设备上进行下列作业:

(1)清扫外壳,更换整修附件(如油位指示器等)更换硅胶,整修基础等;

(2)补油;

(3)取油样;

(4)保证人身安全和设备安全运行的简单作业。

2. 当进行远离带电部分的作业时,必须遵守下列规定

(1)作业人员在任何情况下与带电部分之间必须保持规定的安全距离;

(2)作业人员和监护人员的安全等级不得低于二级;

(3)在高压设备外壳上作业时,作业前要先检查设备的接地必须完好。

二、低压设备上的作业

1. 在变压器至钢轨的回流线上作业时,一般应停电进行,填写第一种工作票。但对不断开回流线的作业且经确认回流线各部分连接良好时,可以带电进行。对断开作业的回流线,必须有可靠的旁路线。在回流线上带电作业时,要填写第三种工作票,至少有 2 人同时作业且作业人员的安全等级不低于三级。

《条文说明》对"在回流线上带电作业时,要填写第三种工作票,至少有 2 人同时作业,且作业人员的安全等级不低于三级"补充说明:鉴于在回流线上带电作业危险性较大,所以安全等级要求高,作业人员和监护人员均不得低于三级。

2. 在低压设备上作业时一般应停电进行。若必须带电作业时,作业人员要穿紧袖口的工作服,戴工作帽、手套和防护眼镜,穿绝缘靴站在绝缘垫上工作;所用的工具必须有良好的绝缘手柄;附近的其它设备的带电部分必须用绝缘板隔开。在低压设备上作业时至少有 2 人的安全等级不低于二级。

3. 严禁将明火或能发生火焰的物品带入蓄电池室。在蓄电池室进行作业时,于作业前要先检查并确认室内无异常现象,在作业过程中禁止对蓄电池充电,室内所有的通风机均应开动,保持通风良好。在向蓄电池中注电解液或调配电解液时要戴防护眼镜。当稀释酸液时要将酸液徐徐注入蒸馏水中,并用耐酸棒不停地搅拌,严禁把蒸馏水倒入酸液中。

"在作业过程中禁止对蓄电池充电",一般是指在作业过程中禁止对蓄电池大电流充电,如均充和核对性充电时。而在蓄电池正常浮充状态时,因浮充电流只有 0.5～3CmA(150AH 额定容量蓄电池浮充电流数据要求为 75～450mA),蓄电池小修不需断开蓄电池。对蓄电池核对性充放电若需解列蓄电池时,应备用一组蓄电池,接入直流母线中,避免因蓄电池撤除,接触网发生接地短路故障或其它故障时,交流高压母线电压陡降而失去直流保护电源,断路器无法跳闸,不能及时切断故障线路而烧损牵引供电设备或造成全所失压停电。

【事故案例】 1998 年 6 月 8 日,京广线柳港牵引变电所,由于长胜关开闭所误拆接地线,造成柳港牵引变电所带地线送电,直流电源装置蓄电池误切除,失去保护电源,断路器无法跳

闸,使短路时间长达 5min 之久,直至系统跳闸。短路电流使长胜关开闭所开关、二次盘及接触网设备严重烧损,长时间不能投入使用。

表 3-6-1   第三种工作票①

柳港变电所   第 5-01 号

作业地点及内容	室内直流盘蓄电池小修			
发票日期	1998 年 5 月 24 日		发票人	张××
工作时间	自 1998 年 5 月 25 日 8 时 00 分至 1998 年 5 月 26 日 8 时 00 分止			
工作领导人	姓　　名	徐××	安全等级	5
作业组成员姓名及安全等级	王××(3)	张××(2)	孙××(4)	李××(4)
	刘××(3)	—(—)	—(—)	—(—)
	—(—)	—(—)	—(—)	—(—)
	—(—)	—(—)	—(—)	—(—)
必须采取的安全措施: 1. 用备用蓄电池组替代主用蓄电池运行,将 K5 打到备用通位; 2. 作业人员应戴护目镜和防碱手套; 3. 作业过程中,严禁直流电源的短路现象发生; 4. 严禁明火进入直流室。启动室内排气装置,并注意通风。			已经完成的安全措施	

【事故经过及原因】   5 月 25 日,柳港牵引变电所对蓄电池进行小修,发票人按二月份蓄电池更换电解液时工作票,签发了蓄电池小修工作票,如表 3—6—1 所示。二月份蓄电池检修工作票是根据当时自带一组 24AH 备用蓄电池情况签发的,工作票中将运行电池组选择开关 K5 打到另一"通"位(K5 为三位开关,"断、通、通"其中一"通"位是运行电池组接入,而另一"通"位是备用电池组接入),如图 3-6-1 所示。由于 2 月份蓄电池更换电解液时,将自带备用蓄电池事先接在了 9-10RD 端子 D3、D4 上,当 K5 打到备用电池接入位时,将 24AH 备用蓄电池接入。5 月 25 日,蓄电池小修结束后,恢复安全措施时,也没有将 K5 恢复。致使蓄电池从 5 月 25 日到事故发生 6 月 8 日长达 15 天时间没有投入运行。蓄电池作为直流电源装置核心设备,在直流负载陡增或交流电源电压陡降时提供补充能源,维持正常的工作电压并在交流电源停电或充电机故障时给直流负荷提供电源。

6 月 8 日 14:00 分～15:00 分,网工区在柳港——三官庙间下行作业,14:45 分作业完毕消令后,长胜关开闭所值班员在 14:46 分执行电调 37303 命令时,误将 2314GK 靠信羊下行接地线做为 2311GK 靠柳港下行接地线撤除,如图 3-6-2 所示。导致在柳港—三官庙间下行接触网作业结束后,14:50 柳港牵引变电所 213 断路器合闸时带地线合闸。此时,柳港变电所蓄电池运行电池组选择开关 K5 打在备用蓄电池位,蓄电池无法向直流母线供电。当时,由于短路接地,变电所高压母线电压较低,自用交流电源电压不正常,浮充电压低,使直流盘浮充起动直流接触器 JC2 吸合不上,导致直流母线无电压,保护装置无保护电源,102DL、213DL 无法跳闸,切除故障。形成持续大的短路电流,直至 14:55 地方电力系统开关跳闸,造成变电所全所失压停电。

【事故损失】   此次事故造成长胜关开闭所 213DL、2311GK、2312GK、2321GK 机构箱不

---

① 小修工作票,如表 3-6-1 所示。2 月份蓄电池检修工作票是根据当时自带一组 24AH 备用蓄电池情况签发的。

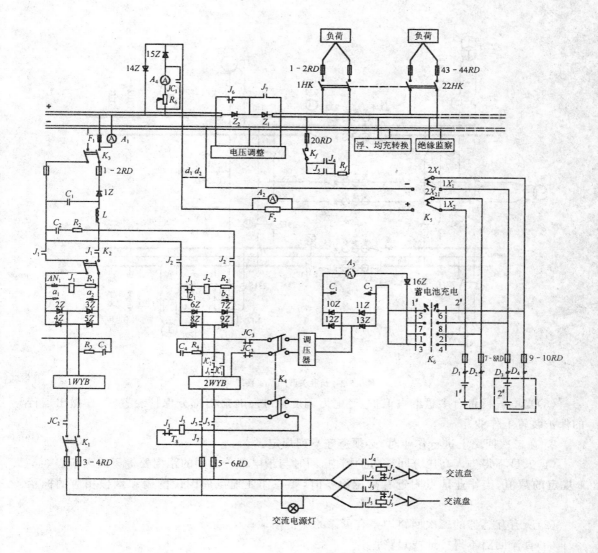

图 3-6-1　直流电源装置接线图

同程度烧损,与之相连的电缆严重烧损;2311GK 瓷瓶炸裂,引线烧断;2811GK 瓷瓶击穿,引线烧断,1ZB 熔断器及 T 线支持悬瓶炸裂;直流配电箱和地网等毁坏程度不等;三面保护盘、控制盘都有短路着火痕迹;故标盘、远动盘、交流盘烧损;接触网设备柳港站 45#～49# 架空地线烧断落地,61# AF 线悬瓶击穿,AF 线与 PW 线烧伤,柳三区间下行 1#～5# PW 线烧断。

三、二次回路上的作业

1. 在确保人身安全和设备安全运行的条件下,允许有关的高压设备和二次回路不停电进行下列工作:

(1)在测量、信号、控制和保护回路上进行较简单的作业;

(2)改变继电保护装置的整定值,但不得进行该装置的调整试验,且作业人员的安全等级不得低于三级;

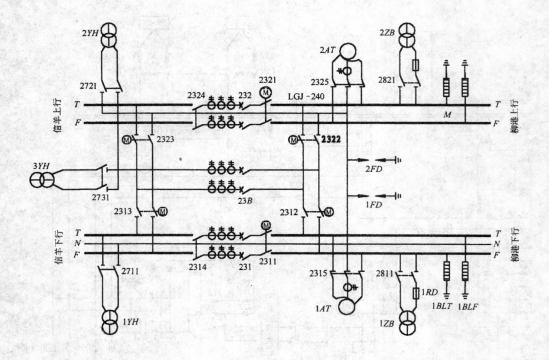

图 3-6-2　长胜关开闭所主接线

（3）当电气设备有多重继电保护，经电力调度批准短时撤出部分保护装置时，在撤出运行的保护装置上作业。

2. 在二次回路上进行作业时，必须遵守下列规定：

（1）人员不得进入高压分间或防护栅内，同时与带电部分之间的距离要等于或大于表 3-4-1 规定的数值，当作业地点附近有高压设备时，要在作业地点周围设围栅和悬挂相应的标示牌；

（2）所有互感器的二次回路均要有可靠的保护接地；

（3）直流回路不得接地或短路；

（4）根据作业要求需进行断路器的分合闸试验时，必须经值班员同意方准操作。试验完毕时，要报告值班员。

3. 在带电的电压互感器和电流互感器二次回路上作业时除按上条规定执行外，还必须遵守下列规定：

（1）电压互感器：①注意防止发生短路或接地。作业时作业人员要戴手套，并使用绝缘工具，必要时作业前撤出有关的继电保护。②连接的临时负荷，在互感器与负荷设备之间必须有专用的刀闸和熔断器。

（2）电流互感器：①严禁将其二次侧开路；②短路其二次侧绕组时，必须使用短路片或短路线，并要连接牢固，接触良好，严禁用缠绕的方式进行短接。

（3）作业时必须有专人监护，操作人必须使用绝缘工具并站在绝缘垫上。

4. 当用外加电源检查电压互感器的二次回路时，在加电源之前须在电压互感器的周围设围栅，围栅上要悬挂"止步，高压危险！"的标示牌，且人员要退到安全地带。

第七节　试验和测量

一、高压试验

1. 当进行电气设备的高压试验时，工作领导人的安全等级不得低于三级。在作业地点的周围要设围栅，围栅上悬挂"止步，高压危险！"的标示牌（标示牌要面向作业场地外方），并派人看守。若被试验设备较长时（如电缆），在距离操作人较远的另一端还应派专人看守。因试验需要临时拆除设备引线时，在拆线前应作好标记，试验完毕恢复后要仔细检查，确认连接正确，方可投入运行。

2. 在1个电气连接部分内，同时只允许1个作业组且在1项设备上进行高压试验。必要时，在同1个连接部分内检修和试验工作可以同时进行，作业时必须遵守下列规定：

（1）在高压试验与检修作业之间要有明显的断开点，且要根据试验电压的大小和被检修设备的电压等级保持足够的安全距离；

（2）在断开点的检修作业侧装设接地线，高压试验侧悬挂"止步，高压危险！"的标示牌，标示牌要面向检修作业地点。

3. 试验装置的金属外壳要装设接地线，高压引线应尽量缩短，必要时用绝缘物支持牢固。试验装置的电源开关应使用有明显断开点的双极开关。试验装置的操作回路中，除电源开关外还应串联零位开关，并应有过负荷自动跳闸装置。

4. 在施加试验电压（简称加压，下同）前，操作人、监护人要共同仔细检查试验装置的接线、调压器零位、仪表的起始状态和表计的倍率等，确认无误后且被试设备周围的人员均在安全地带，经工作领导人许可方准加压。

5. 加压作业要专人操作、专人监护，其安全等级：操作人不低于二级，监护人不低于三级。加压时，操作人要穿绝缘靴或站在绝缘垫（试验周期和标准比照绝缘靴）上，操作人和监护人要呼唤应答。在整个加压过程中，全体作业人员均要精神集中，随时注意有异常现象。

6. 未装地线的具有较大电容的设备，应进行放电后再加压。当进行直流高压试验时，每告一段落或结束时应将设备对地放电数次并进行短路接地。放电时操作人要使用放电棒并戴绝缘手套。被试设备上装设的接地线，只允许在加压过程中短时拆除，试验结束要立即恢复原状。

7. 试验结束时，作业人员要拆除自装的接地线、短路线，检查被试设备，清理作业地点。

二、测量工作

1. 使用兆欧表测量绝缘电阻前后，必须将被测设备对地放电。放电时，作业人员要戴绝缘手套、穿绝缘靴。

《条文说明》对该条补充说明：对低压设备放电时，作业人员可以使用绝缘工具代替手套，用绝缘垫代替绝缘靴，但其绝缘水平必须符合相应的标准。

2. 在有感应危险电压的线路上测量绝缘电阻时，连同将造成感应危险电压的设备一并停电后进行。

3. 使用兆欧表测量绝缘电阻前，必须将被测设备从各方面断开电源，经验明无电且确认无人作业时方可进行测量。测量时，作业人员站的位置、仪表的位置及设备的接线点均要选择适当，使人员、仪表及测量导线与带电保持足够的安全距离。作业地点附近不得有其他人停留。

测量用的导线要使用相应电压的绝缘线。作业人员不得少于 2 人,在高压设备上作业时,其中 1 人的安全等级不得低于三级。

4. 使用钳形电流表测量电流时,其电压等级应符合要求。测量时可以不开工作票,但在测量前,须经值班员同意,并由值班员与作业人员同到作业地点进行检查,必要时由值班人员做好安全措施方可作业。测量完毕要通知值班员。作业人员不得少于 2 人,在高压设备上测量时,其中 1 人的安全等级不得低于三级。

5. 使用钳形电流表来测量需拆除防护栅才能作业时,应在拆除防护栅后立即测量;测量完毕要立即恢复。

6. 测量时,作业人员与带电部分之间的距离要大于钳形电流表的长度,读表时身体不得弯向仪表面上。在高压设备上使用钳形电流表测量时,测量人员要戴好绝缘手套、穿好绝缘靴并站在绝缘垫上作业。

7. 当测量电缆盒处各相电流时,只有在相间距离大于 300mm 且绝缘良好时方准进行,当电缆有一相接地时,严禁作业。在低压母线上测量各相电流时,要事先用绝缘板将各相隔开,测量人员要带绝缘手套。

8. 钳形电流表要存放在盒内且要保持干燥,每次使用前要将手柄擦拭干净。

9. 除专门测量高压的仪表外,其余仪表均不得直接测量电压。测量用的连接电流回路的导线截面积要与被测回路的电流适应;连接电压回路的导线截面积不得小于 $1.5mm^2$。

10. 当使用的携带型仪表、仪器是金属外壳时,其外壳必须接地。在高压回路进行测量时,要在作业地点周围设围栅,悬挂相应的标志牌,人员与带电部分之间须得保持足够的安全距离。

第四章　接触网运行检修规程

第一节　总则和运行管理

一、总　　则

接触网是电气化铁路的重要组成部分,与行车直接相关。为搞好接触网的运行和检修工作,加强管理,提高质量,确保运输,特制定了《接触网运行检修规程》。此规程适用于工频、单相,25 kV接触网的运行和检修。从事接触网工作的广大职工必须牢固树立为运输服务的思想,贯彻"修养并重,预防为主"的方针;在确保安全、提高质量的基础上努力提高效率,降低成本,不断改善接触网的技术状态,保证安全、不间断、质量良好地供电。

各级主管部门要加强对接触网运行和检修工作的领导,按照全面质量管理的基本原则和要求,贯彻落实"三定、四化、记名检修"精神,抓好各项基础工作。要科学地组织接触网运行和检修的各个环节,建立严密而协调的生产秩序,不断提高供电工作质量。各铁路局可根据本规程规定的原则和要求,结合具体情况制定细则、办法,并报部核备。

牵引供电设备"三定"、"四化"、"记名检修"是贯彻落实"质量第一"、"修养并重、预防为主"方针,搞好检修工作的先进方法。

"三定":就是定设备、定人(或班级)、定检修周期和范围。

(1)定设备:是把供电设备的管理范围按工种、工区划分清楚,分界点明确,消灭死角,防止漏修、无人负责现象。要求相邻的供电段之间,以及牵引变电所的电源供电段与供电局、自用电中供电段与有关单位之间应有分界协议和标志;牵引变电所与接触网工区和电力工区之间均应有分界的文件和标志;对从接触网上引接的单相变压器,接触网和电力线,接触网和电力工区之间应有分界的文件或协议;对牵引变电所的回流线供电段与有关段(如工务、电务段)应有分界协议。

(2)定人(或班级):是把设备的保管、使用和检修任务落实到班组或工作者,进一步调动保管、使用和检修人员的积极性,加强工作责任性,有利于提高质量,减少事故;有利于各项规章制度的落实,做到物各有主,人各有责,分工明确。

(3)定检修周期和范围:是根据不同设备和不同修程(按本章第二节"检修"第一款"修程"规定:接触网修程分小修、大修两种。按第五章第三节"修程"规定牵引变电所修程分小修、中修和大修三种),确定不同的检修周期和检修范围,以实现计划检修。检修周期和检修范围切实反映供电设备技术状态变化和客观规律,随着设备的不断更新、改造和技术状态的变化,要做相应的修改,不应一成不变,但也要有相对的稳定性,一经确定就要严格执行。对于部、局无规定或规定不符合实际检修周期和范围,供电段可根据具体情况另行编制,报铁路局审批,并报部核备。

"四化":就是作业制度化、质量标准化、检修工艺化、检修机具和检测手段现代化。

(1)作业制度人:是检修作业和设备操作要按照规定的程序和安全制度执行。

(2)质量标准化:是按照技术要求精检细修,达到规定的质量标准。

(3)检修工艺化:是坚持按工艺要求进行检修。工艺是科学、合理、先进的检修方式的体现,按工艺检修就能够保证质量,提高效率、降低成本。

(4)检修机具和检测手段现代化:是用现代化科学技术装备检修和测试作业,努力改变目前检修机具笨重,检测手段落后和不适应新型牵引动力要求状况。

"记名检修":就是记录检修者和检验者的姓名,把设备检修的岗位责任制落实到人,力求精检细修,保证质量。要求检修人员根据设备技术状态,提出检修依据,采取针对性措施,按工艺要求进行检修,切实做到:修前有计划(修前应将被检修的设备进行全面详细检查,把应修项目和缺陷记录簿中记载的问题,以及按规程的内容,一并列入计划,一次进行检修,避免漏修);修中有措施(修中应根据被检修设备存在的问题拟定相应的措施);修完有结语(修完应注明:合格或不合格,存在问题,检修者和检验者签名,记录必要的检修、试验主要技术数据);自检互检结合,检修要注重实效,修一台保一台,修一段保一段。

二、统一领导和分段管理

接触网运行和检修工作实行统一领导,分级管理的原则,充分发挥各级组织的作用。

铁道部:统一制定全路接触网运行和检修工作原则,制定有关的规章;调查研究,督促检查,总结和推广先进经验;审批部管的基建、科研、改造计划,并组织验收和鉴定。

铁路局:贯彻执行铁道部有关规章和命令,组织制定本局有关细则、办法和工艺;审批局管的基建、大修和科研、改造计划,并组织验收和鉴定。

铁路分局:贯彻执行部、局有关规章和命令;督促检查管内接触网的运行和检修工作;审批分局管的检修、科研、改造计划,并组织验收和鉴定。

供电段:贯彻执行上级有关的各项规章和命令,制定有关办法、制度和措施;制定接触网小修计划;编制大修、改造和科研计划;全面地质量良好地完成接触网运行和检修任务。

三、接管和运行

1. 接触网工程竣工后,应按规定对工程认真进行检查,经验收合格方可投入运行。

接触网工程竣工后,应按规定对工程认真进行检查和验收,所按的规定是:中华人民共和国铁道部部标准 TBJ421—87《铁路电力牵引供电工程质量评定验收标准》、TB10009—98《铁路电力牵引供电设计规范》、TB10208—98《施工规范》,设计资料文件和设计变更资料等。

2. 在接触网工程交接的同时,运营和施工单位之间要交接图纸、记录、说明书等开通时所需的竣工资料。

接触网工程交接时运营和施工单位之间要交接的图纸、记录、说明书一般按下列要求办理。

图纸:接触网平面布置图;

供电分段示意图;

安装图;

有关轨道电路资料。

记录:隐蔽工程记录;

检测和试验报告记录;

跨越接触网的架空电线路有关记录;

接地装置记录。

说明书:设备安装说明书

京郑线郑州供电段管内黄郑段铁路电气化工程交接时运营和施工单位之间要交接的图纸、记录、说明书如表4-1-1所示。

表 4-1-1 京郑线黄郑段电气化工程竣工资料移交清单

顺号	图名或文件编号	名　　称	张次(份)	备　　注
1	平面图	黄河南岸——广武区间接触网竣工平面图	2	京郑网竣—176
2	平面图	广武车站接触网竣工平面图	2	京郑网竣—177
3	平面图	广武——东双桥区间接触网竣工平面图	2	京郑网竣—178
4	平面图	东双桥车站接触网竣工平面图	2	京郑网竣—179
5	平面图	东双桥——南阳寨区间竣工平面图	2	京郑网竣—180
6	平面图	南阳寨车站接触网竣工平面图	2	京郑网竣—181
7	平面图	南阳寨——海棠寺区间接触网竣工平面图	2	京郑网竣—182
8	平面图	海棠寺车站接触网竣工平面图	2	京郑网竣—183
9	平面图	海棠寺——郑客区间接触网竣工平面图	2	京郑网竣—184
10	平面图	南阳寨——郑北上发场区间接触网竣工平面图	2	京郑网竣—185
11	平面图	东双桥——郑北下到场区间接触网竣工平面图	2	京郑网竣—186
12	平面图	海棠寺——郑州枢纽南北发线区间接触网竣工平面图	2	京郑网竣—189—1
13	平面图	郑北下发场电化引入改造接触网竣工平面图	2	京郑网竣—189—2
14	平面图	京广线铁路电气化郑黄段开通示意图	2	
15	平面图	郑北开闭所供电线竣工平面图	2	
16	平面图	郑北上发场接触网竣工平面图	2	
17	平面图	广武牵引变电所供电线竣工平面图	2	
18	平面图	郑州车站改造接触网竣工平面图	2	
19	平面图	黄河南岸(不含)至郑州段负荷开关竣工平面图	2	
20	分段示意图	黄河南岸(不含)至郑州供电分段示意图	2	
21	安装图	桥与下挡墙上钢柱安装图(电化1501)	1套	共37页
22	安装图	供电线安装图(京郑施化网—103)	1套	共24页
23	安装图	限界门安装图(京郑施化网—110)	1套	共11页
24	安装图	回流线及架空地线安装图(京郑施化网—102)	1套	共16页
25	安装图	接触悬挂特殊安装图(京郑施化网—102)	1套	共72页
26	安装图	接触网支柱基础图(电化1603)	1套	共21页
27	安装图	附加导线安装曲线(京郑施化网—109)	1套	共113页
28	安装图	青铜绞线吊弦图	1	共40页
29	隐蔽记录	黄河南岸——广武区间隐蔽工程记录	1	共10页
30	隐蔽记录	广武站隐蔽工程记录	1	共12页
31	隐蔽记录	广武——东双桥区间隐蔽工程记录	1	共7页
32	隐蔽记录	东双桥站隐蔽工程记录	1	共7页

顺号	图名或文件编号	名　　称	张次(份)	备　注
33	隐蔽记录	东双桥——南阳寨区间隐蔽工程记录	1	共7页
34	隐蔽记录	南阳寨站隐蔽工程记录	1	共8页
35	隐蔽记录	南阳寨隐蔽工程记录	1	共7页
36	隐蔽记录	海棠寺站隐蔽工程记录	1	共9页
37	隐蔽记录	海棠寺——郑客区间隐蔽工程记录	1	共4页
38	隐蔽记录	郑客站隐蔽工程记录	1	共1页
39	隐蔽记录	黄北发线隐蔽工程记录	1	共3页
40	隐蔽记录	北北发线隐蔽工程记录	1	共3页
41	隐蔽记录	北到线(东双桥——下到场)隐蔽工程记录	1	共8页
42	隐蔽记录	郑北开闭所供电线隐蔽工程记录	1	共4页
43	隐蔽记录	郑北上发场隐蔽工程记录	1	共4页
44	隐蔽记录	郑北下发场隐蔽工程记录	1	共2页
45	隐蔽记录	广武变电所隐蔽工程记录	1	共2页
46	隐蔽记录	广武牵引变电所供电线接地极隐蔽记录	1	共1页
47	隐蔽记录	郑北开闭所供电线接地极隐蔽记录	1	共5页
48	隐蔽记录	东双桥站接地极隐蔽记录	1	共1页
49	隐蔽记录	南阳寨站接地极隐蔽记录	1	共2页
50	隐蔽记录	海棠寺站接地极隐蔽记录	1	共2页
51	隐蔽记录	广武站接地极隐蔽记录	1	共2页
52	检测报告	整体吊弦力学性能测试	1	共15页
53	试验报告	京郑线郑黄段电瓷试验	1	共2页
54	试验报告	郑黄段混凝土抗压强度试验报告	1	共22页
55	试验报告	郑黄段接触网绝缘件	1	共2页
56	试验报告	隔离、负荷开关	1	共9页
57	合格证	郑黄段负荷开关合格证	1	共3页
58	说明书	弹簧张力补偿器说明书	1	共54页
59	合格证	其它合格证	1	共33页
60	说明书	负荷开关安装调试说明书	1	共8页
61	安装手册	分相装置安装使用手册	1	共9页
62	安装手册	25kV分段绝缘器安装指导书	1	共7页
63	设计变更	郑黄设计变更	1	共87页

3. 接触网投入运行前,接管部门要做好运行组织准备工作,配齐并训练运行、检修人员,组织学习有关规章制度,熟悉即将接管的设备;备齐维修和抢修用的工具、材料、零部件、交通工具及安全用具;配合有关部门共同做好电气化铁路安全知识的宣传教育工作。

4. 为保持接触网与线路的相对位置,对施工时标出的接触网设计的轨面标准高度线,供电段和工务段在开通前要进行复查,以后每年复测1次,该线要用红色油漆划在支柱内缘或隧道边墙悬挂点的下方,并标出接触线距轨面的标准高度、拉出值(或之字值)、支柱(或隧道边墙)的侧面限界及线路的外轨超高。

铁道部《接触网运行检修规程条文说明》(以下简称《条文说明》)对"关于与工务配合划轨面标准线问题"补充说明:在《铁路工务规则》第221条也有类似内容。所谓轨面标准高度线,均指接触网设计时采用的轨面标准高度,若该标高距现有轨面有一定的余量,起道量又在余量范围内且不改变线路超高时,在日常维修起道时可以不需供电部门配合。若因线路改造、大修引起改变接触线高度或悬挂类型时还应按本章节第三款"接管和运行"第9条办理。

郑州铁路局《接触网运行检修规程补充细则》(以下简称《补充细则》)对"关于与工务配合划轨面标准线"补充规定:

(1)为保持接触导线高度和隧道边墙及接触网支柱内侧至线路中心的距离,供电段和工务应会同在隧道边墙及接触网支柱内侧根据线路及接触网设计的轨面高度划一红横线,作为线路和接触网维修时共同遵守的标准,供电部门并标出导线高度和隧道边墙及支柱内侧至线路中心距离等数据,测量的各数据均须经双方签字并报分局工务科(分处),机务科(分处)或供电科(分处)备查;

(2)如因改造、大修需将路基或接触网支柱起高、下落以及线路、接触网支柱横向位移时,施工前供电和工务应会同按批准的施工文件测量复核,竣工后重新测定;

(3)遇工务起道超过红横线标准时,工务应提前通知供电部门并会同供电部门现场实际调查,确定施工方案。

郑铁路局1990年9月28日以郑铁总(1990)554号文公布实施《郑州铁路局红线管理细则》。具体内容如下:

(1)《细则》制定的依据是《铁路技术管理规程》(以下简称《技规》)第十九条和郑铁局《行车组织规则》(以下简称《行规》)第七条。按郑铁局《行规》第七条(详见第九章第二节"行车组织规则")规定可见:红横线的作用是限制轨面标高和侧面限界不超过规定,故定义红横线为"轨面标高及侧面限界限制线",简称"红线"。红线是确定轨面、接触网导线、隧道边墙及接触网支柱内侧面相对位置的依据。

(2)标画红线以设计标高为准,但应同时记录轨面实际标高与红线标定高程之差,作为供电与工务检修的依据。原线路已有设计标高者,按原设计标高画定红线,原线路无设计标高者,应重新制定。确定设计标高时,应根据线路实际情况考虑50 mm作为工务维修的裕度。

(3)红线的长度一般为200~500 mm,钢柱上不短于45 mm,红线的宽度为8~12 mm,红线的高程为以红线的上缘为准。

①隧道内:外轨顶面的设计标高;

②站线:靠近站台或支柱侧钢轨顶面的设计标高;

③其它情况下:靠近支柱侧钢轨顶面的设计标高。

红线标画的位置为:

①隧道内:标画在曲线外侧边墙上;

②站线:标画在站台或支柱侧面;

③其它情况下:标画在支柱内侧面上。

(4)红线一经画定,即为线路和接触网检修时共同遵守的标准,实际轨面标高(包括施工时标高的改变)与红线高程之差在任何时候不得大于30 mm。

(5)如因改建、大修,轨面标高需超过第(4)条规定时,该工程设计调查,设计审查工作应有供电、工务部门的人员参加,当供电、工务部门一致认为引起的接触网改动较小时,可由双方共同商定处理办法,有争议或引起的接触网改造工程较大时,其设计、施工须报局审批后方准进行。

审批工作由工务处负责,但应事先征得机务处意见。

(6)承担改建,大修工程的施工单位,必须按批准的设计文件施工,保证竣工后的轨面标高符合设计要求。竣工后,由工程验收部门会同施工单位、工务、供电部门测量复核,重新划定红线。测量复核的各项数据应记录双方签认留存,报分局备查。

(7)新建电气化铁路正式开通前,接触网施工单位、供电、工务部门须共同按设计规定复核并标画红线,制成记录,三方签认后各存一份,并备分局备查。

(8)红线画定后,无第(5)条规定的情况,不得更改,红线的日常维护工作由供电段负责。

(9)每年11月30日前,工务段、供电段应会同对红线进行一次复测,复测数据经双方签认后留存。当测得的数据与原记载不符时,应报分局总工程师室,由分局总工程师室组织调查原因,提出解决办法,限期解决。遇有危及行车安全的情况,要立即处理,并报分局总工程师室、行车安全监察室。

(10)红线复测工作完成后,应由供电段按《行规》第8条,第1表的格式(详见第九章第二节"行车组织规则"第一条)将各区段最低导线高度制成记录,报分局运输科。

(11)本细则未尽事宜,按《技规》和《行规》有关条文办理。

5. 供电段要在接触网投入运行时建立起正常的生产秩序,申明各项制度并具体落实,备齐技术文件;建立各项原始记录和表报,并按时填报。在接触网投入运行后陆续建立起台账和技术履历。

供电段在接触网投入运行时应建立原始记录、报表、台账和技术履历有:

原始记录:如本节"接管和运行"第2条所示;

报表:如第八章"牵引供电统计报表"所示;

台账:管理记录台账一般有4种:

(1)《综合记录》;

(2)《业务学习记录》;

(3)《干部巡视记录》;

(4)《接触网工区值班日志》。

技术记录台账一般有15种(按小修):

(1)《接触线(承力索)高度和弛度记录》;

(2)《接触线拉出值("之"字值)记录》;

(3)《接触线(承力索)磨耗和损伤记录》;

(4)《绝缘子电压分布记录》;

(5)《支柱检修记录》;

(6)《锚段关节检修记录》;

(7)《线岔检修记录》;

(8)《分段(分相)绝缘器检修记录》;

(9)《补偿器检修记录》;

(10)《隔离开关检修试验记录》;

(11)《吸流变压器检修试验记录》;

(12)《避雷器检修试验记录》；

(13)《供电线(回流线)检修记录》；

(14)《接触悬挂、支撑装置和定位器等检修记录》；

(15)《接触网巡视和取流检查记录》。

技术履历：接触网技术履历一般包括以下内容：

1	目　　录	12	行车及供电事故记录
2	接触网履历簿编制说明	13	死亡及重伤事故记录
3	接触网履历簿填报说明	14	房屋建筑登记表
4	历史概况记录	15	履历簿整理记事
5	接触网工区概况表	附图	①接触网平面布置图
6	接触网设备及部件汇总表		②接触网供电分段图
7	接触线明细表		③接触网设备安装图
8	接触网设备及部件明细表		④隧道内接触网安装图
9	接触网运行概况表		⑤接触网特殊设计图
10	大修记录		⑥接触网工区室内外平面布置图
11	基建改造记录		

6. 每个接触网工区要有安全等级不低于三级的接触网工昼夜值班。值班人员要认真填写"接触网工区值班日志"，填写方法如表 4-1-2 所示，每天 18 点前向电力调度报告当日工作情况和次日工作计划，及时传达和执行电力调度的命令。

表 4-1-2　接触网工区值班日志填写参考表

天气：晴　　　　　　　　　　工区：五里堡接触网工区　　　　　　　　　1995 年 4 月 5 日

作业方式	作业时间	作业组成员数	作业地点		作业内容
			区间站场(隧道)	支柱号(悬挂点)	
停电作业	9：30-10：28	14	五小区间　下行13#～33#		综合检修

考　　勤		重要记事	交接班记录
病假：1人	事假：1人		安全天数 1560 天，值班室备品齐全
调休：2人	出差：2人		交班者　　　　　接班者
其他：2人	出勤：43人		(签字)　　　　　(签字)
出工：37人	出勤率：95.6%		
出工率：82.2%			Q　　　　　　　P

接触网工区值班日志填写方法和要求如下：

(1)"天气"栏：应填写当天的实际天气，如："晴、阴、雨、风雾、雪"；

(2)"作业方式"栏：应填写作业性质，如："停电作业、带电作业、远离带电作业"；当日无作业内容时，此栏不填，用斜线画掉(对角线)，三种作业方式以外的工作均应画斜线拉掉；

(3)"作业时间"栏：应填写实际作业时间，停电作业、带电作业则为电调的命令票的发令时间至消令时间，如："9 时 30 分～10 时 28 分"；带电测量、远离带电作业则是实际作业时间(不含工前准备与收工时间)；

(4)"作业地点"栏：应填写到＊＊站场(区间)，＊＊#～＊＊#；停电、带电等应与工作票中的作业地点相同，其余作业按实际地点填写，如："五小区间，下行 13#～33#"；

(5)"作业内容"栏:应填写实际作业内容,如:"综合检修(包括调整接触导线的高度、之字值、拉出值、承力索的位置;检调中心锚结、锚段关节;检查承力索、接地线、吊弦;检修支撑定位装置、软横跨;各部螺栓涂油防腐、支撑定位装置除漆,重点测量导线磨耗等工作)、检调线岔、检调隔离开关、检修补偿器、测量电压分布、测量导高和拉出值"等;并在作业内容栏内注明作业完成情况;如:"综合检修:＊＊#柱～＊＊#柱,＊＊km,装螺帽＊＊处";"检调线岔:＊＊#柱～＊＊#柱,共检调＊＊组线岔";"步行巡视:发现缺陷＊＊处";

(6)"考勤"栏:实际填写并与工区的考勤一致:

出勤人数＝工区现员人员－(病＋事假);

出工人数＝工区现员人员－(病＋事假＋出差＋调休＋其它未出工人数);

其它栏:为非病、事、调休、出差为其他;

$$出勤率 = \frac{出勤人数}{工区现员人数} \times 100\% = 43/45 \times 100\% = 95.6\%,$$

$$出工率 = \frac{出工人数}{工区现员人数} \times 100\% = 37/45 \times 100\% = 82.2\%。$$

(保持一位小数,四舍五入)

7. 接触网工区应备有下列技术资料:

(1)全段的供电分段图和管内的供电分段模拟图;

(2)管内的接触网平面布置图、装配图、安装曲线、接触线磨耗换算表;

(3)跨越接触网的架空电线路有关记录(如跨越档距内的导线高度、截面、材质、支柱距线路中心的距离等);

(4)隔离开关、避雷器、吸流变压器、绝缘器等设备的出厂说明书;

(5)有关的隐蔽工程记录;

(6)设备和工具的试验记录;

(7)有关设备大修竣工报告;

(8)本章节"检修"第四款"检查验收"第1条规定的设备小修记录;

(9)管内的设备台帐和技术履历;

(10)有关的轨道电路资料。

8. 为保证电气化区段的可靠供电,不应由馈电线、区间接触网引接非牵引负荷;必须由车站接触网引接非牵引负荷时要经铁路局批准;有关部门对非牵引负荷供用电设备要认真维护保养,确保接触网的安全供电。

《条文说明》对"关于接触网引接非牵引负荷的问题"补充说明:因电气化铁路供电系一级负荷,接触网是电气化铁路直接行车设备之一,与行车密切相关,为确保行车安全,不应引接非牵引负荷。《技规》第120条也有同样规定。非牵引负荷尤其是养路机械化电源,均不宜由接触网上引接,因为"天窗"时间内接触网必须停电,电源用不成。由车站接触网引接非牵引负荷,铁路局要严格控制,并不应增加引接新点。

9. 由于接触线高度变化而降低带电通过超限货物列车高度时,须经铁道部审批。属于下列情况者,须经铁路局审批:

(1)拆除或长期停电接触网时;

(2)变更接触线、承力索、供电线的材质和截面时;

(3)变更接触网的悬挂形式和绝缘水平时;

(4)变更接触网分段和开关的操作方式时;

(5)在一个供电臂上停用两台及以上吸流变压器或一台超过一个月时。

《补充细则》对"须经铁路局审批项目"补充规定:属于下列情况者也须经路局审批:

(1)变更加强线、回流线的材质和载面;

(2)在牵引变电所或接触网线路上进行新产品、新技术试验。

10. 吸上线与抗流变压器相连时,钢轨绝缘处,轨道电路用的抗流变压器的连接板属电务段,连接板上的螺丝和吸上线属供电段。当吸上线与钢轨相连时,吸上线及其与钢轨连接的附件属供电段,供电段在作业中,必要时工务部门要派人配合。

四、巡视检查

1. 为了贯彻"修养并重,预防为主"的方针,要定期巡视接触网设备的技术状态和检查机车的取流情况。

2. 接触网设备的巡视工作,由工长或安全等级不低于三级的接触网工进行。

步行巡视:昼间巡视每月不少于 2 次,主要是巡视有无侵入限界,障碍受电弓运行,各种线索和零件烧损、折断,补偿器的动作情况和下部地线的连接状态以及有无塌方落石、山洪水害、爆破作业等损伤接触网、危及供电和行车安全等现象。夜间巡视每季不少于 1 次,主要是观察有无过热变色和闪络放电等现象。

乘车巡视:每季不少于 1 次,主要是观察接触悬挂及其支撑装置和定位器的状态。

领工员每半年对管内设备至少步行和乘车巡视各 1 次。

供电段段长每季对管内的关键设备至少步行巡视 1 次。

在遇有大雨、大风、大雪、大雾等恶劣气候时,要适当增加巡视次数。

在巡视检查中,对危及安全的缺陷要及时处理。每次巡视检查和缺陷处理的主要情况,都要及时认真填写"接触网巡视和取流检查记录",填写方法如表 4-1-3 所示。

接触网巡视和取流检查记录填写方法和要求如下:

(1)"巡视检查人"栏:填写参加巡视的全部人员名单,巡视人员安全等级不低于 3 级,巡视人应与三定四化符合;

(2)"缺陷地点"栏:应具体到＊＊站场(区间)＊＊支柱(或跨中),如"五小区间 113 号支柱";

(3)"缺陷内容"栏:应填写缺陷内容,如"各种线索和零件烧损、折断,补偿器的动作情况和下部地线的连接状态以及有无塌方、落石、山洪水害、爆破作业等操作,接触网危及供电和行车安全等现象"。

表 4-1-3 接触网巡视和取流检查记录填写参考表

____五小____ 区间

巡视检查日期	巡视检查人	缺陷地点	缺陷内容	工长签字	处理措施	处理缺陷工作领导人	处理缺陷操作者	处理日期
1997.9.9	C	五小区间113#柱	b 值小	A	检调 b 值	B	C D	1997.9.10

五、事故抢修

1. 对接触网的事故抢修工作,要加强领导,统一指挥,保证安全,争取时间,最大限度地减少对运输的影响。供电段要在平时搞好抢修演练,提高抢修的组织工作和修复工作水平。要时刻做好事故抢修出动的准备工作,建立严密的抢修组织和严格的抢修制度、纪律、制订科学的应急措施,备齐抢修用材料、零部件、工具和交通用具;夜间和节假日应安排足够的抢修人员,一旦发生事故要立即出动抢修。

2. 日常运行中接触网工区的抢修用材料、零部件要妥善保管,专料专用,及时补充。每个接触网工区的定额暂定为:

(1)500 m左右的接触线和承力索;

(2)3～4根轻便支柱;

(3)适量的供电线用导线以及接触网和供电线主要零部件。

第二节 检 修

一、修 程

1. 接触网的定期检修分为小修和大修两种修程。

2. 小修系维持性的修理,主要是:对接触网进行检测、清扫、涂油;对磨损、锈蚀到限的接触线、承力索及供电线、回流线进行整修、补强或局部更换;对损坏的零部件进行修换,以保持接触网的技术状态。

3. 大修系恢复性的彻底修理,主要是:成批更换磨耗、损坏到限的接触线、承力索及供电线、回流线;更新零部件、支撑装置的定位器及支柱;对接触网、供电线、回流线进行必要的改造,以改善接触网的技术状态,提高供电能力。凡是大修更新的设备及其零部件等,均应符合新建工程的技术标准。

二、周期和范围

1. 接触网检修工作,要进行综合安排,对测量和检查出的缺陷除危及安全者须及时整修外,应尽量将各种调整、修换的工作有机地结合进行,减少停电时间和停电范围,提高检修效率。接触网小修项目、周期和范围规定,如表4-2-1所示。

表 4-2-1 接触网小修项目、周期和范围规定表

顺号	项 目	周期	范 围
1	测量、调整接触线高度和之字值	12个月	测量悬挂点处接触线的高度和跨距中接触线的最低高度、接触线坡度和之字值。 不合标准者进行调整。
2	测量、调整接触线拉出值	6个月	测量拉出值及跨距中接触线对受电弓的最大偏移值。 不合标准者进行调整。
3	测量接触线磨耗: 全面测量 重点测量	3年 6～12个月	每个定位线夹、中心锚结线夹、接头线夹两侧和跨距中心处,以及个别磨耗严重的点。 平均磨耗为上述各点磨耗的平均值。磨耗超过规定者进行整修。
4	测量悬式绝缘子电压分布	12个月	不包括软横跨横向电分段的绝缘子。
5	清扫绝缘子和绝缘器	12个月	整个瓷表面(包括弧槽)都要清扫干净,发现瓷体破损要及时更换。 隧道内和污移地区的绝缘子和绝缘器的清扫周期由铁路局根据具体情况自行制定。

顺号	项 目	周期	范 围
6	测量支柱的侧面限界	12个月	包括对线路和站台边缘等。
7	测量、调整接触线和承力索的张力和弛度	5年	不合标准者予以调整。
8	检修接触悬挂	6个月	接触线和承力索(检查其位置、损伤接头、补强的状态等)、吊弦(吊索)、电联接器、中心锚结及各种线夹、零部件(包括鞍子和定位线夹)。
9	检修锚段关节	6个月	包括锚段关节处的隔离开关和电联接器。
10	检修线岔	3个月	包括线岔处的电联接器
11	检修绝缘器(软横跨上的横向分段绝缘与软横跨同时检修)	3个月	包括绝缘器处的电联接器、隔离开关及各种标志。
12	检修调整补偿器	12个月	包括测量调整"a""b"值和滑轮注油。
13	检修软横跨、支撑装置及定位器	12个月	包括软横跨上的横向分段绝缘
14	检修支柱和接地装置	12个月	支柱、基础、拉线、地线、火花间隙。测量接地电阻,涂号码牌和支柱上的标志等
15	检修隔离开关: 常动 不常动	3~6个月 6~12个月	包括电联接器
16	检修避雷器	每年雷雨季节前	单独装设的和吸流变压器上的避雷器。
17	检修吸流变压器和回流线	12个月	包括熔断器和开关。
18	检修供电线路	12个月	馈电线、捷接线、并联线路及有关的标志等。
19	检修限界门、安全档板和防护棚、网等安全设施	12个月	调整、检修安全设施及其地线装置等,并涂漆。
20	钢铰线涂油	3~4年	各种钢质绞线

2. 接触网大修项目、周期和范围规定,如表4-2-2所示

表4-2-2 接触网大修项目、周期和范围规定表

顺号	项 目	周期	范 围
1	接触线	按规定的磨耗限度	整锚段更换接触线,同时更换吊弦及其线夹、电联接触器、斜拉线,部分补偿器和定位器。
2	承力索(一)钢线:一般地区、重锈地区 (二)铜线	20~25年 15~20年 30~40年	整锚段更换承力索,同时更换鞍子、斜拉线、中心锚结、部分支撑装置;补偿器、绝缘子吊弦及其线夹、电联接器。
3	供电线和回流线: 铜线 铝线	40~50年 20~25年	整公里更换导线、同时更换线夹、绝缘子和支撑部件。
4	支柱	30~40年	批量地更换支柱(即1个供电段在同一年度内更换钢筋混凝土柱超过20根或钢柱超过10根);同时更换拉线;同时更换硬横跨的硬横梁及其零件。
5	软横跨: 一般地区 重锈地区	20~25年 15~20年	批量地更换横向承力索或上、下部定位绳(即1个供电段在同一年度内更换数量超过10组),同时更换零件、斜拉线和部分绝缘子。
6	隔离开关	20~25年	批量地更换隔离开关(即1个供电段在同一年度内更换数量超过10台),同时更换电联接器。

3. 鉴于各地区的设备性能及运行条件不尽相同,铁路局可结合实际情况,经过调查研究、技术鉴定,调整小修和大修的项目、周期和范围,并同时报部核备。

三、检修计划

1. 年度小修计划由供电段制定,于前一年度的 11 月末以前下达各工区,同时报铁路局和铁路分局各 1 份。

2. 年度大修计划由供电段编制,并按件名逐项填写大修申请书,方法如表 4-2-3 所示,经铁路分局审查于前一年度的 10 月末以前报铁路局审定列入年度计划,并报部核备。

表 4-2-3 接触网大修申请书填写参考表

申请单位:郑州铁路局郑州供电段　　　　　　　　　　　　　　　　章　　编号:97-3

设备名称	承力索	运行时间	13 年
设备编号	/	承修单位	郑州铁路分局郑州供电段
安装地点	陇海线欢铁区间	要求大修时间	1997 年 9 月
规格	GJ-100	所需费用	20 万元
设备状态(即大修原因)		该区段为重锈地区,污染严重	
大修范围(包括结合大修需改造的项目)		陇海线欢河—铁炉间承力索	
分局意见			
铁路局意见			

接触网年度大修计划编制方法和要求如下:

(1)"编号"栏:按年度设备大修顺序编号,如:"97-3";

(2)"设备名称"栏:填写大修设备名称(参考表 4-2-2),如:"承力索";

(3)"运行时间"栏:填写设备投入运行时间,如:"13 年";

(4)"设备编号"栏:填写设备安装运行编号,没有则不填;

(5)"规格"栏:填写大修设备规格,如"GJ-100";

(6)"设备状态"设备大修原因,如:"该区段为重锈地区,污染严重";

(7)"大修范围"栏:设备大修范围,如:"陇海线欢河-铁炉间承力索"。

3. 根据铁路局审定的大修计划,由施工单位或设计单位提出设计文件,经铁路局批准后开工。

4. 为保证按计划检修接触网,在列车运行图中要明确规定昼间的 60～90 min 为固定"天窗"(接触网停电)时间。列车调度和电力调度在安排日班计划时,要维护列车运行图中规定的"天窗"时间,按时组织接触网停电检修,一般不得它用;如必须占用时,要经铁路分局长批准。供电段要做好检修组织工作,充分利用"天窗"时间,质量良好地完成检修任务。如因故在"天窗"时间内不需停电检修时,应由工区工长于前一天 17 点前报告电力调度转告列车调度。

"天窗"原意是房屋顶盖上的窗子。电气化铁路修建后,为了保证维修接触网工作的进行,就借列车较长的空档间隙进行维修工作。于是,在每次编列车运行图时,就有意将昼间预留一个列车运行的间隙,给维修一个"天窗"。目前,我国"天窗"形式主要有二种:垂直天窗和 V 型天窗。

铁道部机务局、运输局于 1982 年 4 月 13 日公布讨论试行(82)机内字 66 号、(82)运调字 14 号《关于公布"天窗"时间接触网检修作业基本要求(讨论试行稿)的通知》对"天窗"时间接触网检修作业基本要求第 3 条规定:列车调度员和电力调度员根据日班计划的安排要共同维护列车运行图中规定的"天窗"停电时间,按时办理停、送手续。封锁开通区间的行车组织按技规有关规定办理。"天窗"停电一般不得它用;如必须它用时,要经铁路分局长批准。

第 5 条规定:在"天窗"时间内,一般不准机车、车辆进入停电区段,遇特殊情况必须进入时,须取得电力调度员同意。接触网检修用的交通机动车,一般也不应在"天窗"停电时间内开行。

第 7 条规定:接触网工区于前一天 17 点前向电力调度落实次日"天窗"停电安排,进一步落实"天窗"停电时间和安排检修内容。如因雷雨等原因,次日不能使用"天窗"检修作业时,接触网工区也应在前一天 17 点前,于当日落实的同时报告电力调度员转告列车调度员。

第 8 条规定:作业组全体成员都应于"天窗"停电开始前20 min到达作业地点,充分做好"天窗"停电作业的准备工作。

四、检查验收

1. 接触网小修应建立下列各项记录,填写方法如表 4-3-3 至表 4-3-7,表 4-3-9 至表 4-3-15,表 4-3-17 和表 4-3-20 所示。

(1)接触线(承力索)高度和弛度记录;

(2)接触线拉出值(之字值)记录;

(3)接触线(承力索)磨耗和损伤记录;

(4)绝缘子电压分布记录;

(5)支柱检修记录;

(6)锚段关节检修记录;

(7)线岔检修记录;

(8)分段(分相)绝缘器检修记录;

(9)补偿器检修记录;

(10)隔离开关检修试验记录;

(11)吸流变压器检修试验记录(格式由铁路局制定);

(12)避雷器检修试验记录(格式由铁路局制定);

(13)供电线(回流线)检修记录;

(14)接触悬挂、支撑装置和定位器等检修记录(适用于前十三项以外的所有工作)。

接触网小修完毕时,要由检修或测量人员认真填写上述各项记录。领工员对管内接触网小修任务完成情况及其质量每月检查 1 次,并在小修记录上签字。

2. 接触网大修竣工后,要由施工单位负责填写竣工验收报告,填写方法见表 4-2-4 所示,由批准计划的部门组织验收。验收合格后,由验收负责人在竣工验收报告上签字并作质量评定。

表 4-2-4 接触网大修竣工验收报告填写参考表

接触网大修竣工验收报告

承修单位:郑州供电段(章)   编号:

设备名称	接触网	大修申请书编号	
地点	郑州——孟庙	大修任务依据	郑分财修调(1998)第 2 号
大修内容	接触网应急改造		
消耗的主要材料和部件	TCG120 导线 JYHD 绝缘滑动吊弦、八跨分相	消耗的工时	5.9 万工天
费用	材料费:557.9 万元 工费:45.1 万元 其它费用:66 万元 合计:669 万元		
质量评定	良		
主持验收单位及验收组成员	单位:郑州铁路分局郑州供电段		
	验收负责人(签字)		

第三节 技 术 标 准

一、承力索和接触线

1. 承力索和接触线的材质和截面积必须满足下列要求:

(1)承力索和接触线中通过的最大电流不得超过其容许的载流量;

(2)机械强度安全系数符合规定。

2. 承力索和接触线的张力和弛度应符合安装曲线规定的数值。弛度误差不大于下列数值:

半补偿链形和简单悬挂为 15%;

全补偿链形悬挂为 10%;

当弛度误差不足15 mm者按15 mm掌握。

简单悬挂的安装曲线包括张力与温度、弛度与温度变化关系的曲线;链形接触悬挂的安装曲线,是接触线、承力索的张力及弛度相对于温度变化的曲线。其中,半补偿链形接触悬挂的安装曲线包括承力索张力曲线(或称之为承力索张力的安装曲线)和承力索弛度曲线(或称之为承力索弛度的安装曲线)以及接触线弛度相对于温度的变化曲线,称为接触线弛度曲线;全补偿链形接触悬挂的安装曲线主要包括承力索下锚补偿安装曲线和接触线下锚补偿安装曲线,安装曲线系表示坠砣串底部至基础面(或地面)的高度。

3. 承力索和接触线中心锚结处和补偿器端的张力差:

区间半补偿链形悬挂不得超过 15%;

区间全补偿链形悬挂不得超过 10%。

4. 承力索在直线地段应位于线路中心线的正上方,其偏差不得超过100 mm。在曲线地段承力索与接触线之间的连线应垂直于轨平面,或者承力索位于接触线的正上方,允许向曲线内侧偏差不超过100 mm,但不得偏向曲线外侧。

5. 接触线在直线地段要布置成之字形,曲线地段要布置成受拉状态,其之字值和拉出值要符合规定,误差不得大于30 mm。

6. 悬挂点处接触线距轨面的高度应符合规定,其误差不大于30 mm。接触线距轨面的高度变化时,其工作支的坡度一般不超过 3‰,困难情况下不应超过 5‰。

7. 接触线在水平面内改变方向时,其偏角一般不应大于 6°,困难情况下不得超过 12°。

8. 接触线磨耗或损伤按表 4-3-1 和表 4-3-2 规定整修或更换。

表 4-3-1　铜接触线磨损规定表

磨损面积　　　线种和张力　磨损别	TCG100(张力10 kN)	TCG85(张力8.5 kN)	整修方法
局部磨耗和损伤(mm²)	<20	<20	当允许通过的电流不能满足要求时加补强线。
	20～40	20～30	加补强线
	>40	>30	更换或切断后做接头
平均磨耗(mm²)	>25	>20	整锚段更换。

注:加电气补强线时,要使补强线处于工作状态即与受电弓接触。

表 4-3-2　钢铝接触线磨损规定表

磨损面积　　　线种和张力　磨损别	GLCA-100/215(张力10 kN)	GLCB-80/173(张力8.0 kN)	整修方法
钢截面磨耗或损伤(mm²)	30～40	25～40	更换或切断做接头
铝截面损伤(mm²)	<40	<25	当允许通过的电流不能满足要求时加电气补强线,其截面积不得小于 95 mm²,且补强线不得与受电弓接触
	>40	>25	更换或切断后做接头

9. 接触线的接头和分段绝缘器等要保证受电弓平滑通过。

10. 钢铝接触线的钢、铝接合保持良好状态,不得开裂。一个锚段内接触线接头和补强线段的总数以及承力索接头、补强、断股的总数均不得超过下列规定(不包括分段、下锚接头):

锚段长度在800 m及以下时为 4 个,锚段长度超过800 m时,铜线为 8 个,钢线或钢铝线为6 个

《补充细则》对"承力索和接触导线"补充规定如下:

(1)钢承力索 19 股中断其 1-2 股可用同类材料补强使用。若断其 3 股及其以上时截断重接,由于外伤断股锈蚀,其截面超过 20％时应进行更换。

(2)承力索不得有松股、硬弯。

(3)接触导线无硬弯,钢铝结合部分无开裂。

(4)接触导线线面不得扭斜、防止偏斜。

(5)接触导线接头线夹应完好、紧固,各部螺栓防腐良好。

接触线(承力索)高度和弛度记录填写方法和要求如下:

(1)"第 ＊＊锚段"栏:应填写实际锚段号(按图纸规定),如"图 4-3-1 所示,第 7 锚段";

(2)"支柱(隧道及悬挂点)号"栏:填写所测量支柱的支柱号或隧道及悬挂点号,如:"151与 153";

(3)"定位点(悬挂点处高度)"栏:填写设计高度(标准栏)、实际高度(实测栏)、调后高度

（调整后栏），如："设计高度为6000 mm（见接触网平面图说明）、实际高度为5750与5950 mm、调后高度为5980与5985 mm（高度误差不大于30 mm）"；

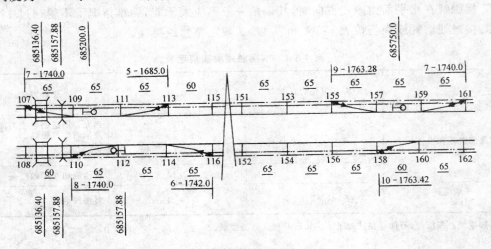

图 4-3-1　五里堡至小李庄区间接触网平面图一部分

（4）"跨中的高度"栏：填写设计高度（标准栏）、实际高度（实测栏）、调后高度（调整后栏），如："5970 mm（设计文件查得）、5850 mm、5970 mm"；

（5）"弛度"栏：填设计弛度（标准栏）、实际测量弛度（实测栏）、调后弛度（调整后栏），实测和调后承力索弛度为两定位点（或悬挂点）承力索高度平均值与跨中最低点之差，如："30 mm（设计文件查得），实际测量弛度：〔（5950＋5750）/2〕－5740＝110 mm，调整后弛度：〔（5985＋5980）/2〕-5970＝13 mm"；

（6）"接触线坡度"栏：填写实际测量的坡度和调整后坡度，为两定位点（或悬挂点）高度之差与跨距之比，如图 4-3-1 所示 151 号至 153 号接触线坡度：

(5950-5750)/(65×1000)×100%＝0.31%＞3‰

(5985-5980)/(65×1000)×100%＝0.01%＜3‰

表 4-3-3　接触线（承力索）高度和弛度记录填写参考表

五小区间第7锚段

支柱（隧道及悬挂点）号	定位点（悬挂点）处的高度(mm)			跨中的高度(mm)			弛度(mm)			接触线坡度（%）		备注
	标准	实测	调整后	标准	实测	调整后	标准	实测	调整后	实测	调整后	
151	6000	5750	5980									
153	6000	5950	5985	5970	5850	5970	30	110	13	0.31	0.01	

接触线拉出值（之字值）记录填写方法和要求如下：

例如：五小区间某曲线区段 81＃支柱处的曲线半径 $R＝600$ m，接触网平面图上标注设计拉出值 $a＝400$ mm，现场测得该定位处及跨中的外轨超高 $h＝60$ mm，接触线高度 $H＝6000$ mm，轨距 $L＝1440$ mm，定位点处接触线投影位置距线路中心100 mm，且在线路中心与外轨之间,跨中接触线对线路中心的距离为700 mm,且投影在线路中心与内轨之间,请填写记录。

(1)"支柱号"栏:应填写所测量的支柱号,站场测量时还应注明＊＊股道＊＊柱,如:"81";

(2)"曲线半径"栏:应按接触网平面图上或现场曲线内轨内侧标的曲线半径为准(设计半径),如:"600";

(3)"标准拉出值"栏:应填写接触网平面图上设计拉出值,如:"400";

(4)"接触线高度"栏:应填写现场绝缘测杆实际测量的接触线高度,而不是设计高度,如:"6000";

(5)"线路外轨超高"栏:应填写现场水平道尺或万能道尺实际测量的外轨超高值,而不是线路设计时的设计超高,如:"60";

(6)"m"栏:应填写现场绝缘测杆实际测量的定位点处接触线垂直投影至线路中心线之间的距离,"m"值有"正(＋)"、"负(一)"之分,如"100(因为投影点在线路中心与外轨之间取正值)";

(7)"c"栏:应填写受电弓中心与线路中心线的距离(偏移值)。按下面公式计算:

$$c=(h\times H)/L=(60\times 6000)/1440=250\ mm$$

(8)"a"栏:应填写现场实际拉出值,即第6栏"m"栏值＋第7栏"c"栏值="a"栏值,$a=100+250=350\ mm$;

(9)"跨中偏移"栏:应填写跨中拉出值,即测出跨中处接触线线路中心的距离 m 值(正、负之分)和跨中处偏移值 c 值,再将两者相加所得数值即为跨中偏移。跨中 m 值为$-700\ mm$(因为跨中接触线投影点在线路中心与内轨之间取负值),跨中 $c=(h\times H)/L=(60\times 6000)/1440=250\ mm$则"跨中偏移"为 m 跨中$+c=-700+250=-450\ mm$;

(10)"备注"栏:应填写外轨超高的设计值;

(11)"缺陷处理情况"栏:本页内有拉出值(之字值)超标经过检修后的情况。

表 4-3-4　接触线拉出值(之字值)记录填写参考表

五小 区间　　　　　　　　　　　　　　　　　　　　　　　　　　　　测量日期:1995.6.8

支柱(隧道及悬挂点)号	曲线半径(m)	标准拉出值(mm)	实 测 值					跨中偏移(mm)	备注
			接触线高度(mm)	线路外轨超高(mm)	m (mm)	c (mm)	a (mm)		
81#	600	400	6000	60	100	250	350	450	
									h 设=65

接触线(承力索)磨耗和损伤记录填写方法和要求如下:

(1)"磨耗后接触线的高度"栏:测量磨耗后接触线残留直径;

(2)"接头补强的位置(承力索/接触线)"栏:填补强的具体位置,如:"＊＊柱～＊＊柱间";没有不填;

(3)"平均磨耗"栏:填写本张记录磨耗测量值的算术平均值,如:"$X=(\sum_{i=1}^{N}X_i)/N=(\sum_{i=1}^{42}X_i)/42=6.85\ mm^2$;

（4）"最大磨耗"栏：填写本张记录测量磨耗最大值，如"7.57 mm²"。

表 4-3-5　接触线（承力索）磨耗和损伤记录填写参考表

五小　　区间第 7 锚段　　　　　　　　　　　　　　　　　　　测量日期：1997.8.6

支柱（隧道及悬挂点）号		111#	113#	115#	117#	119#	121#	123#
磨耗后接触线的高度（毫米）	定位点上行侧	11.06	10.98	11.00	11.08	11.06	11.02	10.98
	定位点下行侧	11.04	10.96	11.02	11.06	11.04	11.04	10.96
	跨　　中		10.94	10.98	11.04	11.04	11.02	10.98	10.98
	接　　头								
接头、补强的位置承力索/接触线								
支柱（隧道及悬挂点）号		125#	127#	129#	131#	133#	135#	137#
磨耗后接触线的高度（毫米）	定位点上行侧	10.98	10.94	11.10	11.08	11.04	10.98	11.02
	定位点下行侧	10.98	10.94	11.08	11.08	11.06	10.98	11.04
	跨　　中		10.96	10.92	11.08	11.06	10.98	11.00	10.98
	接　　头								
接头、补强的位置承力索/接触线								

平均磨耗：6.85 mm²　　　最大磨耗：7.57 mm²

承力索和接触线断线事故案例分析：

承力索断线事故案例分析：

【事故案例 1】　1995 年 3 月 28 日 6 时 35 分，京广线大桥车站，因接触网承力索断线，构成接触网故障。引起谢集变电所 211 开关保护动作，重合、强送失败，中断京广线下行供电 1 小时 20 分。

【事故原因】　从现场设备分析，主要是由于大桥站接触网设备 67# 开关引线上网点方式不合理，如图 4-3-2(a)所示。造成承力索载流，而且，此处距离 AT 所较近，下行方向又为上坡段，机车爬坡取流较大，使因承力索载流较大而使 67# 开关引线处承力索烧伤拉断，如图 4-3-2(b)所示。引起变电所跳闸，中断供电。

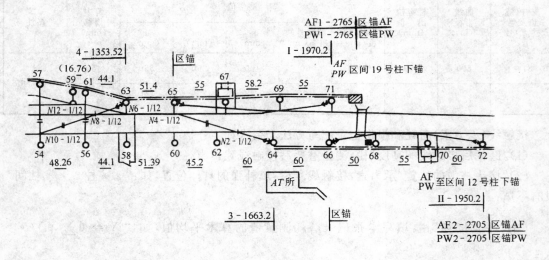

(a)大桥站接触网平面图—部分

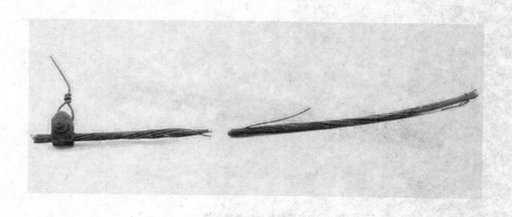

(b)承力索断线实物

图 4-3-2 接触网平面图及承力索断线实物

【事故案例 2】 1992 年 11 月 29 日 6 时 18 分,郑州枢纽上直通,因接触网承力索断线,构成接触网故障。引起郑北变电所 216 开关保护动作跳闸,中断郑州枢纽上到场与上直通供电 1 小时 59 分。

【事故原因】 郑州枢纽上直通线 52#～60# 支柱间是郑北机务段蒸汽机车入段前经常减压喷汽的地段。因此,此处接触网设备长期受到污染,尤其绝缘子和承力索腐蚀现象严重。上直通 54# 支柱处,钩头鞍子内承力索,因涂不上油,该处承力索腐蚀现象更严重,此承力索断口处有钢绞线腐蚀后拉断旧痕,内层钢绞线呈拉断状。接触网工区在处理事故时,因承力索腐蚀严重,拉起后的承力索又发生有断股现象,最后更换为 120 m 承力索。因此,承力索断线原因是由于钩头鞍子内承力索没有涂油,腐蚀严重造成。断线后承力索引起变电所跳闸,中断供电。

接触线断线事故案例分析:

【事故案例 1】 1995 年 1 月 3 日 17 时 26 分,襄渝线花果—黄龙间,SS_1-891 电力机车牵引 1626 次列车,因接触网导线拉断,受电弓钻入接触网,构成弓网故障。引起小花果变电所 2# 馈线跳闸,重合失败,中断襄渝线供电 5 小时 29 分。

【事故原因】 襄渝线花黄区间 116#～117# 跨中导线磨耗严重超限,因气温变化大,温度明显降低,张力突然变化,致使导线拉断。当电力机车通过时,受电弓钻入接触网中,引起变电所保护动作跳闸,中断供电。花黄区间 116#～123# 支柱 9 个定位全部打掉,吊弦刮掉,腕臂打弯 3 根,导线落地并缠绕在列车上。SS_1-891 电力机车受电弓刮坏。

【事故案例 2】 1990 年 6 月 5 日 0 时 55 分,郑州枢纽机北库闸线,因接触网导线断线,构成接触网故障。引起郑北变电所 214 开关保护动作跳闸,重合、强送失败,中断供电 1 小时 23 分。

【事故原因】 该处导线经常摆动,疲劳过度发生劲缩而拉断,如图 4-3-3 所示。

【事故案例 3】 1992 年 5 月 23 日 12 时 45 分,京广线新郑—宫亭间 $K727+305$ 处,因 SS_4-009 电力机车受电弓降弓地点未降弓,再次刮坏接触网设备,同时受电弓也被刮坏,构成弓网故障。引起薛店变电所 214 开关保护动作跳闸,中断京广线上行供电 4 小时 30 分。

【事故原因】 京广线新郑-官亭间 140# 支柱,因拖拉机于 5 月 22 日碰撞而折断。为了保证导线高度,在接触网上打上了紧线器,在事故区设置了升、降弓标志。5 月 23 日,当 SS_4-099 电力机车通过事故区时,未按规定降弓。当列车高速通过事故区间,升起的受电弓打到网上设

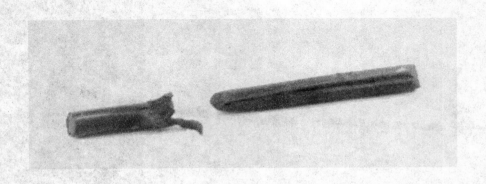

图 4-3-3　接触网导线断线实物

备及紧线器,打坏受电弓,造成接触网导线刮伤拉断,如图 4-3-4 所示。断线落到机车上,引起变电所跳闸,中断京广线上行供电。

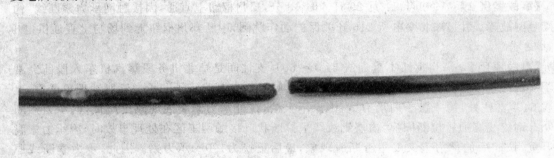

图 4-3-4　接触网导线断线实物

【事故案例 4】　1996 年 1 月 14 日 7 时 21 分,京广线宁英站,因接触网导线烧伤拉断,构成接触网故障。引起宁英变电所 214 开关保护动作跳闸,临时处理,降弓运行,中断京广线上行供电 1 小时 33 分。

【事故原因】　从现场设备分析,宁英站 6 道 26＃～28＃跨中靠近 26＃支柱14 m处,导线断线。断口呈烧伤拉断状,如图 4-3-5 所示。断线点北侧落在机车车顶上,南侧悬中空中。SS$_4$-207 电力机车大顶上有多处烧伤痕迹,受电弓中心靠西侧100 mm有烧伤。因此,分析认为:大雾阴雨天气,造成接触网导线和受电弓覆冰,弓网接触不良,机车启动取流时(该处电力机车经常停车待闭),电弧烧伤导线(导线断口处,有明显烧伤旧痕迹),由于长期电弧烧伤,使导线拉伸。1 月 14 日,当电力机车再次在此启动取流时,又由于阴雨天气,弓网覆冰,接触不良,产生电弧,使导线终于烧伤而拉断。

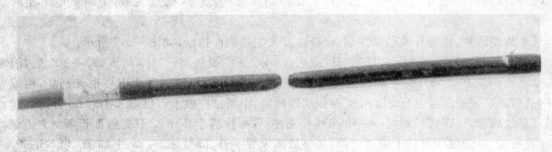

图 4-3-5　接触网导线断线实物

【事故案例 5】 1996 年 2 月 8 日 2 时 43 分,京广线永安站,因接触网导线断线,构成接触网故障。引起宁英变电所 213 开关保护动作跳闸,临时处理,降弓运行,中断京广线下行供电 1 小时 27 分。

【事故原因】 从现场设备调查分析,永安站 3 道 55#～57#跨中靠近 57#支柱约 9 m 处,导线断线。断线北侧悬吊于机后车辆上,南侧悬吊于空中。SS₄-124 电力机车前弓支持瓷瓶有闪络痕迹,后弓靠中心西侧80 mm处有烧伤痕迹。因此,分析为大雾阴雨低温天气,造成电力机车瓷瓶、受电弓及接触网导线覆冰,机车瓷瓶覆冰闪络跳闸。同时,导线与受电弓因覆冰不良,故障跳闸电流烧断导线,如图 4-3-6 所示,中断京广线下行供电。

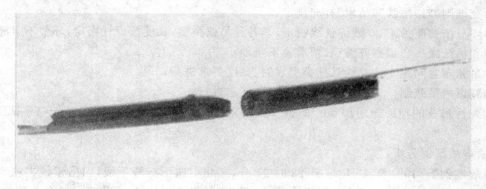

图 4-3-6　接触网导线断线实物

【事故案例 6】 1996 年 1 月 14 日 5 时 34 分,京广线长葛站,因接触网导线断线,构成接触网故障。引起薛店变电所 213 开关保护动作跳闸,临时处理,降弓运行,中断京广线下行供电 1 小时 28 分。

【事故原因】 从现场设备调查分析,长葛站 3 道 57#～59#跨中,接触网导线烧断。断线北侧悬吊空中,南侧落在电力机车顶上。SS₄-128 电力机车受电弓支持瓷瓶闪络,机车顶部有烧伤痕迹。受电弓中心西侧140 mm处有烧伤痕迹。因此,分析认为:大雾阴雨天气,温度大且易结冰,结冰的电力机车受电弓支持瓷瓶闪络,引起变电所跳闸。跳闸后电力机车司机不及时汇报,多次升弓试电,引起变电所多次跳闸,导致故障电流烧断接触网导线,如图 4-3-7 所示,中断京广线下行供电。

图 4-3-7　接触网导线断线实物

二、吊弦和吊索

1. 吊弦的长度要能适应在极限温度范围内接触线的伸缩和弛度的变化。吊弦在无偏移温度时,应保持铅垂状态。吊弦在垂直于线路方向的偏斜角不得大于20°。半补偿链形悬挂,顺线路方向吊弦下部的偏移值,应和该点接触线伸缩相适应,在极限温度范围内,吊弦的偏斜角不得大于30°,否则应采用滑动吊弦。

2. 环节吊弦至少分为两节,每节的长度不应超过600 mm,吊弦圆环的直径应为吊弦线径的5～10倍,吊弦铁线锈蚀、磨耗减少的截面积不得超过原形的20%。

3. 弹性吊弦的辅助绳和简单悬挂的吊索须用绞线制定。在无偏移温度下两端长度应保持相等,相差不超过100 mm。弹性吊弦的辅助绳应保持一定的张力,不得松弛。

4. 吊弦线夹要安装正确、紧固,不得沿接触线滑动。

《补充细则》对"吊弦和吊索"补充规定如下:

(1)环节吊弦应为φ4.0镀锌铁线制定,其各种吊弦类型,长度按设计而定,环节不卡滞;

(2)和吊弦线夹套接整齐美观、留有调正余地;

(3)吊弦布置间距应按补偿悬挂类型、结构高度要求进行;

(4)隧道内吊弦制作、安装按隧道悬挂安装要求进行;

(5)弹性吊弦的辅助绳用10 mm² 的钢绞线制定,简单悬挂的吊索须用50 mm²(19 股)钢绞线制定。

吊索事故案例分析:

【事故案例】 1991 年 1 月 25 日 23 时 21 分,郑北枢纽下行峰下线,因吊索线夹松动,吊索松弛,SS$_3$-6010电力机车受电弓钻入吊索中,发生弓网故障。引起郑北变电所215开关保护动作跳闸,后经过接触网工区组织抢修处理,于 1 月 26 日 0 时 34 分恢复供电,中断供电 1 小时 13 分。

【事故原因】 郑北枢纽下行峰下线设备长时间失修。峰下线第三个简单悬挂吊索、线夹腐蚀严重,线夹夹口有块夹板已锈掉,剩余部分已不能起到紧固作用。如图 4-3-8 所示,被损坏吊索。接触网摆动后,线夹松动,吊索松弛且低于接触线线面,当 SS$_3$-6010 电力机车受电弓通过时,钻入吊索中,刮脱吊索线夹,打坏受电弓,构成弓网故障。脱落吊索落在 SS$_3$-6010 顶部,引起变电所跳闸,影响折返段正常发车。

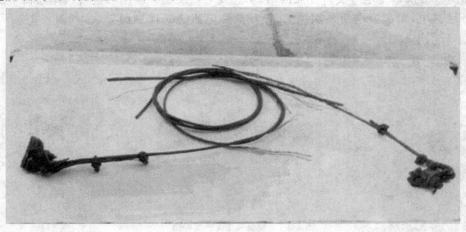

图 4-3-8　损坏吊索图

三、软硬横跨

1. 软横跨横向承力索(双横承力索为其中心线)和上、下部定位绳应布置在同一个铅垂面内。横向承力索的弛度应符合规定,吊线应保持铅垂状态,其截面积和长度要符合规定,最短吊弦的长度误差不大于50 mm。

2. 横向承力索和上、下部定位绳不得有接头、断股和补强、横向承力索两条线的张力应相等,横铁要垂直于横向承力索。钢绞线的横向承力索机械强度安全系数不得小于4;定位绳不得小于3。

3. 上、下部定位绳要水平,允许有平缓的负弛度,其数值5股道及以下不超过100 mm,5股道以上不超过200 mm。下部定位绳距接触线的垂直距离不得小于250 mm。

4. 硬横跨钢梁及中心锚结钢梁,漆面剥落和锈蚀面积均不应大于钢梁总面积的10%。

软横跨事故案例分析:

【事故案例】 1994年9月17日5时29分,陇海线欢河站,因接触网软横跨下部固定绳松弛,6K-059电力机车在欢河站Ⅱ道发生弓网事故。后又因机车未及时停车且在北西到线盲目升弓,造成郑北变电所213开关保护动作跳闸,后经郑北领工区三个网工区联合抢修,于6时30分恢复供电,中断郑州枢纽北西到供电1小时01分。7时25分,调车机将6K-059电力机车拉走,恢复北西到正常行车,耽误列车时间1小时56分。

【事故原因】 经现场调查分析,6K-059电力机车在欢河站发生弓网事故后,盲目升弓运行到北西到线,引起变电所跳闸,使6K-059电力机车停车在北西到线36#支柱处。经巡视检查,北西到线设备正常。在扩大范围巡视时,发现欢河站40#～39#软横跨下部固定绳松弛,欢河站5#线岔处吊弦刮移,造成限制管处导线弯曲。40#～39#软横跨处,曾经多次有电力机车司机反映,接触网晃动。因此,综合上述,弓网故障原因是:40#～39#软横跨下部固定绳松弛,刮坏受电弓,造成受电弓故障。受损的受电弓带病运行,进一步受到破坏,终于在北西到线引起变电所跳闸,6K-059电力机车被迫停车。

四、锚段关节和中心锚结

1. 电分段锚段关节两悬挂各带电部分之间,以及在转换柱处两接触线的水平和垂直距离要符合规定,其误差不超过10%。对四跨电分段,其中心支柱处两接触线距轨面的高度应相等。分段绝缘子串与锚支定位滑轮间的距离在任何情况下不得小于800 mm。

2. 三跨机械分段锚段关节转换支柱之间的两接触线,要在相互平行的两个铅垂面内,其水平距离应为100 mm,误差不超过30 mm;转换支柱工作支定位点处两接触线的垂直距离保持200～250 mm,链形悬挂锚支接触线在动滑轮处要比工作支的接触线抬高500 mm。

3. 中心锚结的位置要使两边接触悬挂的补偿条件基本相同。中心锚结线夹要紧固,保持铅垂状态,该处承力索、接触线距轨面的高度可比正常情况下大20～100 mm。

中心锚结线夹两边锚结绳的张力、长度均应力求相等,锚结绳不应松弛,两端分别用两个相互倒置的钢线卡子固定,卡子间的距离及锚结绳的外露长度均为100～150 mm,外露部分用绑线扎紧。

《补充细则》对"锚段关节"补充规定:

(1)电分段锚段关节,两接触悬挂的空气绝缘间隙为500 mm,误差为±50 mm,对四跨电分段中心柱处两接触导线距轨面高度等高;

(2)转换柱处非工作支定位管能相对自由偏移,不卡滞;

(3)中心柱、转换柱处的底座不得扭斜变形;

(4)各部线夹、螺栓连接牢固、无锈蚀、断裂现象。

锚段关节检修记录填写方法和要求如下：

(1)"锚段号"栏：接触网平面图上标定的两锚段号。如："7#～9#"，如图4-3-1所示，当锚段关节在站场与区间衔接部分时，锚段号前要加注＊＊站、＊＊区间字样，如："＊＊站Ⅰ#～＊＊区间1#"；

(2)"支柱号"栏：填写相应的两锚段锚柱号，如："155#～161#"；

(3)"锚段水平距离"栏：斜线上填转换柱(中心柱)承力索间的水平距离，斜线下填转换柱(中心柱)导线间的水平距离；

①两承力索间的水平距离：利用两承力索对线路中心线距离差值来填写。假如157#非工作支、工作支承力索距线路中心距离测量为390 mm、280 mm，则两承力索间的水平距离为390－280＝110 mm；

②两接触线间的水平距离：方法同上。假如157#非工作支、工作支接触线距线路中心距离测量为380 mm、290 mm，则两接触线间的水平距离为380－290＝90 mm；

③"两锚段接触悬挂的水平距离"第一个"转换柱"(157#)栏填写为：110/90。第二个"转换柱"(159#)栏测量计算填写方法同157#栏一样，假设测量计算结果为120/100；

④"中心柱"栏：只有"四跨"时才有，测量填写方法和转换柱一样。"三跨"没有此栏划去。

(4)"锚段垂直距离"栏：斜线上填转换柱、中心柱承力索间的垂直距离，斜线下填转换柱、中心柱导线间垂直距离；

表 4-3-6　锚段关节检修记录填写参考表

五小 区间　　　　　　　　　　　　　　　　　　　　　　　　　　　　　　　　　　　　　　1997 年

锚段号	支柱号(～)	检修日期		两锚段接触悬挂间的水平距离(承力索/接触线毫米)			两锚段接触悬挂间的垂直距离(承力索/接触线)			分段绝缘子至定滑轮之间的距离(mm)	下锚支的水平偏角(°)	电联接及其它零部件	检修人互检人
		日/月	项别	转换柱	中心柱	转换柱	转换柱	中心柱	转换柱				
7#～9#	155#～161#	28/9	修前	110/90	/	120/100	220/250	/	210/240	/	6.28	合格	
			修后										

①两承力索间的垂直距离：利用两承力索对轨平面高度差值来填写。假如157#非工作支、工作支承力索距轨面高度测量为7620 mm、7400 mm，则两承力索间的垂直距离为7620－7400＝220 mm；

②两接触线间的垂直距离：方法同上。假如157#非工作支、工作支接触线的导高为6450 mm、6200 mm，则两接触线间的垂直距离为6450－6200＝250 mm

③"两锚段接触悬挂间的垂直距离"第一"转换柱"(157#)栏填写为220/250。第二个"转换柱"(159#)栏测量计算填写方法同157#栏一样，假设测量计算结果为210/240。

④"中心柱"栏：只有"四跨"时才有，测量方法同上，"三跨"没有此栏划去。

(5)"下锚支的水平偏角(°)"栏：应填实际的测量计算值。同一平面内锚支由转换柱至锚柱到线路中心的垂直距离与其跨距之比所求的正切函数即为下锚转角，假设两值之比为0.11，则tanα＝0.11，α＝arctan0.11＝6.28"；

（6）"电联接器及其它零部件"栏：填电联接器及其零部件的具体缺陷内容。如："散股、线夹少螺帽"等，无缺陷时填合格；

中心锚结事故案例分析：

【事故案例】 1992 年 10 月 28 日 15 时 52 分，京广线苏桥—许昌间下行 $K751+950$ 处，SS_3-350 电力机车牵引 1491 次列车，因中心锚结故障，刮坏受电弓构成弓网故障。引起临颍变电所 211、许昌开闭所 231 开关保护动作跳闸。中断京广线下行供电 1 小时 49 分。

【事故原因】 从现场设备情况分析，苏许区间 21＃～23＃支柱间中心锚结辅助绳在 19＃柱硬锚，因施工单位施工时，紧固下锚角钢不够（其东北角还少一个顶丝），又运行后不断受振动和线索张力变化等外界因素影响，下锚角钢下滑约 160 mm，且 19＃支柱下锚斜拉线松弛。辅助绳在 19＃～21＃支柱间弛度增大，最大弛度处低于接触线线面。当 SS_3-350 电力机车牵引 1491 次列车通过时，从受电弓左导角开始，辅助绳刮碰受电弓，将受电弓呈左低右高状态刮翻，使受电弓左导角对机车车顶接地跳闸。受伤受电弓继续向南运行至 21＃、23＃支柱处，打坏定位，刮伤导线之后，弓网脱离接触，机车运行到 $K753+500$ 处停车。电力机车受电弓运行左侧导角多处擦伤，导角有接地短路后，故障电流烧损缺口，滑板左半部分有多处打碰痕迹，综上所述：弓网故障原因是中心锚结辅助绳松弛刮碰受电弓造成。

锚段关节事故案例分析：

【事故案例】 1997 年 7 月 24 日 0 时 38 分，陇海线予灵站，SS_6-20 电力机车牵引 1903 次列车，因锚段关节处承力索断线而被迫停车，构成接触网故障。引起太要变电所 211 保护动作跳闸，重合、强送均失败。中断陇海线下行供电 3 小时 49 分，影响 6 列货车、6 列客车。

【事故原因】 陇海线予灵站 73＃～79＃支柱间为三跨绝缘锚段关节，77＃支柱悬挂工作支腕臂上管套绞环，因材质（铸铁件）不良造成折断（断口处有旧裂纹），承力索失去固定，导致绝缘锚段关节内两支接触悬挂间失去正常的空气绝缘间隙后而发生放电，放电电流烧断承力索。当 SS_6-20 电力机车牵引 1903 次列车通过时，机车司机了望发现而立即停车。予灵站 75＃支柱至予太区间 17＃支柱 10 个跨距承力索 400 m；腕臂 3 根，定位器 5 个、套管绞环 4 个、吊弦 30 根损伤。

五、线　　岔

1. 对单开道岔的标准定位，两接触线应相交于道岔导曲线处两内轨相距 630～760 mm 的横向（即垂直于线路方向）中间位置处，其误差（即相对于横向中心位置）不得超过 20 mm。

2. 线岔的交叉点处，正线接触线要装在侧线接触线的下方，侧线接触线上下活动间隙为 1 至 3 毫米，限制管安装牢固，防松垫片良好，接触线能自由伸缩无卡滞。

3. 在交叉的接触线相距 500 mm 处，两接触线均为工作支，其距轨面的高度应保持相等，其高差不得超过 10 mm；两接触线中有 1 根为非工作支，则非工作支的接触线须比工作支接触线抬高不少于 50 mm。

线岔检修记录填写方法和要求如下：

例如：为了利用有限的"垂直天窗"对五里堡车站线岔进行一次有效的检修，检修前要求对线岔进行一次测量，以便掌握不合格线岔的情况。经 9 月 20 日测量编号为 9 号的道岔（在车站道岔电动机构箱壳上查得）的标准线岔投影点位置为：所在位置的两内轨间距为 740 mm，投影点距其中一个内轨的距离为 250 mm。两均为工作支的接触线水平间距在 500 mm 处，对轨面高度测得分别为6100 mm、6095 mm,线岔的另一端500 mm处有一个为非工作支,测得对轨面高度为6200 mm、6120 mm,间隙在地面很难看出,限制管及电连接器状态均无缺陷,线岔处拉出值分别为450 mm、370 mm,请填写记录。

(1)"线岔号"栏:应填写实际的道岔编号,如:"9#";

(2)"交叉点位置、内轨距/横向"栏:斜线上填投影点距内轨距的位置的数值,斜线下填投影点横向的位置数值,如:"250/740";

(3)"两接触线相距500 mm处的高差"栏:应填两接触线(均为工作支)相距500 mm处两条接触线对轨面的高差(要求不大于10 mm)。如线岔两边均是工作支时应用斜线分开分别填写,斜线上填上行方向,斜线下填下行方向,如:"10/5"或"6100-6095=5 mm";

表 4-3-7 线岔检修记录填写参考表

五里堡 (车站)   1997 年

线岔号	检修日期		交叉点位置、内轨距／横向（mm）	两接触线相距500毫米处的高差（mm）	锚支抬高量（mm）	间隙（mm）	限制管等零件的状态	电联接器的状态	检修人互检人	备注
	日/月	项别								
9#	20/9	修前	250/740	5	80	/	良好	合格		工作支/非工作支拉出值为370/450
		修后								

(4)"锚支抬高量"栏:有非支两接触线相距500 mm时的两接触线对轨面的高差(不少于50 mm),如"6200-6120=80 mm";

(5)"间隙"栏:填写线岔限制管内两接触线的间距,没有则填"/";

(6)"限制管等零件状态"栏:限制管及其零部件是否有缺陷,有缺陷时应填具体缺陷内容,无缺陷时应填"良好";

(7)"电联接器的状态"栏:电联接器本体及其零部件有缺陷时应填具体缺陷内容,无缺陷时应填"合格";

(8)备注栏:非标线岔、线岔处的拉出值应在备注栏内说明,如:"370、450"。

线岔事故案例分析:

【事故案例1】 1992 年 7 月 30 日 2 时 35 分,郑州枢纽上行出发场,SS₄-201 电力机车在上发单机入库途中,因线岔超标,电力机车受电弓钻入接触网中,构成弓网故障。引起郑北变电所 212 开关保护动作跳闸,2 时 42 分强送成功,中断供电 7 min。

【事故原因】 从事故后测量数据及电力机车受电弓检查情况分析,受电弓本体无异常状况,而 6110 线岔受刮后两交叉接触线工作支 500 mm 水平处高差为 40 mm(从检修记录查得:上午天窗点检修后该处两工作支 500 mm 水平高差仍为 15 mm)说明:该线岔事故前两工作支 500 mm 处水平技术数据超标,是构成本次弓网故障直接原因。由于,接触网送电已经成功,故当时没有停电处理接触网和受电弓。3 时 52 分,行调给点,电调发令停电配合机车司机处理受电弓,却未处理接触网,设立降弓标志,临时恢复供电,利用天窗点整修设备,恢复正常供电。

【事故案例2】 1992 年 2 月 1 日 11 时 11 分,京广线苏桥站,因线岔限制管脱落,构成接触网故障。未引起牵引变电所保护动作跳闸。但事故影响 4 小时 33 分。

【事故原因】 苏桥站 3 道 11＃支柱 7＃线岔限制管，因两接触线交叉点偏移过大，使其上面接触线挤压限制管线夹，而使线夹挣脱，限制管脱落，被电力机车司机及时发现而停车。由于抢修工区抢修途中堵车，到达现场较晚，事故影响时间较长。

六、电联接器

1. 纵向电联接器(指馈电线与接触网之间及接触网各锚段之间的电联接器)和横向电联接器(指软横跨各股道间及承力索和接触线之间的电联接器)，均要用多股软线做成，其额定载流量不小于被连接的接触悬挂、馈电线的额定载流量。

2. 电联接器与接触线、承力索及馈电线之间的连接必须保证电接触良好，线夹安装牢固并保持铅垂状态，线夹内无杂物。

3. 在锚段关节处要装设两组电联接器；在链形悬挂与简单悬挂的衔接处要装设电联接器；其它处所必要时要增设电联接器。

4. 电联接器要能适应接触线和承力索的伸缩要求，锚段关节处两接触悬挂间电联接器的导线长度要留有一定的余量；链形悬挂电联接器的导线在承力索和接触线之间要盘成 3 至 5 个圆圈，圆圈的内径应为电联接器线径的 3 至 5 倍(铜线时)或 5 至 8 倍(铝线时)。

《补充细则》对"电联接器"补充规定如下：

(1)电联接安装位置正确、牢固、接触良好；

(2)导线电联接线夹楔子要牢固与接触导线密贴良好，楔子一端要分岔，线夹内导线严禁用小铁线绑扎。不允许使用无楔子的电联接线夹与接触导线相连。和承力索、加强线(LGJ-150)相连的电联接线夹，承力索、加强线要用铝包带绑扎后再相连；

(3)电联接线应为不小于150 mm² 的铝绞线，无烧伤、断股、交叉、折叠、硬弯、松散等现象。

电联接器事故案例分析：

【事故案例】 1993 年 5 月 5 日 19 时 15 分，京广线长源站，SS4-094 电力机车因电联接脱落，发生弓网故障。引起薛店变电所 213 开关保护动作跳闸，中断京广线下行供电 1 小时 23 分。

【事故原因】 长源站 9＃～14＃柱软横跨 N5 号导线岔处电联接，因长期失修，电联接线夹螺栓、螺帽丢失或松动，造成电联接线夹松动。当 SS4-094 电力机车通过时，振动使电联接线夹松脱，电联接器低于导线面，电力机车受电弓钻入电联接，刮坏受电弓构成弓网故障。电联接被受电弓刮伤。如图 4-3-9 所示。

七、绝缘部件

1. 接触网的绝缘子泄漏距离，应符合下列规定：

一般地区(附盐密度＜0.1 mg/cm²)：不少于 920 mm；污秽地区(附盐密度≥0.1 mg/cm²)：不少于1200 mm。

2. 绝缘子不得有裂纹，瓷体无破损，烧伤，其瓷釉剥落面积不大于300 mm²。E-01 环氧树脂绝缘子应无弯曲和裂纹，连接件不松动。

绝缘子裙边与接地体间的距离应符合规定。

3. 运行中的悬式绝缘子要按时测量分布电压(软横跨上的横向电分段绝缘子除外)，当分布电压小于、等于表 4-3-8 规定的数值时要及时更换。

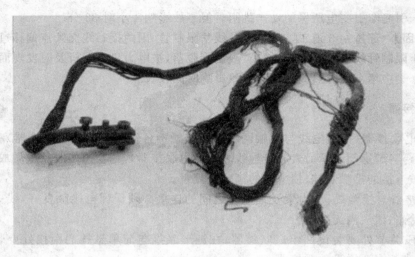

图 4-3-9 电联接损伤实物图

表 4-3-8 悬式绝缘子分布电压规定表

绝缘子型号及片数	分布电压(由接地侧依次)(kV)			
	1	2	3	4
X-4.5(3 片)	4	4	6	
X-4.5(4 片)	3	3	3	6

4. 在运输、装卸和安装绝缘子时应避免发生冲撞,不得锤击与瓷体连接的铁帽和金属件,同时也不得对其进行机械加工和热处理,绝缘子铁帽和金属件应无锈蚀。

5. 玻璃钢分相绝缘器的主绝缘不得有烧伤、破损和裂纹,其放电痕迹不得超过有效绝缘长度的 20%。分相绝缘器的中性区不得小于18 m。

6. 在潮湿和污秽地区的分段、分相绝缘器,其主绝缘的绝缘水平应比一般地区相应加强(例如增加主绝缘的有效绝缘长度或采用优质绝缘材料等)。

《补充细则》对"绝缘部件"补充规定如下:

(1)电分段(电分相)绝缘器绝缘体表面,无烧伤痕迹、老化及龟裂现象。其电气绝缘强度,不小于3 kV/cm,绝缘电阻应不小于30 MΩ/2 cm;

(2)框架平稳、不塌腰、无刮弓、打弓现象;

(3)电分段绝缘器导流板与玻璃钢衔接处应平滑;

(4)绝缘器接头线夹连接牢固,过渡平滑、无偏磨;

(5)绝缘器两绝缘滑板的水平部至相应轨面的距离应相等;

(6)区分绝缘器中心线(顺线路方向)应与受电弓中心重合,允许偏移为±150 mm。

(7)分相绝缘器不得下垂,允许有小量负弛度;

(8)关于 C-1200 型高铝陶瓷分段绝缘器安装维修暂行规定:

安装:

①在地面组装时,应将所有联接管内,孔涂刷黄油;

②安装、运输过程中,应严格防止高铝陶瓷绝缘器元件受压;

③导流角隙的调整

导流角隙空气绝缘距离一般大于190 mm,由产品保证勿需调整。

为保证受流良好,每组分段绝缘器在安装后必须对角隙与辅助导角进行认真调整,每个导流角隙有独立的调整螺栓可以上下自由调节。其调整内容和要求如下:

①调整调节螺栓、使导流角隙和辅助导角处于同一水平面(称安装平面);

②调节吊弦高度将上述分段绝缘器的安装平面(根据线路高差情况)与钢轨平面保持平行,应用水平尺检查;

③调整完毕后将所有支持导流角隙的螺栓紧固一次,为防止松动一律采取双螺母、并涂油防腐处理;

④在安装前表面要清洁、涂硅脂或硅油,用2500 V摇表检查绝缘电阻,要求在5000 kΩ以上。如低于上述数字时,应作烘干和硅油浸渍处理。

维修:

①在一般地区,半年清扫和涂刷硅油一次,脏污地区由供电段自行决定报分局备查;

②按接触网分段绝缘器正常检查周期对导流角隙的安装平面和螺栓紧固情况以及焊接部件进行严格检查,如发现不正常现象,应立即采取措施;

③自安装起每二年拆下烘干侵油处理一次。

《条文说明》对"关于绝缘子泄漏距离的问题"说明:本条是指在海拔1000 m及其以下瓷质绝缘子而言,至于聚合、半导体等材料则应符合相应规定的电气强度标准。

《条文说明》对"关于绝缘子裙边与接地体距离的问题"说明:既要考虑足够的绝缘距离,又要留有作业需要的空间。除经部特殊批准外均按《铁路工程技术规定》规定的不少于150 mm执行。

绝缘子电压分布记录填写方法和要求如下:

表 4-3-9　绝缘子电压分布记录填写参考表

_五小_　区间 　　　　　　　　　　　　　　　　　　　　　　　测量日期:1997.8.26

支柱(隧道及悬挂点)号	绝缘子类型	电压分布(自接地侧依次)					支柱(隧道及悬挂点)号	绝缘子类型	电压分布(自接地侧依次)				
		1	2	3	4	5			1	2	3	4	5
2#	XWP2-7	合格	合格	合格									
缺陷处理情况	填写更换绝缘子的支柱号(或隧道及悬挂点号)、绝缘子序号、更换后的绝缘子型号、更换日期及操作人的姓名。												

(1)绝缘子类型栏:填写绝缘子的实际型号,如:XWP2-7、XWP2-7(T)、X-4.5 等;

(2)电压分布栏:填写合格或不合格。

绝缘子事故案例分析:

【事故案例】　1991 年 12 月 30 日 0 时 30 分,京广线长源站,因接触网正馈线悬式绝缘子闪络,正馈线从钩头鞍处烧断,引起薛店变电所 213 开关保护动作跳闸,中断京广线下行供电1 小时 50 分。

【事故原因】　京广线长源站北侧地处水泥厂附近,水泥厂生产的水泥粉尘经常飘浮到接触网上,造成该上瓷瓶严重污染。由于停电天窗很难兑现,无法保证瓷瓶全部清扫。雾和阴雨天气,绝缘子放电闪络现象严重。12 月 30 日晚,天下小雨,污染严重的长源站 17# 支柱正馈线悬式绝缘子闪络严重,电弧在钩头鞍子处烧伤正馈线若干股后,正馈线拉断并且电弧还烧伤了悬式绝缘子,如 4-3-10 所示。正馈线断线落地,引起变电所开关跳闸中断供电。

图 4-3-10　闪络烧伤悬式绝缘子和烧伤拉断正馈线实物

分段(分相)绝缘器检修记录填写方法和要求如下:

(1)"分段绝缘器编号"栏:以站场分别编号,以下行方向起编如"1、2、3、4";

(2)"分相编号"栏:以分相的中间支柱号为编号,如"7、8";

(3)"主绝缘"栏:填主绝缘状态及缺陷内容。无缺陷时填合格;

(4)"分段绝缘子"栏:填分段绝缘子状态,如破损、脏污、无缺陷时应填合格;

(5)"导流板"栏:填导流板的状态,如烧伤、机械变形,如无陷时应填合格(分相检修时此栏划去);

(6)"过渡是否平滑"栏:填平滑或不平滑;

(7)"绝缘间隙"栏:分相不填划去,分段则填写最小空气绝缘间隙值(郑铁局一九九二年五月一日公布实施企业标准 Q/ZZT47.11-91 规定导流间隙的空气绝缘距离为 190~220mm),如"200 mm";

(8)"对线路中心线的偏移"栏:应填写分段绝缘器或分相绝缘器中心线与线路中心线的偏移值,如"5 mm";

(9)"与钢轨连线垂直距离是否相等"栏:应填相等或不等;

(10)"电联接器及其它零部件标志"栏:应填缺陷具体内容,无缺陷时填合格;

分段、分相绝缘器事故案例分析:

分段绝缘器事故案例分析:

【事故案例】　1992 年 11 月 26 日 0 时 20 分,郑北枢纽折返段出口处,分段绝缘器,由于 SS₃-484 电力机车在分段绝缘器下启动取流,而发生烧断分段绝缘器主绝缘元件事故。虽未造成跳闸,但影响电力机车出入库,后经接触网工区组织停电处理,恢复正常供电,整个事故影响 1 小时 43

分。

表 4-3-10　分段(分相)绝缘器检修记录

| 绝缘子编号 | 检修日期 | | 主绝缘 | 分段绝缘子 | 导流板 | 过渡是否平滑 | 绝缘间隙 | 对线路中心线的偏移 | 与两条钢轨连线的垂直距离是否相等 | 电联接器及其它零部件、标志等 | 检修人 |
	日月	项别									互检人
1	8/9	修前	合格	合格	合格	不平滑	200 mm	5 mm	不等	合格	
		修后									

【事故原因】　郑北枢纽上发场与折返段交接处,在 1986 年电气化开通时,采用英国菱形分段,1988 年因电力机车经常停车于分段绝缘器下取流,且蒸汽机车又经常对分段绝缘器喷汽,将其主绝缘元件烧损。随后,该处更换上了一台高铝陶瓷分段绝缘器。1992 年 6 月份,上级通知更换有断口分段绝缘器要求,7 月份,将此处更换上一台某科研所生产的 TXK 菱形分段绝缘器。由于该处电力机车经常在分段绝缘器下取流和蒸汽机车喷汽,曾于 10 月 2 日将分段绝缘器烧断。11 月 26 日,当 SS₃-484 电力机车在此启动取流时,再一次又将主绝缘元件烧断,如图 4-3-11 所示。从断口分析,断口处有烧伤旧痕迹,说明该处电力机车多次启动取流。从两台分段绝缘器烧断间隔时间分析,说明该型号分段绝缘器在耐电弧烧伤方面,材质还有待进一步改良,综上所述:分段绝缘器主绝缘元件烧断是由于蒸汽机车喷汽污染,且电力机车多次在分段绝缘器下启动取流造成的。

分相绝缘器事故案例分析:

【事故案例】　1993 年 3 月 27 日 17 时 21 分,京广线石桥——临颖间,因分相绝缘器抽脱,构成接触网故障。引起临颖变电所 211、213 开关保护动作跳闸,重合、强送均失败。经临时处理,降弓行车,中断京广线下行供电 2 小时 59 分。

【事故原因】　石临区间分相绝缘器,因长期失修,分相绝缘器偏磨严重。当电力机车受电弓通过时,打

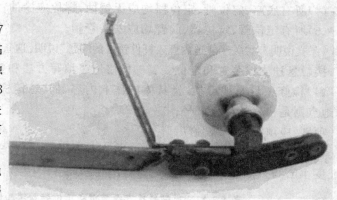

图 4-3-11　分段绝缘器主绝缘元件烧断实物图

碰分相接头线夹顶丝,使顶丝松动,接触网导线从分相线夹中抽脱。

八、定位装置及支撑装置

1. 定位器应保证接触线之字值、拉出值及工作面的正确性,以及定位点具有一定的弹性;当温度变化时,接触线能自由伸缩,使受电弓有良好的取流状态。

2. 定位器管坡度(定位器管与水平线夹角的正切值)应保持在 1/10 至 1/5 的范围内。

3. 定位器管在无偏移温度时应垂直于线路,温度变化时水平方向的偏角应与接触线在该点的伸缩相适应,其偏角最大不超过 18°。

4. 反定位器主管、定位肩架及组合定位器的定位管均应保持水平,靠接触线侧的端部允许仰高不超过20 mm。反定位器主管两侧拉线的长度和张力应相等。

5. 定位环应沿线路方向垂直安装,距定位管根部的长度不小于40 mm。定位装置各管口要有管帽。各定位拉线要受力适当且不得有严重锈蚀。

6. 半补偿链形悬挂腕臂要垂直于线路中心线,其顺线路中心的偏移不得超过100 mm。全补偿链形悬挂及简单悬挂腕臂在无偏移温度时应垂直于线路;温度变化时腕臂顶部的偏移要和该处承力索伸缩值相对应,在极限温度时其偏移值不应超过腕臂水平投影长度的1/3。

7. 平头斜腕臂顶部、双线路腕臂应保持水平状态,其允许仰高分别不超过50 mm和100 mm。定位立柱应保持铅垂状态,无永久弯曲变形。

8. 绝缘腕臂的各部件均应组装正确;绞接处要转动灵活,腕臂无永久弯曲变形;顶部非受力部分长度为100～200 mm;顶端封帽要密封良好。

9. 隧道内埋入杆件应无断裂、变形和锈蚀,其周围水泥填充物无辐射性裂纹和脱落。

10. 腕臂及隧道内的埋入杆件不得有严重锈蚀,锌层脱落处要补漆。

《补充细则》对"定位管和定位器"补充规定如下:

(1)隧道内定位齿座不应反装,特殊需要倒装应采取紧固措施,以防止定位管滑脱;

(2)定位线夹和支持器安装时要正确;

定位线夹的大面要求在受力侧,支持器不得反装,定位管伸出定位器长度不得超过150 mm,不得小于50 mm;

(3)软定位器不开口钩环、距管头距离不得小于50 mm,拉线使用3股4.0 mm镀锌铁线绞合而成,每根铁线受力要均衡,拉线回头有调整余地,拉线不得锈蚀;

(4)所有底座、定位管、定位器均应无锈蚀,螺栓应涂油;

(5)所有定位管、定位器、腕臂均应安装管帽。

《条文说明》对"关于隧道内埋入杆件锈蚀的问题"说明:这条所规定的无锈蚀,应为无严重锈蚀。

接触悬挂支撑装置和定位装置等检修记录填写方法和要求如下:

(1)检修项目及地点栏:指具体的作业内容,如:悬挂检修、支撑装置检修、定位装置检修等,地点则是检修的起止杆号;

项别:应填"修前"或"修后";

(2)检修内容栏:填写具体的检修内容,如:＊＊柱定位支撑少螺帽,安装后合格,＊＊柱定位坡度小已调整标准;

表 4-3-11 接触悬挂支撑装置和定位装置等检修记录填写参考表

<u>五小</u> 区间   <u>1997</u> 年

检修项目及地点	检修日期		检修内容	检修人
	日/月	项别		互检人
定位装置检修 131#～151#	10/9 修后		149#柱定位坡度小已 调整标准	

定位装置事故案例分析:

【事故案例 1】 1997 年 6 月 24 日 6 时 06 分,陇海线太要—潼关间,SS6-005 电力机车牵引 3351 次列车,因太潼区间 53# 支柱反定位器定位坡度过小,受电弓刮到定位器上而损伤受电弓滑板,构成弓网故障。引起太要变电所 211 开关保护动作跳闸,重合、强送均失败。临时将导线处理后,降弓行车。中断陇海线下行供电 1 小时 32 分钟,影响 2 列货车和 1 列客车。

【事故原因】 1997年6月22日,盗贼偷盗列车货物砸断太潼区间下行55#支柱,使55#支柱向田野侧倾倒,压迫53#支柱反定位管,造成53#支柱反定位管弯曲。次日,更换55#支柱时,恢复不彻底,未将55#支柱变曲的反定位管更换。同时,55#支柱处中心锚结也未恢复,当气温变化时,53#支柱定位器坡度变小,当SS₆-005电力机车牵引列车通过时,受电弓打在定位上,定位器从定位线夹处被打掉,$\phi 4.0$软尾巴铁线断一根,导线有较严重弯曲,反定位管弯曲,两根吊弦被拉脱,受电弓滑板条损伤。

【事故案例2】 1992年10月17日4时06分,郑州马砦线路所$E37\# \sim E38\#$软横跨客联线下行线,因定位器脱落,构成接触网故障。当93次列车通过时,引起郑北变电所221开关保护动作跳闸,重合失败,4时11分强送成功。5时19分经要点停电处理,于5时33分钟恢复正常供电,整个事故影响时间1小时27分钟。

【事故原因】 从现场情况分析,马砦站$E37\# \sim E38\#$软横跨存在设计缺陷,该处少一组电联接,如图4-3-12(a)所示。因此,当机车在此处附近故障跳闸或启动取流时,易将定位连接件烧损。经调查郑州南站机车通过情况可知:16日22时21分,SS₄-234电力机车牵引7417次列车由B1线通过时,由于机车故障,在马砦站$E37\# \sim E38\#$软横跨B1线定位处,造成郑北变电所221开关保护动作跳闸,故障电流使$E37\# \sim E38\#$软横跨客联线下行线定位器定位钩烧损,钩头变大,如图4-3-12(b)所示。当时虽未脱落,但由于以后通过列车震动,造成定位器从定位环处脱落,成70°斜角在接触网导线上,当93次列车通过时,引起变电所跳闸。

【事故案例3】 1995年4月26日1时16分,襄渝线老河口东—黄壤间,SS₁-231电力机车牵引284次列车,因定位脱落,导线偏移,电力机车受电弓钻入接触网,构成弓网故障。引起石花变电所1#馈线跳闸,重合、强送均失败,中断襄渝线供电3小时50分。

【事故原因】 襄渝线老黄区间加强线与导线间导流不畅,致使17#支柱软定位器尾部软定位拉线(四股$\phi 4.0$铁线),在运行中导流,不断发热拉伸,在设备检修中也没有发现,以致于最后烧红拉断。导线失去定位,跑向曲线内侧,拉出值得650 mm。当SS₁-231电力机车牵引284次列车通过时,受电弓钻入接触网内,刮坏受电弓,将导线拉断,11#～17#支柱间吊弦全部刮掉,14#～16#支柱间棒式瓷瓶折断,接触线大部分缠绕在机车和机后第一位车上。

九、补偿器

1. 补偿器坠砣块要叠码整齐,其总重量符合规定标准,相差不超过2.5%,限制、制动部件要作用良好。

2. 运行中补偿器的b值(坠砣底部距地面的距离)要保持200～800 mm,在最低温度下的a值(补偿绳回头未端至定滑轮或制动部件的距离)不得小于200 mm。

3. 补偿器滑轮要转动灵活,坠砣升降自如。棘轮式补偿器补偿绳的长度要保证坠砣在极限温度范围内自由伸缩。补偿绳不得有接头和断股。

补偿器检修记录填写方法和要求如下:

(1)"支柱号"栏应填补偿器所在支柱的支柱号及"导锚"或"承锚",如"161#、导锚";

(2)"a值"栏:当时28℃下补偿绳回头到定滑轮的距离或坠砣抱箍到上限制管距离,如:"3500";

(3)"b值"栏:当时28℃下坠砣距地面或地面堆积物距离,如"700";

(4)"重量"栏:应填坠砣串的总重量,如"500";

(5)"状态"栏:坠砣串的状态,如:破损、错位,无缺陷时填合格;

(6)"滑轮注油及动作情况"栏:应填滑轮状态,动作情况等,无缺陷的填合格;

(7)"补偿绳"栏:填补偿绳的状态。如"散股、断股,回头绑扎不良,无缺陷时填合格;

(8)"制动器、限制器及零部件"栏:各零部件的状态,如:丢失,少螺帽,坠砣卡滞等,无缺陷时填合格;

表 4-3-12　补偿器检修记录

五小　区间　　　　　　　　　　　　　　　　　　　　　　　1997　年

支柱号	检修日期		坠砣					滑轮注油及动作情况	补偿绳	制动器、限制器及其它零件	检修人互检人
	日/月	项别	温度(℃)	a 值(mm)	b 值(mm)	重量(kg)	状态				
161#导锚	26/4	修前	28	3500	700	500	合格	合格	合格	合格	
		修后									

设备负责人(签字):　　　　　　　　工长(签字):　　　　　　　　领工员(签字):

注:a——补偿绳回头末端至定滑轮或制动部件的距离;

　　b——坠砣底部距地面的距离。

十、支柱及地线

1.接触网所有各种支柱内缘与线路中心、站台边缘的限界均须符合规定。

2.接触网各种支柱,均不许向线路侧、受力方向倾斜。双边悬挂、装有开关、曲线内侧和位于直线与相邻锚柱同侧的转换支柱以及无明显受力方向的支柱,均应保持铅垂状态,允许向受力的反向倾不超过 0.5%。

支柱在顺线路方向应保持铅垂状态,其斜率不超过 0.5%,锚柱应向拉线方向倾斜。其斜率不超过 1%。

曲线外侧及直线上的支柱要向线路外侧倾斜,钢筋混凝土支柱的斜率为 0.5%(即支柱外缘垂直于地面);金属支柱的斜率为 0.5%~1%。

软横跨支柱的斜率:钢筋混凝土支柱为 1%(即外缘保持垂直);金属支柱(15 m 以上)为 1%~2%。每组软横跨两支柱中心的连线应垂直于正线,其偏角不大于 3 度。

3.钢筋混凝土支柱局部破损和露筋时,要及时修补。支柱冀缘横向、斜向裂纹长度超过冀缘宽度或裂纹宽度超过 0.15 mm 时应更换。

4.金属支柱角钢焊缝不得有裂纹,主角钢弯曲不超过 5‰,支柱漆面剥落超过支柱总面积的 10% 时要补漆。

基础顶面要高出地面 100~200 mm。基础外缘外露 400 mm 以上时要进行培土,每边培土的宽度为 500 mm,培土边坡与水平面成 45°角;钢筋混凝土支柱培土标准也可照此办理。基础根部不许有积水、泥土、碎石和灰渣等物。

5.支柱和隧道内悬挂点按下行方向依次编号,复线区段下行线为单数,上行线为复数。每个区间、车站、隧道均应分别编号,书写编号的位置、大小和字体要统一,在地面和列车上均能清晰可见。

6.拉线应设在承力索下锚支的延长线上,与地面夹角一般为 45°,特殊困难地区不超过 60°,同一锚柱各线的张力要均匀并涂漆或涂防腐剂。

7. 当电力线必须与接触网软横跨支柱同杆合架时,最内方的电力线带电部分距支柱边缘的最小距离不得小于600 mm,电压不高于380 V。

8. 接触网支柱和金属支撑装置均须装设地线,截面应符合规定,要连接紧固,接触良好,外露部分涂漆,埋入部分涂防腐剂。

9. 旅客站台上的支柱,装有隔离开关、避雷器、吸流变压器的支柱,以及天桥、跨线桥等,均须装设双地线,其接地电阻应符合规定。

10. 凡距接触网(架空线)带电部分的距离不足5 m的所有金属结构物(如信号机、水鹤等),均须接地。

《条文说明》对"关于电力线与接触网同杆合架的问题"说明:考虑到受车站地形条件的限制架设电力线路有困难,低压电力线可以架设在接触网软横跨支柱上。目前高压电力线不能与接触网同杆合架,绝缘腕臂的接触网支柱上不能架设电力线。

支柱检修记录填写方法和要求如下:

(1)"限界"栏:斜线上填实际测量限界,斜线下填平面图上的侧面限界(均以 mm 为单位),如:"3050/3050";

(2)"外轨超高"栏:斜线上填实际测量超高,斜线下填设计超高值,如"0/0";

(3)"支柱状态、倾斜培土等"栏:只记有缺陷的支柱,如:"支柱破损露筋 1 处"等;

表 4-3-13 支柱检修记录填写参考表

____五小____ 区间　　　　　　　　　　　　　　　　　　检修日期:1997.7.28

支柱号	实际/标准 限　界 (mm)	实际/标准 外轨超高 (mm)	支柱状态、倾斜、培土 等(只记有缺陷等)	基础和拉线 (只记有缺陷者)	地线	接地电阻 (欧)	缺陷处理 情　况
161#	3050/3050	0/0	支柱破损露筋 1 处	拉线松弛	合格	4	

(4)"基础和拉线"栏:只记有缺陷的支柱,如:"基础帽破损、拉线松弛"等;

(5)"地线"栏:填写地线的状态,如"地线线夹丢失,地线锈蚀"等,无缺陷时填合格;

(6)接地电阻(Ω)栏:填写实际测量的值(接地电阻规定:站台支柱接地装置接地电阻设计值在10 Ω以下,最大不大于30 Ω;一般支柱接地装置接地电阻设计值在30 Ω以下),如"4"。

十一、隔离开关及避雷器

1. 隔离开关应接触良好、转动灵活,引线截面要与隔离开关的额定电流以及所连接的接触网当量截面相适应。

2. GW4 型的隔离开关合闸时闸刀要水平,两闸刀中心线相吻合;分闸角度为 90°,允许误差＋1 度;止钉间隙为 1~3 mm。

GW2 型的隔离开关合闸时动触头要水平,开、合闸过程中两消弧棒应连续接触;分闸角度为 50°,允许误差＋2°。

隔离开关闭合时应接触良好,以0.05 mm×10 mm的塞尺检查,对于线接触的应塞不进去;对于面接触的其塞入深度在接触表面宽度为50 mm及以下时,不应超过4 mm。在接触表面宽度为60 mm及以上时,不应超过6 mm。

3. 带接地闸刀的隔离开关,主闸刀与接地闸刀分别操作者,其机械联锁须可靠。

4. 对运行中的隔离开关,每年要用2500 V的兆欧表测量1次绝缘电阻,并与最近的前1次测量结果比较,不应有显著降低。

新安装的隔离开关,在投入运行前,要按规定进行交流耐压试验。

5. 避雷器的引线和各部螺栓要紧固,动作计数器要完好。管型避雷器管体不许有裂纹、烧伤、闭口端头应堵紧,外部间隙符合规定,误差不超过5%,两电极中心线要对正。阀型避雷器的瓷套管不许有裂纹、破损和放电痕迹。

每年雷雨季节前要按牵引变电所运行检修规程和有关规定对避雷器和放电计数器进行预防性试验。

隔离开关检修试验记录填写方法和要求如下:

(1)"开关编号与型号"栏:以GK所在区间、站场的支柱号为准,如"9#";GK的型号为所使用的GK实际铭牌为标准。如"GW4-(25)/1250(T)";

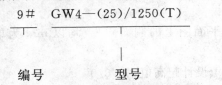

9#　　GW4—(25)/1250(T)

编号　　　　　　型号

(2)"主闸刀"栏:应填写分闸角度与合闸后的接触状态,如:"'分闸'栏:85°或90°","'合闸'栏:不密贴或密贴"等;

(3)"接地刀闸接触状态"栏:应填写接地刀闸接触情况,如:"'接触不良'或'良好'"等(无接地刀闸此栏用"/"划去);

(4)"主闸刀与接地闸刀间隙是(mm)"栏:应填写合、开闸过程中主、地刀闸的最小空气间隙(郑铁局1992年5月1日公布实施企业标准Q/ZZT47.20-91规定带接地闸刀的开关瞬间空气间隙不得小于400 mm),如"420"(无接地刀闸此栏用"/"划去);

(5)"止钉间隙"栏:斜线上填分闸止钉间隙,斜线下填合闸止钉间隙。如:"'2/2'或'1/2'"等;

(6)"操作机构与联锁装置"栏:应填写操作机构及联锁状态,如:"操作机构锈蚀、操作机构不灵活、联锁锈蚀"等,无缺陷填"良好";

(7)"电联接器状态"栏:应填写电连接与零部件状态,如:"'散股'、'电连接线夹螺帽松'",无缺陷时则填写"良好";

(8)"绝缘电阻"栏:应填写实测的绝缘电阻(用2500 V兆欧表摇测)且符合规定(本节"隔离开关与避雷器"第4条规定"绝缘电阻与最近1次测量结果比较,不应有显著降低"),如:"∞";

(9)"备注"栏:指前面栏内不能包含的内容及其它情况,如:修后GK仍不合格则可以在备注栏内进行说明,"因停电点短,GK不能完全修好"等。

表 4-3-14　隔离开关检修试验记录填写参考表

新郑　(车站)　　　　　　　　　　　　　　　　　　　　　　　　　　1997　年

开关编号及型号	检修日期 日/月	主闸刀		接地闸刀接触状况	主闸刀与接地闸刀间隙(mm)	止钉间隙(mm)	操作机构和联锁装置的状态	电联接器的状态	检修人 互检人	绝缘电阻(MΩ)	测量人
		分闸角度	接触状况								
9#GW4—(25)/1250(T)	26/6	修前 85°	不密贴	/	/	1/2	良好	电连接线夹螺帽松		∞	
		修后 91°	密贴	/	/	2/2	良好	良好			

避雷器检修试验记录填写方法和要求如下：

(1)"避雷器型号"栏：避雷器检修试验记录主要填写管型避雷器检修情况，该型号可以从设备履历台帐或设备铭牌上查得，如："GXI35/(1-5)"；

(2)"管体状态"栏：管体表面漆层应完整，不得有剥落，管体应无损坏、裂纹，管体应竖直固定牢靠，如：修前："倾斜"，修后："良好"；

(3)"两电极棒中心线误差"栏：极棒应呈水平状态，中心线吻合，不得错位，如：修前："10"，修后："0"；

(4)"极棒间隙"栏：外部间隙为120 mm，误差不超过5％，如：修前："130"，修后："120"；

(5)"接地线"栏：避雷器需单独接地且接地状态良好，接地电阻不大于10Ω，如：修前："不良"、"15"，修后："良好"、"8"；

(6)"电联接器的状态"栏：填写电联接器的状态，如：修前："螺栓无油"，修后："良好"；

(7)"绝缘电阻"栏：管型避雷器管体绝缘电阻值与最近的前一次测量结果比较，不应有显著降低；

表 4-3-15　避雷器检修试验记录填写参考表

洛阳西　车站 　　　　　　　　　　　　　　　　　　　　　　　　　　　　1996　年

支柱号	避雷器型号	检修日期		管体状态	两电极棒中心线误差	极棒间隙(mm)	接地线		电联接器的状态	绝缘电阻(MΩ)	检修人互修人	测量人
		日/月	项别				状态	接地电阻(Ω)				
3	GXI35/1-5	10/3	修前	倾斜	10	130	不良	15	螺栓无油	∞		
			修后	良好	0	120	良好	8	良好	∞		

隔离开关和避雷器事故案例分析：

【事故案例】　1997 年 2 月 23 日，太焦线白板桥—东关间，因避雷器击穿和吸流变器喷油，构成接触网故障。引起济成变电所 213 开关保护动作跳闸，中断太焦线供电 6 小时 45 分。

【事故原因】　太焦线为晋煤外运的主要通道，接触网设备污染严重，2 月 23 日，阴雨天气，污染严重的接触网设备绝缘子多处闪络，引起济成变电所 213 开关多次跳闸，由于设备多次跳闸，合闸时产生过电压多次冲击白东区间 12#避雷器，造成避雷器多次击穿。管型避雷器长久失修，内部有机绝缘产气材料组成的产气管，绝缘性能下降，产气材料分解出的气体减少，又由于在短时间内多次动作，有机绝缘性能短时间内又很难恢复，产气过少，管内气压太低，不足以熄弧。电弧不能及时熄灭。持续高温电弧使支持绝缘子炸裂，引线落地，引起变电所跳闸，中断供电。排除避雷器故障后，济成变电所 213 开关仍继续跳闸，多次强送，均告失败。后经查东关—济成间 141#吸流变压器高压套管因闪络，造成吸流变压器喷油，拉开 141#吸流变压器隔离开关，故障全部排除，恢复太焦线供电。

十二、供电线和回流线

1. 供电线(馈电线、并联线、捷接线和加强线)、回流线的截面积要满足通过的最大电流，其机械强度安全系数符合规定。

2. 各种导线的张力和弛度要符合有关规定标准，冬季不致断线，夏季须有足够的线间距离。

3. 供电线和回流线采用钢芯铝绞线时，其钢芯不准折断。铝绞线和钢芯铝绞线的铝线断股、损伤面积不超过铝截面的 7％且载流量不超过允许值时,可将断股处磨平用同材质的铝线扎紧,当断股、损伤面积为 7％～25％时要进行补强,当断股、损伤面积超过 25％时须更换或切断做接头。

4. 一个锚段内供电线和回流线的接头、断股和补强线段的总数分别不得超过下列规定:

锚段长度在800 m及以下为 4 个。

锚段长度大于800 m时为 8 个。

5. 供电线和回流线跨越或接近铁路、公路、电力线、弱电线路、河流等时,要符合电力部的有关规定。其导线距地面、树木及建筑物的距离不得小于表 4-3-16 规定:

表 4-3-16　供电线和回流线距地面、树林及建筑物距离表

距离 线别	地　面(m)			树木(m)	建筑物(m)	
	居民区	非居民区	交通困难地区		垂直	侧面
供电线	7	6	5	3	4	3
回流线	6	5	4	1	2.5	1

注:1. 居民区——工业、企业地区、港口、码头、车站、城镇、乡镇等人口密集地区。

2. 非居民区——上述居民区以外的地区的,均属非居民区,虽然时常有人、车辆或农业机械到达,但未建房或房屋稀少的地区亦属非居民区。

3. 交通困难地区——车辆、农业机械不得到达的地区。

4. 供电线和回流线不得跨越屋顶为易燃材料的建筑物,对耐火屋顶的建筑物要尽量避免跨越,若必须跨越时,其距建筑物的距离要符合上述规定,且跨越的跨间内不得有接头、断股或补强。

6. 当供电线、回流线与接触网同杆合架时,其带电部分距支柱边缘的距离,回流线不得小于0.8 m,供电线不得小于1 m。

当供电线、回流线与接触网分杆架设时,其导线距山坡、峭壁、岩石的距离:步行可到达的,供电线为5 m,回流线为3 m;步行不能到达的,供电线为3 m,回流为1.5 m。

接触网供电线(回流线)检修记录填写方法和要求如下:

(1)"地点及编号"栏:要填写具体检修的 ＊＊ 区间或 ＊＊ 站场,编号是专指供电线,如＊＊变电所、＊＊号供电线,如"薛新区间,薛店变电所4号供电线";

(2)"修前状态"栏:填写需处理的缺陷内容,如:＊＊＃肩架下倾、变形,如"5＃肩架变形";

(3)"修中措施及修后结束语"栏:应填写检修措施及修后的评定,如:"停电更换变形肩架等,调整水平后,设备恢复良好";

(4)"绝缘子"栏:修前填写绝缘子的状态,如"'破损'或'脏污'"等,修中及修后填写修后的状态:如:"更换破损绝缘子并清扫后良好"等。

表 4-3-17　供电线(回流线)检修记录填写参考表

项　别	支柱及支撑装置	导线及电联接器	绝缘子	隔离开关及其它零部件
修前状态	5＃肩架变形	/	脏污	/
修中措施及修后结语	停电更换变形肩架	/	清扫后良好	/

注:在修前状态栏内,要填写缺陷地点、内容和缺陷情况等;供电线和回流线与接触网同杆合架时,支柱检修应填在表4-3-13中。

十三、保安装置及标志

1. 跨越电气化铁路的跨线桥和天桥,在接触网带电部分正上方桥面的两侧要装设安全挡板或细孔网栅(网孔不大于40 mm×40 mm,下同)。安全挡板或细孔网栅要垂直于桥面,在桥面以上的高度不应低于2 m,宽度距接触网带电部分每边应不小于1.5 m。

跨线桥、天桥的扶梯边缘与接触网带电部分的距离小于5 m时,在扶梯上也要装设安全挡板或细孔网栅。

2. 站内接触网每根支柱离轨面2.5 m高的处所及安全挡板或细孔网栅上,均要有涂以白底并用黑色书写"高压危险"字样和用红色画以闪电符号的警告标志。

3. 在车辆平交道口铁路两侧的公路上,应装设限界门。限界门的装设位置,在沿公路中心线距最近铁路的线路中心线不小于12 m的地方,限界门的宽度不得小于公路路面的宽度。限界门的吊板要平齐,吊板下缘距地面的高度为4.5 m。限界门框柱涂以黑、白色相间的漆条,漆条宽度为200 mm,并按《电气化铁路有关人员电气安全规则》的规定悬挂揭示牌。

4. 在装卸线和机动车辆经常通过的地方,接触网支柱及拉线下部要有保护桩。

5. 在接触网悬挂终端要悬挂"接触网终点"标。该标志设在接触线锚支距受电弓中点线400 mm的上方。

在接触网分相的地方设置"断"电标和"合"电标。

"接触网终点"标、"断"电标和"合"电标的样式和装设地点,均须符合《技规》的规定。并要装设牢固,字迹清晰,完整无损。

《条文说明》对"关于限界门装设位置的问题"说明:"考虑到国标(GB1589-79)规定汽车外廓的限界为:载重汽车(包括越野载重汽车)的总长应不超过12 m,同时也为了与《铁路电力牵引供电工程施工技术规则》统一,所以本规程规定为不少于12 m。"

《条文说明》对"关于接触网终点标的设置位置的问题"说明:当接触线下锚方同与线路中心线偏离不大于400 mm时可设在接触线下锚绝缘子的内方(即靠近下锚绝缘子的工作支侧)。

十四、零件及其它

1. 接触网、供电线和回流线承力的零件,其机械强度安全系数不得小于3。零件要安装牢固,螺栓涂油,调整螺丝的丝扣外露部分不得小于50 mm。线索紧固零件在温度变化时不得使线索往复弯曲,以防疲劳。

2. 各种钢绞线要按规定涂油,以防锈蚀。由于锈蚀产生断股或虽未断股但降低机械强度不能满足规定的安全系数或降低的机械强度超过15%时,要更换或切断做接头。

3. 钢绞线因机械损伤断股不足载面积的15%且能保证规定的安全系数时,断股处要磨平,并用同材质的绑紧扎紧;否则应更换或切断做接头。

4. 接触网、供电线和回流线各导线连接部分的机械强度不得低于被连接导线机械强度的90%,其允许的载流量要与被连接导线的允许载流量相一致。

5. 各种钢绞线一般用锲形线夹连接固定,也可用相应型号的钢线卡子连接固定。

当用楔形线夹连接固定时,绞线外露长度应为300～500 mm,并用绑线扎紧两处,每处绑扎宽度不得小于20 mm。

当用钢线卡子连接时,不得少于4个卡子,其间距为100～150 mm,每边最外方钢线卡距绞线端头100 mm,并用绑线扎紧。

6. 吸流变压器(包括其双极隔离开关)和吸上线的检修、试验项目及标准由铁路局根据具体情况自行制定。

《补充细则》对:"吸流变压器运行、检修、试验暂行规定"如下:

(1)巡视和维护

①周期

巡视　　　白天巡视　　　每月不少于二次

　　　　　夜间巡视　　　每季不少于一次

维护

②项目和标准

(a)绝缘子瓷体应清洁、无破损和裂纹、无放电痕迹,瓷釉剥落面积不得超过300 mm²;引线,二次接线应连接牢固,接触良好,无过热,过紧或过松;

(b)音响应正常无异常;

(c)油标、油阀、油位、油色应正常,无渗漏油现象,若漏油应确认其部位;

(d)支柱基础及变压器台是否牢固,接地状态应良好;

(e)吸上线连接良好,无烧伤、断裂等现象;

(f)开关(双极和单极开关)按接触网运行规程要求项目进行;

(g)夜间巡视观察吸流变压器套管、引线等有无异常现象。

(2)检修

①修程

(a)小修:属维持性修理,对设备进行检查清扫、测试、调整和涂油,更换少量不合格或易耗零件,以满足安全供电要求;

(b)中修:属恢复性修理,除小修项目外,还需要部分解体检修恢复设备的电气和机械性能;

(c)大修:属彻底修理,对设备进行全部解体检修,全面检查、试验、探伤调整、更换不合标准零部件和附属装置,对外壳进行除锈涂漆,恢复设备的原有性能,必要时进行技术改造,保证质量良好地使用到下一次大修期。

②修程周期

吸流变压器及隔离开关修程与周期如表 4-3-18 所示。

表 4-3-18　修程周期表

周期名称 \ 修程	小修	中修	大修	备　　注
吸流变压器	1 年	5 年	15 年	包括:变压器、变压器台、接地装置、各部线夹引线、避雷器等
双极隔离开关单极隔离开关	半年	5 年	15 年	
吸上线	半年	5 年	15 年	

注:襄渝线-胡段吸流变压器系属淘汰产品,故在未全部更新前,对老产品其中修、大修根据实际情况可适当缩短修程周期。

③检修范围和标准

一般规定:

(a)变压器的外壳均应清洁无油垢,工作接地及保护接地良好,小修后其锈蚀面积不得超过总面积的5％,中修和大修后应无锈蚀和脱漆;

(b)油位、油色,均要符合规定,油管路畅通,油位计清洁透明,检修后不得漏油,中、大修后应不渗油;

(c)金属构件和支撑装置的锈蚀面积,小修不得超过总面积的5％,中、大修后应无锈蚀,漆层应完好,支柱基础良好,支柱、构架安装牢固,并不得有破损,下沉;

(d)紧固件要牢固可靠,不得松动,并有防松措施,螺纹部分要涂油;

(e)瓷件应无脏污,裂纹、破损和放电痕迹,瓷釉剥落面积不得超过300 mm²;

(f)各种引线不得松股、断股、连接牢固、接触良好、张力适当;

(g)各带电部分距接地部分及相间的距离应符合规定;

(h)双极、单极开关检修标准遵照接触网检规执行;

(i)吸上线和钢轨连接部分要牢靠,与回流线连接部分要接触良好,不得有烧伤、断裂和锈蚀;

(j)大修中所有更新零部件要达到出厂标准,所有更新的设备,其本身质量和安装质量均要达到新建项目的标准。

小修:

(a)清扫和检查外壳、瓷套管,必要时局部涂漆;

(b)检查油枕并放出油枕的污物和水;

(c)检查油位、油色必要时加油;

(d)检查油位指示器、放油阀、注油阀;

(e)检查并紧固法兰、接线螺栓,受力均匀适当;

(f)进行绝缘油耐压试验;

(g)测量线圈的绝缘电阻、吸收比,及接地电阻;

(h)双极开关和单极隔离开关检查和调整;

(i)吸上线检查;

(j)清扫、检查避雷器瓷套管,引线连接良好,底座应固定牢靠无锈蚀。

中修(包括小修全部项目):

(a)进行吊芯检查,清洁铁心;无油垢、接地正确、螺栓紧固、绝缘合格;

(b)检查线圈、无损伤、变形和错位,绝缘垫块完好,间隙均匀,线圈不得有短路和断路;

(c)各部绝缘距离适当、螺栓紧固,引线连接良好;

(d)检修外壳、油枕、散热器、油阀等,各个内部清洁无沉淀物和锈蚀;耐油胶垫完好;外部进行全面除锈涂漆;

(e)检查套管,各零部件完好,不受潮,绝缘合格;必要时对套管进行解体检修和干燥;

(f)滤油或换油,根据试验结果和工作量要求进行滤油或换油,必要时对心子进行干燥。

大修(包括中、小修全部项目):

吸流变压器大修时委修单位要与承修单位签订技术协议,确定检修范围和标准等,一般应进行下列各项:

(a)更新线圈、套管、引线等;

(b)整修铁心和外壳。铁心的矽钢片应排列整齐绝缘良好接地正确、螺栓紧固,必要时进

行解体和浸漆,对外壳要全面除锈涂漆;

  (c)检查油枕、油位计等附属装置,绝缘油要全部予以更换;

  (d)整修基础、支撑装置等装置。

  (3)吸流变压器试验

  ①一般规定:遵照第五章"牵引变电所运行和检修规程"第五节"试验"执行;

  ②试验项目和周期:如表4-3-19所示。

表 4-3-19　吸流变压器及隔离开关试验项目和周期表

序号	项　目	周　期
1	测量线圈的绝缘电阻、吸收比	①交接时;②大、中修;③预防性试验。
2	测量线圈连同套管一起的泄漏电流	①交接时;②大、中修。
3	测量线圈的直流电阻	①交接时;②大、中修。
4	绝缘油试验	①交接时;②大、中修;③预防性试验;④补油时。
5	穿心螺栓绝缘电阻	①交接时;②大、中修
6	线圈连同套管一起的交流耐压试验	①交接时;②大、中修
7	引出线极性	①交接时;②更换线圈;③线圈变动后
8	检查接缝衬垫和法兰情况	①交接时;②大、中、小修。
9	总装后对散热器和油箱作密封油压试验	①交接时;②大修后。
10	避雷器试验	实验项目和周期按牵引变电所检修规程第121条执行。
11	隔离开关试验	实验项目和周期按牵引变电所检修规程第121条执行。

  吸流变压器小修记录表填写方法和要求如下:

  (1)"变压器号"栏:填写吸流变压器编号,如:"30";

  (2)"变压器油"栏:根据设备履历、当时天气情况、设备仪器仪表显示以及外观检查填写;

  (3)"绝缘电阻"栏

  ①"一、二次间"栏:分别填写修前状态和竣工验收一、二次间绝缘电阻在60 s(秒)、15 s(秒)时兆欧表的读数($R60''$、$R15''$),以及它们的读数之比(吸收比K),吸流变压器绝缘电阻允许值(低对高及地或高对低及地):40℃/180MΩ、30℃/270MΩ、20℃/400MΩ、10℃/600MΩ,如修前状态:"3000"、"2500""$K=R60''/R15''=1.2$";竣工验收:"3000"、"2500"、"$K=R60''/R15''$"=1.2;

  ②"一次对外壳"栏:分别填写修前状态和竣工验收一次对外壳绝缘电阻在60s(秒)、15 s(秒)时兆欧表的读数($R60''$、$R15''$),以及它们的读数之比(吸收比K),如修前状态:"4200"、"3500"、"$K=R60''/R15''=1.2$";竣工验收:"4200""3500"、"$K=R60''/R15''=1.2$";

  ③"二次对外壳"栏:填写修前状态和竣工验收二次对外壳绝缘电阻在60 s(秒)时兆欧表的读数($R60''$),如:"2000"、"2000";

④ "一次、二次通路"栏：填写一次、二次通路绝缘电阻；

⑤ "接地电阻"栏：填写吸流变压器接地电阻，吸流变压器接地电阻不大于10Ω，如："10"、"10"。

表 4-3-20 吸流变压器小修记录表填写参考表

洛阳——洛阳西　区间　　　　　　　　　　　　　　　　　　　　1996 年 1 月 15 日

支柱号	46#	变压器号	30	容量(kV·A)	240	制造厂	保定变压器厂	制造日期	1984.8

部位	检修项目		修前状态	修中措施	竣工验收
变压器油	油号		25		25
	当时气温		18℃		18℃
	油温		24℃		24℃
	油色		无色		无色
	油位		+10		+10
	渗漏油		无		良好
外壳	锈蚀情况		锈蚀	除蚀	良好
	地线及螺栓		良好		良好
	呼吸器		良好		良好
	放油阀		良好		良好
套管及引线	套管螺栓的紧固与防松		紧固		良好
	套管的破损、裂纹及闪络痕迹		脏污	清扫	清洁
	引线及线夹状态		良好		良好
	胶垫老化情况		良好		良好
绝缘电阻(MΩ)	一、二次间	60″	4200		4200
		15″	3500		3500
		吸收比 K	1.2		1.2
	一次对外壳	60″	3000		3000
		15″	2500		2500
		吸收比 K	1.2		1.2
	二次对外壳		2000		2000
	一次通路		0		0
	二次通路		0		0
	接地电阻(Ω)		10		10

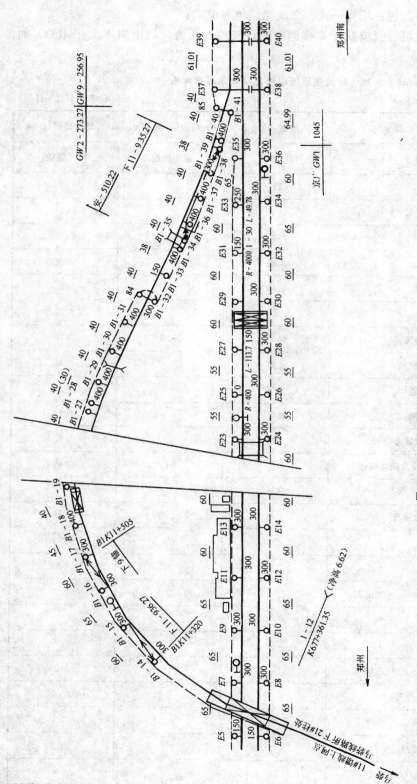

图 4-3-12(a) 马砦线路所接触网平面图

图 4-3-12(b)　烧损定位钩定位器图

第五章 牵引变电所运行检修规程

第一节 总则及统一领导与分级管理

一、总　则

牵引变电所(包括开闭所、分区亭,除特别指出者外,以下皆同)是向电化铁路供电的重要组成部分,与行车密切相关。为搞好牵引变电所的运行和检修工作,不断提高质量,确保运输、生产的需要,特制定《牵引变电所运行检修规程》(以下简称《检规》)。

本规程适用于牵引变电所的运行、检修和试验。

从事牵引供电工作的广大职工必须牢固树立为运输服务的思想,贯彻"修养并重,预防为主"的方针,在确保安全、提高质量的基础上努力提高设备利用率和检修效率,降低成本,不断改善牵引变电所的技术状态,保证安全、不间断、质量良好地供电。

各级主管部门要加强对电气设备运行和检修工作的领导,建立健全各级岗位责任制;要按照全面质量管理的基本原则和要求,贯彻落实"三定、四化、记名检修",抓好各项基础工作,要科学地组织电气设备运行和检修的各个环节,建立严密而协调的生产秩序,不断提高供电工作质量。

各铁路局可根据本规程规定的原则和要求,结合具体情况制定细则、办法、并报部核备。

二、统一领导与分级管理

1. 电气设备运行和检修工作实行统一领导、分级管理的原则,充分发挥各级组织的作用。

铁道部:统一制定全路牵引变电所运行和检修工作原则,制定有关的规章;调查研究,督促检查,总结和推广先进经验;审批部管的基建、科研、改造计划,并组织验收和鉴定。

铁路局:贯彻执行铁道部有关规章和命令,组织制定本局有关细则、办法和工艺;审批局管的基建、大修和科研、改造计划,并组织验收和鉴定。

铁路分局:贯彻执行部、局有关规章和命令;督促检查管内牵引变电所的运行和检修工作;审批分局管的检修、科研、改造计划,并组织验收和鉴定。

供电段:贯彻执行上级下达的各项规章命令,制定有关办法、制度和措施;制定电气设备的中、小修计划,编制大修、改造和科研计划;全面地质量良好地完成牵引变电所运行和检修任务。

2. 牵引变电所的迁移、拆除由铁道部审批,其封闭和启封由铁路局审批并报部备案。

3. 因牵引变电所的设备改造、变化而降低列车牵引重量、速度或引起邻局牵引供电设备运行方式变更时,须经铁道部审批。牵引变电所属于下列情况的技术改造须经铁路局审批:

(1)改变电源和主接线时;

(2)变更主变压器、断路器的容量和型号时;

(3)变更保护型式、控制和测量方式时;

（4）变更自用电的供电方式时；

（5）变更防雷保护时。

《条文说明》对第 3 条第（2）款说明：变更主变压器、断路器的容量和型号时，主变压器系指一次侧额定电压为 110 kV 以上的变压器（自用电变压器除外）包括与牵引变压器并联的动力变压器。

4. 为保证电气化区段的可靠供电，由牵引变电所引接非牵引负荷而引起设备改造时和向路外供电时由铁路局审批；若由于供电给非牵引负荷而引超主变压器容量升级时由铁路局报铁道部审批。

5. 牵引变电所竣工后，应按规定对工程进行检查和必要的试验，经验收合格方可投入运行。

6. 在牵引变电所工程交接的同时，施工和运营单位之间要交接图纸、记录、说明书等开通时必需的竣工资料。

施工单位和运营单位之间要交接图纸、记录和说明书如下：

图纸：

（1）铁路征用土地总平面图；

（2）变电所、亭给排水图；

（3）控制室、休息室、远动室房内照明布置图；

（4）高压室预埋件位置图；

（5）电源系统图；

（6）变电所、亭基础平面图；

（7）高压室、电容器室照明布置图；

（8）设备安装图（包括定型图、非定型图）；

（9）一次线图，其中应包括：

①主接线图；

②总平面布置图；

③房屋平面布置图；

④防雷接地平面布置图；

⑤屋外间隔断面图；

⑥高压室、电容器室母线、网册布置图。

（11）二次线图其中包括：

①主接线展开图；

②控制室配电盘布置图；

③配电盘盘面布置图，设备数量汇总表；

④二次回路原理接线图（应含直流电源、开关机构成套保护原理图）；

⑤端子排图；

⑥配电盘配线图（安装图）；

⑦端子箱、电源箱配线图、接线图；

⑧室外照明动力布置图；

⑨检测车插座内容图册；

⑩电缆手册。

记录：

（1）竣工文件清册；

（2）保护整定计算书；

（3）基础工程试验报告；

（4）所有电气设备的出厂试验报告、合格证、交接试验报告；

（5）一次、二次设备备品、备件采购清单；

（6）一次、二次设备装箱单；

（7）开工报告；

（8）工程竣工验收报告；

（9）工程小结；

（10）单位工程质量检验评定表；

（11）设备名称表；

（12）工程检查证（程检－3、构架基础检－1、－12 电缆地线埋设）；

（13）工程技术条件表；

（14）工程竣工数量详表；

（15）设计变更通知单；

（16）施工记录（全所及主要设备，少油断路器、主变、真空断路器、电容器组、电抗器、蓄电池组的安装调整，隐蔽工程记录等）。

说明书：

（1）二次设备说明书、其中包括：

①中间继电器、双位置继电器、信号继电器、时间继电器、电流、电压继电器、重合闸继电器等一般继电器使用说明书；

②电容器差压继电器使用说明书；

③电容器高频过流继电器使用说明书；

④主变差动继电器使用说明书；

⑤馈线距离成套保护装置使用说明书；

⑥中央信号成套装置使用说明书；

⑦馈线故障点探测装置使用说明书；

⑧有功、无功电度表使用说明书；

⑨断路器状态仪使用说明书；

⑩高压带电显示器使用说明书；

⑪电压、电流变送器使用说明书；

⑫有功、无功功率及电度变送器使用说明书；

⑬镉镍蓄电池使用说明书；

⑭可控硅整流装置使用说明书；

⑮直流成套装置使用说明书；

⑯直流成套装置内逆变电源使用说明书；

（2）工程配试验仪器使用说明书；

（3）一次设备说明书、其中包括：

①主变说明书。包括说明、安装运输图、吊弦图、铭牌、油位指示图，压力释放图、瓦斯继、温

度计、分接开关、高压套管、隔膜式油枕、油位计、净油器等附件说明;

②动力变说明书;

③自用变说明书;

④电抗器说明书;

⑤电压互感器说明书;

⑥流互说明书;

⑦电容器说明书;

⑧并联补偿装置使用说明书;

⑨断路器安装使用说明书;

⑩手动隔离开关说明书;

⑪电动隔离开关使用说明书;

⑫电动隔离开关使用说明书;

⑬避雷器说明书;

⑭放电记录器说明书;

⑮放电电流记录器说明书;

⑯接地放电装置说明书;

高压熔断器说明书。

7. 牵引变电所投入运行前,接管部门要制定好运行方式,配齐并训练运行、检修人员,组织学习和熟悉有关设备、规章、制度并经考试合格;备齐检修用的工具、材料、零部件及安全用具等。

8. 在牵引变电所投入运行时要建立各项制度和正常管理秩序;按规定备齐技术文件;建立并按时填写各项原始记录、台帐、技术履历、表报等。

(1)牵引变电所(不包括无人值班的开闭所和分区亭)应有下列技术文件;

①一次接线图、室内外设备平面布置图、室外配电装置断面图、保护装置原理图、二次接线的展开图、安装图和电缆手册等;

②制造厂提供的设备说明书及合格证;

③电气设备、安全用具和绝缘工具的试验结果,保护装置的整定值等;

④隐蔽工程图及其有关资料。

(2)牵引变电所(不包括无人值班的开闭所和分区亭)应建立下列原始记录:

①值班日志:由值班人员填写当班期间牵引变电所的运行情况;

②设备缺陷记录:由巡视人员、发现缺陷的人员和处理缺陷负责人填写日常运行中发现的缺陷及其处理情况;

③蓄电池记录:由值班人员填写蓄电池运行及充、放电情况;

④保护装置动作及断路器自动跳闸记录:由值班人员填写各种保护装置(不包括避雷器动作及断路器自动跳闸情况);

⑤保护装置整定记录:记录保护装置的整定情况;

⑥避雷器动作记录:由值班人员填写避雷器动作情况;

⑦主变压器过负荷记录:由值班人员按设备编号分别填写主变压器过负荷情况。

(3)牵引变电所控制室内要挂有一次接线的模拟图。模拟图要能显示断路器和隔离开关的开、闭状态。

（4）无人值班分区亭的技术文件和原始记录，由维护班组负责填写与保管。巡视、维修记录的格式由铁路局制定。

《条文说明》对第 8 条规定的出厂说明书和设备合格证说明：在工程交接时应随设备同时交接。

9. 为在牵引变电所故障时能尽快地恢复正常供电，最大限度地减少对运输的影响，供电段要在平时作好故障处理的演练，提高判断和处理故障的能力。要时刻做好抢修事故的准备，建立严密的抢修组织，制定科学的应急措施，所有的备用设备、零部件和材料等要经常保持良好状态，使之能随时使用。

第二节　运　行

一、值班

1. 牵引变电所（不包括无人值班的开闭所和分区亭）要按规定的班制昼夜值班。值班人员在值班期间要做好下列工作：

（1）掌握设备现状，监视设备运行；

（2）按规定进行倒闸作业，做好作业地点的安全措施，办理准许作业的手续，并参加有关的验收工作；

（3）及时、正确地填写值班日志和有关记录；

（4）及时发现和准确、迅速处理故障并将处理情况报告电力调度及有关部门；

（5）保持所内整洁，禁止无关人员进入控制室和设备区。

值班人员要及时、正确地填写值班日志，值班日志在《检规》当中没有统一规定格式，由接管部门自行制定。值班日志包括"牵引变电所运行日志"填写方法如表 5-2-1 所示和"牵引变电所值班记录"，填写方法如表 5-2-2 所示。

牵引变电所运行日志填写方法和要求如下：

（1）"时间"栏：年、月填写一个，在年月交替时填写两个，日、时、分均填写两个。开始时间记接班完毕时间，结束时间记交班完毕时间，

如：
$$
\begin{cases}
\text{夜班} \begin{matrix} \text{始} \\ \text{至} \end{matrix} 1997 \text{ 年 } 8 \text{ 月 } \begin{matrix} 3 \\ 4 \end{matrix} \begin{matrix} 18 \\ 8 \end{matrix} \text{时} \begin{matrix} 00 \\ 30 \end{matrix} \text{分}; \\
\text{白班} \begin{matrix} \text{始} \\ \text{至} \end{matrix} 1997 \text{ 年 } 8 \text{ 月 } \begin{matrix} 4 \\ 4 \end{matrix} \begin{matrix} 8 \\ 18 \end{matrix} \text{时} \begin{matrix} 30 \\ 00 \end{matrix} \text{分};
\end{cases}
$$

（2）"电度计量"栏：每日 24 点、18 点抄写主变有功、无功电度表及自用变、动力变有功电度表读数，并在 18 点计算用电量，停运的主变压器 18 点抄对表底，主变一次侧计量的填入 A 相中，如："4 日 24 点计量分别为：22181.4、3832.6、52155.8、42786.1、49679.0、20312.9；18 点计量分别为：22154.0、3832.6、52149.4、42796.1、49602.9、20312.9"；

（3）"跳闸统计"栏：按"保护装置动作及断路器跳闸记录"要求填写，其中设备状态栏填写跳闸断路器及有关设备的运行状态，包括信号显示和短路电流的情况，跳闸统计栏填不下时可按格式填入记事栏内（参考表 5-2-10）

表 5-2-1 牵引变电所运行日志填写参考表

夜班 始/至 1997年8月 3/4 日 18/8 时 00/30 分　值班员：A、B

白班 始/至 1997年8月 4/4 日 8/18 时 30/00 分　值班员：C、D

星期一　　气象：晴

电 度 计 量									记事
时间	计量	受 电 量				1#自用变	2#自用变	1#动力变	2#动力变
		有 功		无 功					
		I#变	II#变	I#变	II#变				
24点	读数	22181.4	3832.66	52155.8	42796.1	49679.0	20312.9		
18点	读数	22154.0	3832.6	52149.4	42796.1	49602.9	20312.9		
合 计									

跳 闸 统 计								记事
跳闸时间	开关别	保护名称	重合情况	故测仪指示	设备状态	跳闸原因	送电时间	
10:42	211	距离I、II段	重合失败	18	正常、短路电流1800A	SS$_3$426牵引3356次在北西道过分相未断电	10:52	

日 运 行 小 结										
外 温		牵引电度(kW·h)	功率因数	电 压(kV)			最大电流(A)			
最高	最低			最大	最小	一般	数值	出现时间	持续时间	馈电线号	牵引车次及吨数
37℃	24℃	/	/	/	/	27.5	1800	10:42	0	1	

一 般 计 量					计划停电情况				
时间	室温	外温	I变油温	II变油温	27.5kV母线电压		停电设备	始停时间	终了时间	停电时分
					A	B	6#馈线	9:30	10:45	1:15
12点	25	33	43	36	27.5	28.0				
18点	25	36	46	40	27.0	27.5				

①跳闸时间:填写跳闸时间,如:"10时42分";

②开关别:跳闸开关运行编号,如:"211";

③保护名称:填写保护名称,如:"距离I、II段";

④重合情况:填写重合闸情况,如:"重合失败";

⑤故测仪指示:填写故测仪指示数,如:"18";

⑥设备状态:填写跳闸断路器及有关设备的运行状态,包括信号显示和短路电流的情况,如:"正常,短路电流为1800A";

⑦跳闸原因:填写跳闸原因,如:"SS$_3$426牵引3356次在北西道过分相未断电";

⑧送电时间:填写送电时间,如:"10时52分"。

(4)"日运行小结":牵引电度栏不计算;电压栏填写当日正常运行电压,如:"27.5 kV";最大电流栏填写当日最大一条馈线电流,如:"1800A、10时42分1#";牵引车次及吨数可不填。

(5)"一般计量"栏:室温为控制室温度;27.5 kV母线电压,分区亭、开闭所上行方向电压填入A相栏内,下行方向填入B相栏内,AT变电所M座电压填入A相栏内,T座填入B相栏内；

(6)"记事"栏：记录以下情况；

①正常检修、试验的工作票种类、编号、工作内容、工作领导人及作业时间，没有时则不填写；

②不需工作票的作业，其工作领导人或负责人，工作内容及作业时间，没有时则不填写；

③事故抢修的作业时间、地点、内容及批准人的姓名，没有时则不填写；

④设备事故或误操作的时间、设备编号、原因、责任者及处理结果，没有时则不填写；

⑤不需电调下令的倒闸，其倒闸原因、内容、时间、准许人、联系人的姓名，没有时则不填写；

⑥值班员编写的倒闸表内容，没有时则不填写；

⑦停电作业中，需送电或试加压的原因、范围、时间、批准人、联系人的姓名，没有时则不填写；

⑧非牵引负荷停、送电的范围、时间及双方联系人的姓名，没有非牵引负荷则不填；

⑨值班员要求中断作业的时间、地点、原因，没有不填；

⑩电调的通知，包括通知人姓名、时间、内容，没有不填；

⑪更换电气设备、重要附件及变更二次接线、主变调压抽头等重要事情的原因、时间、内容。

牵引变电所值班记录填写方法及要求如下：

(1)"日期"栏：每张开始应填写年、月、日，之后只填月、日，如："时间"栏，填写时、分，如："1997 年 8 月 4 日，8 时 30 分"；

(2)"内容"栏：主要填写以下事项：

①交接班记录及各种巡视记录，巡视包括交接班巡视、班中巡视，夜间熄灯巡视、断路器跳闸后对有关设备的巡视，遇有雾、雪、大风和其它特殊情况以及雪、雨后的巡视、变压器过负荷及新装或大修投运后增加的巡视，其它异常情况增加的巡视等。恶劣天气时的巡视还应记录发生的时间及程度，如："8 时 30 分交接班巡视设备正常，10 时 43 分断路器 211DL 跳闸后设备正常"；

②记录通风起动、打压电机起动、直流接地等情况的发生时间、内容及处理结果，如："11时 20 分通风起动"；

③记录与生产直接有关的其它通知，包括通知人姓名、时间及内容，没有则不填写；

④记录各班组申报的第二天各种检修、试验计划，包括工作内容、设备名称编号及有关事项，没有时则不填写；

⑤记录高压分间钥匙的交、收过程，如："8 时 30 分，由上班值班员将高压分间钥匙移交给当班值班员"；

表 5-2-2 牵引变电所值班记录填写参考表

日　　期	时间	内　　　　　容	交接班签字
1997.8.4	8;30	8;30 交接班巡视设备正常，并由上班值班员将高压分间钥匙移交给当班值班员； 10;43 断路器 211DL 跳闸后设备正常； 11;20 通风起动。	

牵引变电所值班人员除按上述规定做好值班工作，还要按要求做好报表的填写和上报工作。牵引变电所报表主要有《牵引变电所供电月报》、《日负荷曲线》和《生产日报》。

《牵引变电所供电月报》填写方法和要求如表 5-2-3 所示(《牵引变电所供电月报》格式参照郑州供电段):

牵引变电所供电月报填写方法和要求如下:

(1)记录中的签名、时间、年份要记全称,分钟要记两位;

(2)报表中不需填写的字格应划"/"。凡两个以上紧挨在一起的字格组成的矩形只需划一道"/",记录中不需填写的字格可不划"/";

(3)每月 25 日 18 点计算月用电量,由 25 日夜班值班员负责抄表计算;

(4)变电所名称、编制日期、编制人、负责人等均应填写;

(5)有关电量按单位技术室下发的计算方法计算,单位为 kW(千瓦)时,精确到拾位;

①"总受电量"栏:

有功:有功电量 P:指各牵引变压器高压侧有功电能(度,下同)表计量数值的和,对高压侧无电能表者,可填低压侧有功能表计量的数值,再加牵引变压器的损失;

无功:无功电量 Q:指各牵引变压器高压侧无功电能表计量数值的和,对高压侧无电能表者,可填低压侧无功电能表计量的数值;

$\cos\varphi$:功率因数 $\cos\varphi=P/\sqrt{P^2+Q^2}=0.94$

    Q:无功电量(1299800kVar·h);

    P:有功电量(3586800kW·h)。

受电量:有功电量(3586800kW·h)。

表 5-2-3　郑北牵引变电所供电月报填写参考表　　　1997 年 4 月 25

总受电量		有功	3586800kW·h		计划停电	全所			
		无功	1299800kVar·h			1#馈	2:38	6#馈	3:42
		cosφ	0.94			2#馈	/	7#馈	1:22
有功电量	1#变	一次侧	1675000kW·h			3#馈	/	8#馈	1:22
		二次侧	A/	B/		4#馈	6:15	9#馈	/
	2#变	一次侧	1911800kW·h			5#馈	/	10#馈	/
		二次侧	A/	B/		1#变	/	110#馈	4:18
	#变		/			2#变		/	
自用电动力	1#变		/		最大电流	1#馈		600A	
	2#变		5708kW·h			110#馈		610A	
	#变		/		电压	最高		30kV	
	1#变		/			最低		22kV	
	2#变		/			一般		27.5kV	
主变损失	1#变	铜损	5506.39kW·h		计 划 维 修				
		铁损	7279.74kW·h		计划		实际		
	2#变	铜损	5604.80kW·h						
		铁损	9266.29kW·h						

②"有功电量"栏:

1#变(一次侧)有功电量:1#变一次侧有功电能表计量数值(主变压器高压侧无电度表者,此项划"/"),如:"1675000";

1#变(二次侧)有功电量：1#变二次侧 A、B 相有功电能表计量数值（主变压器低压侧无电度表者，此项划"/"）；

2#变(一次侧)有功电量：2#变一次侧有功电度表计量数值（主变压器高压侧无电度表者，此项划"/"），如："1911800"；

2#变(二次侧)有功电量：2#变二次侧 A、B 相有功电度表计量数值（主变压器低压侧无电度表者，此项划"/"）；

总受电量栏：有功＝1#变一次侧有功电量＋2#变一次侧有功电量

　　　　　　＝1#变二次侧 A、B 相有功电量＋2#变二次侧 A、B 相有功电量＋牵引变压器的损失。

③"自用电量"栏：牵引变电所所内用电，1#变(自用变)电表计量数值＋2#变(自用变)电表计量数值，如："0＋5708＝5708"；

④"动力"栏：填写动力变压器用电量，没有则划"/"；

⑤"用户电度"栏：划"/"；

⑥"主变损失"栏：牵引变电所损失（牵引变压器的损失）包括铜损电量和铁损电量：

铜损电量＝牵引变压器额定铜损×$(A\%)^2×T$；

铁损电量＝牵引变压器额定铁损×T；

A：牵引变压器利用率；

T：牵引变压器运行时间。

对安装铜损、铁损表的牵引变电所直接从表上读数。

(6)"计划停电"栏：填写同期各馈线及全所实际停电时间；

(7)"最大电流"栏：填写同期其中两条馈线的最大一次电流值；

(8)"电压"栏：填写同期最高、最低、一般运行电压；

(9)"计划维修"栏：不填。

《日负荷曲线》、《日用电负荷测定记录》绘制填写方法和要求如图 5-2-1 和表 5-2-4 所示。

(1)每月 5 日、15 日、25 日从 0 点到 24 点由每班助理值班员绘制，值班员审查；

(2)变电所名称、日期、气候均应填写；

(3)只绘负荷曲线，曲线绘成阶梯形状，纵坐标单位每格取 $n×1000kW$；

(4)每小时抄有功、无功及 A 相或 M 座母线电压表一次，并计算有功、无功电量，读数精确到小数点后一位；

①"有功(无功)电度表读数"栏：填写抄表时有功(无功)电度表实际读数，如"98348.7(有功电度表 1:00 时读数)，40276.3(无功电度表 1:00 时读数)"；

②"有功(无功)读数差"栏：填写本次有功(无功)电度表抄表读数与上次有功(无功)电度表抄表读数之差，如："3.5＝98348.7(有功电度表 1:00 时读数)－98345.2(有功电度表 0:00 时读数)，1.1＝40276.3(无功电度表 1:00 时读数)－40275.2(无功电度表 0:00 时读数)"；

③"有功(无功)负荷"栏：读数差乘以电度表实用倍率，如："3500＝3.5×1000，1100＝1.1×1000"；

④"力率(功率因数)cosφ"栏：本次抄表时功率因数，

1997年 <u>4</u>月 <u>5</u>日   气候 <u>晴</u>

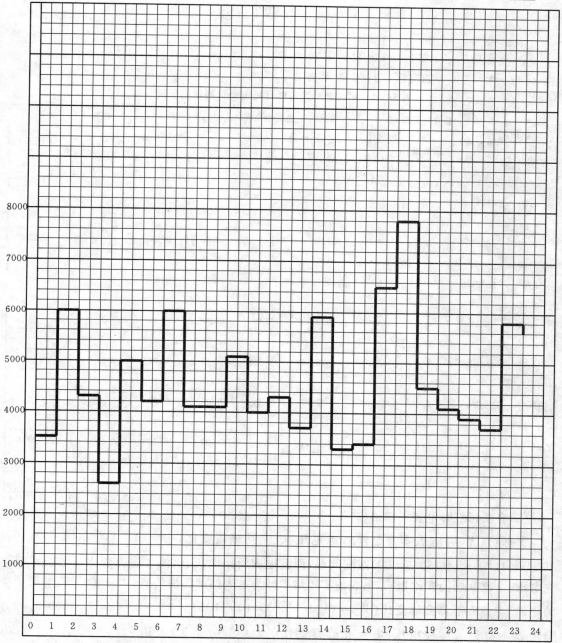

有功电表实用倍率	1000	无功电表实用倍率	1000	本日电容器运行容量	5100kVar
本日最大负荷	7800kW	本日有功电度	111400kW·h	本日主变压器运行容量	31500kV·A
本日平均负荷	4642kW	本日无功电度	60500kW·h	本日配电变压器运行容量	50kV·A
本日负荷率	60%	本日加权平均功率	88kW	本日用电设备装机容量	/kW
本日峰谷差	5200kW	本日生产情况是否正常		正常	

图 5-2-1　郑北牵引变电所仪表日负荷曲线参考图

$$\cos\varphi = P / \sqrt{P^2 + Q^2}$$
$$= 3500 / \sqrt{3500^2 + 1100^2}$$
$$= 0.95$$

P——有功功率,如"3500(1:00 时有功功率)";

Q——无功功率,如"1100(1:00 时无功功率)"。

表 5-2-4 郑北牵引变电所日用电负荷测定记录表

记录时间	总有功负荷			总无功负荷			功率 $\cos\varphi$	电流(A)		电压(kV)
	电度表读数	读数差	负荷(kVar)	电度表读数	读数差	负荷(kW)		总电流	照明电流	
甲	1	2	3	4	5	6	7	8	9	10
0:00	98345.2			40275.2						27.5
0:30										
1:00	98348.7	3.5	3500	40276.3	1.1	1100	0.95			28.5
1:30										
2:00	98345.7	6.0	6000	40279.3	3.0	3000	0.89			27.0
2:30										
3.00	98359.0	4.3	4300	40281.4	2.1	2100	0.90			28.0
3:30										
4:00	98361.6	2.6	2600	40282.5	1.1	1100	0.92			28.0
18.00	98429.0	7.8	7800	40319.8	6.0	6000	0.79			27.0
23:00	98451.0	5.8	5800	40322.0	4.5	4500	0.79			27.0
23:30										
24:00	98456.6	5.6	5600	40355.7	3.7	3700	0.83			27.0

(5)有功(无功)电表实用倍率:

①有功(无功)电表本身已经考虑电压、电流互感器变比($n_y = (110/\sqrt{3} \times 10^3)/(100/\sqrt{3}) = 1100, n_L = 150/5 = 30$)匹配问题,而且电表所接电压、电流互感器变比与电表铭牌标注电压、电流互感器变比相同,电表的实用倍率即为电表铭牌标注倍率,如"1000";若电表所接的电压、电流互感器实际变比($n'_y = (110/\sqrt{3}) \times 10^3/(100/\sqrt{3}) = 1100, n'_L = 300/5 = 60$)与电表本身铭牌标注电压、电流互感器变比($n_y = (110/\sqrt{3}) \times 10^3/(100/\sqrt{3}) = 1100, n_L = 150/5 = 30$)不一样时,则电表实际倍率:

$$K = \frac{n'_y \times n'_L}{n_y \times n_L} \times K'$$

$$= \frac{[(110/\sqrt{3}) \times 10^3]/(100/\sqrt{3}) \times 300/5}{[(110/\sqrt{3}) \times 10^3]/(100/\sqrt{3}) \times 150/5} \times 1000$$

$$= 2000$$

K——电表实用倍率

$n'y$、$n'L$——所接电压、电流互感器变比；

ny、nL——电表铭牌标注电压、电流互感器变比；

K'——电表铭牌标准倍率。

②有功（无功）电表本身没有考虑电压、电流互感器变比匹配问题而只考虑电表电压电流额定值 100V/5A，电表实用倍率为：

$$K = n'y \times n'L$$
$$= [(110/\sqrt{3}) \times 10^3]/(100/\sqrt{3}) \times 300/5$$
$$= 66000$$

K——电表实用倍率；

$n'y$——所接电压互感器变比，

$$[(110/\sqrt{3}) \times 10^3]/(100/\sqrt{3});$$

$n'L$——所接电流互感器变比，300/5。

(6)本日最大负荷：为 24h 内最大的小时功率，如"7800"；

本日平均负荷：为日有功电量/24h，即：有功读数差栏之和/24＝4642

本日负荷率：本日平均负荷/本日最大负荷，

如"(4642/7800)×100％＝60％"

本日峰谷差：本日最大负荷－本日最小小时功率，

如："7800－2600＝5200"；

本日有功（无功）电度：有功（无功）读数差栏之和；

本日加权平均力率：用本日有功、无功电量计算所得的 $\cos\varphi$ 值，

即：
$$\cos\varphi = \frac{P}{\sqrt{P^2+Q^2}}$$
$$= \frac{P1-P2}{\sqrt{(P1-P2)^2+(Q1-Q2)^2}}$$
$$= 0.88$$

$P1$——24:00 时有功电度表读数（98456.6）；

$P2$——0:00 时有功电度表读数（98345.2）；

$Q1$——24:00 时无功电度表读数（40335.7）；

$Q2$——0:00 时无功电度表读数（40275.2）。

本日电容器运行容量：为本日运行电容器容量之和，

本日主变压器运行容量：为本日运行主变压器容量之和；

本日配电变压器运行容量：为自用变负载运行容量之和；

本日用电设备装见容量：划"/"。

本日生产情况是否正常：填写有无全所停电、超过 2h 的馈线停电及向其它区段越区供电的情况，均无时填写正常。

(7)根据日用电负荷测定记录表绘制日负荷曲线。

《生产月报》填写方法和要求如表 5-2-5 所示。

生产月报填写方法和要求如下：

(1)每月 23 日由变电所所长填写；

(2)生产任务完成情况：其中项目栏填写设备名称及修程，包括清扫维护；

(3)月终总结:应反映生产任务完成的质量情况,安全生产情况,政治、业务、安全学习及技术演练情况等。

表 5-2-5　生产月报填写参考表

序号	项目	地点	单位	任务完成				完成%	没完成原因
				计划	工数	完成	工数		
1	1#系1#B门型构架清扫维护	室外	台	4		4		100	
2	蓄电池中修	室内	组	2		2		100	
3	避雷器小修	室外	台	2		2		100	
30									
安全生产分析									
	人身伤亡	大事故		险性事故		一般事故	事故苗子	违　章	累计安全天数
发生件数	/	/		/		/	/	/	/
发生经过原因及经验教训									
好人好事及其他									
/									
月　终　总　结									
本月生产任务按质量按时完成,安全生产良好、政治、业务学习分别举行 2 次,政治学习主要是十五大内容,业务学习按段教育室月培训计划进行并举行一次技术,参加人数 13 人。									

2. 值班人员要认真按时做好交接班工作

(1)交班人员向接班人员详细介绍设备运行情况及有关事项,接班人员要认真阅读值班日志及有关记录,熟悉上一班的情况。离开值班岗位时间较长的接班人员,还要注意了解离所期间发生的新情况;

(2)交接班人员共同巡视设备,检查核对值班日志及有关记录应与实际情况符合,信号装置、安全设施要完好;

(3)交接班人员共同检查作业有关的安全设施,核对接地线数量及编号;

(4)交接班人员共同检查工具、仪表、备品和安全用具要完备,并要妥善保管。

办完交接班手续时,由交接班人员分别在值班日志上签字,由接班人员向电力调度报告交接班情况。

3. 正在处理故障或进行倒闸作业时不得进行交接班。未办完交接班手续时,交班人员不得擅离职守,应继续担当值班工作。

二、倒　　闸

1. 值班人员接受倒闸任务后,在操作前要先在模拟图上进行模拟操作,确认无误后方可进行倒闸。在执行倒闸任务时,监护人要手执操作卡片或倒闸表,操作人和监护人要共同核对实际设备位置,进行呼唤应答,手指眼看,准确、迅速操作。

2. 当以备用断路器代替主用断路器时首先检查、核对备用断路器的投入运行条件和技术标准要求相符合后方能进行倒闸。

若主用和备用断路器共用 1 套保护装置时,必须先断开主用断路器,将保护装置转接到备用断路器回路后再投入备用断路器。

三、巡 视

1. 值班人员对变、配电设备要加强监视,按规定进行巡视检查。供电段要根据各牵引变电所的设备布置、巡视项目和要求,制定相应的巡视路线和方法。

2. 值班人员每班至少巡视 1 次(不包括交接班巡视);每周至少进行 1 次夜间熄灯巡视;每次断路器跳闸后对有关设备要进行巡视;在遇有雾、雪、大风和其它特殊情况以及雷、雨之后,要适当增加巡视次数。

值班人员对新装或大修后的变压器投入运行后 24h 内,要每隔 2h 巡视 1 次。

无人值班的分区亭,由维修班组负责每周一般至少巡视 1 次。

变电所工长值日勤期间,要参加交接班巡视。

领工员对管内设备要每季至少巡视 1 次。

供电段长和主管副段长对重点设备要每季至少巡视 1 次。

各种巡视均要认真记录。在巡视中,发现危及安全的缺陷要及时处理,并将缺陷及处理结果记入设备缺陷记录中,填写方法如表 5-2-6 所示。

表 5-2-6 设备缺陷记录填写参考表

郑北变电所

发现缺陷的日期	发现缺陷的人员	有缺陷的设备名称及运行编号	缺陷内容	牵引变电所工长(签字)	处理措施	处理缺陷负责人	验收人	清除缺陷日 期
1997.7.7		电流互感器 2LH	A、B 相硅胶变色		更换硅胶			1997.7.16

设备缺陷记录填写方法和要求如下:

(1)"有缺陷的设备名称及运行编号"栏:逐台填写缺陷设备的名称及运行编号,如:"电流互感器、2LH";

(2)"缺陷内容"栏:填写日常运行中各种巡视、检修、试验发现的设备缺陷,内容包括缺陷的部位、性质,如:"A、B 相硅胶变色";

(3)"处理措施"栏:由所长填写,当缺陷为本所处理时,填写计划处理的时间和方法,当为检修车间处理时,及时报告电调、生调,并将报告的时间、人员填入本栏内,如:"更换硅胶"。

3. 各种巡视中,一般项目和要求如下:

(1)绝缘子瓷体应清洁、无破损和裂纹、无放电痕迹,瓷釉剥落面积不得超过300mm²;

(2)电气连接部分(引线、二次接线)应连接牢固,接触良好,无过热、过紧或过松;

设备巡视时应加强对二次接线检查,二次接线松动会引起保护误动等,例如:

1998 年 10 月 30 日西陇海东港牵引变电所 102 断路器(52R2)端子箱端子排 22 端子,如图 5-2-2 所示,因其松动,接触不良,长期电烧伤而导致最终连接螺栓烧损和 2LH 与端子箱之间电缆在端子排 22 端子处烧断,电弧同时烧损 25-15 端子,如图 5—2—3 所示,引起 NO.2 主变压器差动保护 87T2 动作,52R2 断路器跳闸,解除 NO.2 主变压器运行。

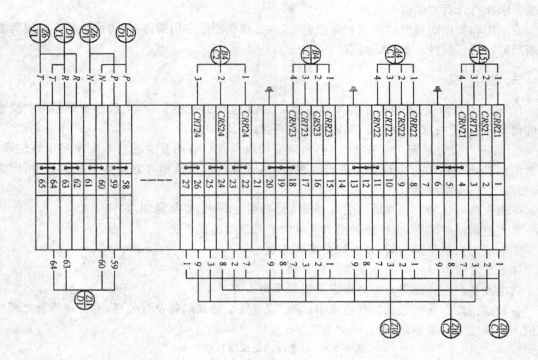

图 5-2-2 52R2 端子箱端子排

图 5-2-3 端子排烧损实物图

由于差动保护继电器工作原理是：变压器正常工作和外部短路故障时，原付边电流相等而变压器内部短路故障时，原边流过很大的短路电流，而付边几乎无电流。原付边的差电流使继电器动作。当52$R2$断路器端子箱内,端子排上电流互感器电流信号电缆$CRR24$烧断,即R相流入差动保护继电器电流为零,使原付边的差电流变大,使继电器动作,断路器跳闸,如图5-2-4所示。

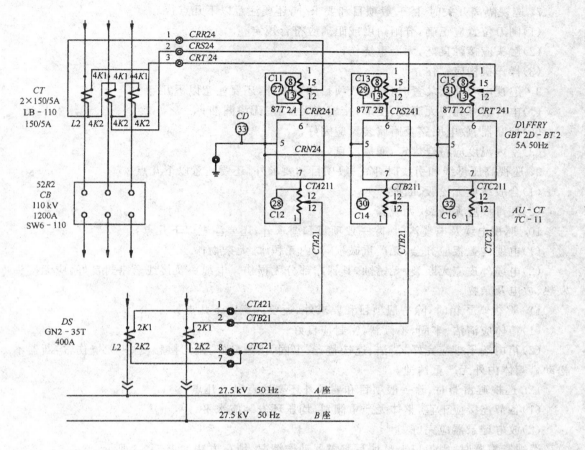

图 5-2-4　差动保护接线图

(3)设备音响应正常,无异味;

(4)充油设备的油标、油阀、油位、油温、油色应正常,充油、充胶、充气设备应无渗漏、喷油现象。充气设备气压和气体状态应正常;

(5)设备安装牢固,无倾斜,外壳应无严重锈蚀,接地良好,基础、支架应无严重破损和剥落。设备室和围栅应完好并锁住。

4.巡视变压器时,除一般项目和要求外,还要注意以下几点:

(1)防爆筒玻璃应无破裂,密封良好;

(2)呼吸器内无油,干燥剂颜色应正常;

(3)冷却装置、风扇电机应齐全,运行正常;

(4)回流线应连接良好。零序系统设备应无异状。

5.巡视油断路器时,除一般项目和要求外,还要注意以下几点:

(1)排气管及其隔膜、防爆装置应正常;

(2)分合闸指示器应与实际状态相符。

6.巡视气体断路器时,除一般项目和要求外,还要注意以下几点:

(1)防爆口膜片平整,箱体应无变形、无异状;

(2)分合闸指示器应与实际状态相符,导簧管、闭锁杆、凸轮位置应正确,隔离触指应接触良好。

7.巡视隔离开关时,除一般项目和要求外,还要注意以下几点:

(1)闸刀位置应正确,分闸角度或距离应符合规定;

(2)触头应接触良好,无严重烧伤;

(3)操作机构应锁住。

8·巡视电容补偿装置时,除一般项目和要求外,还要注意以下几点:

(1)电容器外壳应无膨胀、变形,接缝应无开裂、无渗漏油;

(2)熔断器、放电回路及附属装置应完好;

(3)室内温度应符合规定,通风应良好。

9.巡视高压母线和引线时,除一般项目和要求外,还要注意以下几点:

(1)合股线应无松股、断股;

(2)硬母线应无断裂、无脱漆。

10.巡视电缆及电缆沟时,除一般项目和要求外,还要注意以下几点:

(1)电缆沟盖板应齐全、无严重破损,沟内无积水、无杂物;

(2)电缆外皮应无断裂、无锈蚀,其裸露部分无损伤。电缆头及接线盒密封良好,应无接头发热、放电及杂物。

11.巡视端子箱时,除一般项目和要求外,还要注意以下几点:

(1)箱体应清洁、牢固,不倾斜,密封应良好;

(2)箱内端子排应完好、清洁、连接整齐、牢固、接触良好。闸刀接触良好、无烧伤,熔断器不松动。箱体内外无严重锈蚀。

12.巡视避雷器时,除一般项目和要求外还要注意以下几点:

(1)各节连接应正直,整体无严重倾斜,均压环安装应水平;

(2)放电记录器应完好。

巡视避雷器时,由值班人员填写避雷器动作情况,填写方法如表 5-2-7 所示:

表 5-2-7　避雷器动作记录填写参考表

薛店变电所

避雷器型号			Y10W—84/260		设备型号			371-07-11
制造厂			西安电瓷研究所		运行编号			4BLTM
读数	差　　数	动作次数	记录时间		读数	差数	动作次数	记录时间
1	开通设备交接时试验调整	0	1992 年 8 月 26 日 16 时					
2	1	1	1994 年 7 月 20 日 11 时					
3	1	2	1995 年 6 月 28 日 13 时					

避雷器动作记录填写方法和要求如下:

（1）"避雷器型号"栏：填写避雷器型号，如："薛店变电所 4BLTM 避雷器型号为：Y10W—84/260"；

（2）"设备编号"栏：填写设备的出厂编号，如："371—07—11"（变电所设备履历中查得，以下相同）；

（3）"运行编号"栏：填写运行编号及相别，如："4BLTM"；

（4）"读数"栏：填写避雷器每次动作后计数器的实际数值，如："3"；

（5）"差数"栏：填写本次读数与上次读数的差值，但计数据误动或试验调整时本栏不填数值，仅注明原因，如："1"；

（6）"动作次数"栏：填写避雷器的累计动作次数，即差数之和，避雷器更换后重新累计，如："2"；

13. 巡视避雷针时，除一般项目和要求外，还要注意：避雷针应无倾斜、无弯曲，针头无熔化。

14. 整流操作电源装置巡视项目和要求如下：

(1)整流变压器、磁饱和稳压器无异音、异味和过热；

(2)整流元件无过热及放电痕迹。电容器无膨胀和渗油；

(3)直流母线电压符合规定。

15. 蓄电池组巡视项目和要求如下：

(1)蓄电池部件(如隔板、隔棒、弹簧、卡子、缸盖等)完好、无脱落、损坏、容器清洁、完好；

(2)极板颜色正常，无断裂、弯曲、硫化和有效物质脱落。极耳各部连接牢固，无腐蚀；

(3)母线固定牢固，无锈蚀，支架完好无变形，绝缘瓷件无脏污、裂纹、破损和放电痕迹；

(4)蓄电池室门窗密闭、遮光，瓷砖和耐酸完好，室内通风良好，温度适宜；

(5)测量领示电池的电压、比重及液温、液面高度，均应符合规定。

16. 控制室巡视项目和要求如下：

(1)各种盘(台)上的设备清洁，锈蚀面积不超过规定，安装牢固；

(2)模拟图与实际运行方式相符；

(3)试验信号装置和光字牌应显示正确；

(4)表计指示正确，充电设备运行正常。蓄电池切换器位置正确，浮充电流、尾电池放电电流正常，自动记录表计运行正常。检查交直流绝缘监视表指示情况；

(5)转换开关把手的位置、继电保护和自动装置压板以及切换开关的位置、标示牌应正确，并与记录相符；

(6)开关、熔断器、端子安装牢固，接触良好，无过热和烧伤痕迹；

(7)继电器外壳和玻璃完整、清洁，继电器内部无异音，能观察的接点无抖动、位置正常，信号继电器无掉牌；

(8)二次回路熔断器、信号小刀闸投退位置应正确，端子排的连片、跨接线应正常；

(9)硅整流器和储能电容器连接牢固，容量足够，交流电源正常供电；

(10)事故照明切换正常。

四、设备运行

1. 长期停用的变压器和检修后的变压器，在投入运行前除按正常巡视项目检查外，还要检查下列各项：

（1）分接开关位置应合适且三相一致，相位符合要求；

（2）各散热器、油枕、热虹吸装置、防爆管等处阀门应打开，散热器、油箱上部残存的空气应排除；

（3）按规定试验合格；

（4）保护装置应正常；

（5）检修时所做的安全设施应拆除，变压器顶部应无遗留工具和杂物等。

2．变压器并联运行的条件如下：

（1）接线组别相同；

（2）电压比相同；

（3）短路电压相同。

对电压比和短路电压不相同的变压器，在任何 1 台都不会过负荷的情况下可以并联运行。

当短路电压不相同的变压器，并联运行时，应适当提高短路电压较大的变压器的二次电压，以充分利用变压器容量。

3．在正常情况下允许的牵引变压器过负荷值，根据制造厂规定的技术条件及负荷情况由铁路局制定。

在事故情况下允许的变压器过负荷值可参照表 5-2-8 执行：

当变压器过负荷运行时，对有关设备要加强检查：

（1）监视仪表，记录过负荷的数值和持续时间，填写方法如表 5-2-9 所示；

（2）监视变压器音响和油温、油位及冷却装置的运行状况；

（3）检查运行的变压器、断路器、隔离开关、母线及引线等有无过热现象；

（4）注意保护装置的运行情况。

表 5-2-8　事故情况变压器过负荷值参照表

过负荷（%）		30	60	75	100	140	200
持续时间（min）	牵引变压器	120	45	20	10	5	2
	其它变压器	120	30	15	7.5	3.5	1.5

《条文说明》第 3 条只规定了牵引变压器在发生事故情况下允许的过负荷值。至于正常情况下的过负荷，因与负荷率和变压器的技术条件、状态有关，因此不宜在规程中统一定死，以便各局根据具体情况摸索经验。

主变压器过负荷记录填写方法和要求如下：

（1）"主变压器型号"栏：填写主变压器型号（变电所设备履历簿中查得，以下相同），如："CR-31500"；

（2）"额定电流"栏：填写主变压器额定电流，如："165A/661A"；

（3）"设备编号"栏：填写出厂编号，如："331－03－01"；

（4）"运行编号"栏：填写主变压器运行编号，如："1B"；

（5）"变压器一次电流"栏：填写变压器一次侧 A、B、C 三相过负荷电流值，如："A 相 340A"；

（6）"备注"栏：必要时填写母线电压、馈线电流等，如："母线电压 21kV，馈线电流 890A"；

4．当变更变压器分接开关的位置后，必须检查回路的完整性和三相电阻的均一性，并将变更前后分接开关的位置及有关情况记入有关记录中。

5．变压器在换油、滤油后，一般情况下应待绝缘油中的气泡消除后方可运行。

表 5-2-9　主变压器过负荷记录填写参考表

郑北变电所

主变压器型号	CR-31500			额定电流	165A/661A
设备编号	331—03—01			制造厂	日本三菱
运行编号	1B			开始投入运行时间	1986 年 12 月 29 日
出现时间	变压器一次电流(安)			持续时间	备　　注
	A	B	C		
1989.2.18.16:24	A 相 340			1.5min	母线电压 21kV,馈线电流 890A

6. 运行中的油浸自冷、风冷式变压器,其上层温不应超过 85℃;风冷式变压器当其上层油温超过 55℃时应起动风扇。

当变压器油温超过规定值时,值班人员要检查原因,采取措施降低油温,一般应进行下列工作:

(1)检查变压器负荷和温度,并与正常情况下的油温核对;

(2)核对油温表;

(3)检查变压器冷却装置及通风情况。

7. 当变压器有下列情况之一者须立即停止运行:

(1)变压器音响很大且不均匀或有爆裂声;

(2)油枕或防爆管喷油;

(3)冷却及油温测量系统正常但油温较平素在相同条件下运行时高出 10℃以上或不断上升时;

(4)套管严重破损和放电;

(5)由于漏油致使油位不断下降或低于下限;

(6)油色不正常(隔膜式油枕除外)或油内有碳质等杂物;

(7)变压器着火;

(8)重瓦斯保护动作;

(9)因变压器内部故障引起差动保护动作。

8. 对断路器要建立专门记录,填写方法如表 5-2-10 所示,逐台统计其自动跳闸次数,当自动跳闸次数达到规定数值时应进行检修。

发现断路器拒动时应立即停止运行。

断路器跳闸时,发生严重喷油、喷瓦斯或发现油内含碳量很高或气体颜色极不正常、气压低于下限值、触头严重烧伤、不对位时应立即停止使用。

断路器每次自动跳闸后,要查明原因,采取措施尽快地恢复供电。同时值班人员要对断路器及其回路上连接的有关设备均须进行检查,具体项目和要求如下:

(1)油断路器:是否喷油,油位、油色是否正常。

气体断路器:气体的颜色、压力是否正常;对处于分闸状态的断路器应检查其触头的烧伤情况;

(2)变压器的外部状态及油位、油温、油色、音响是否正常;

(3)母线及引线是否变形和过热;

(4)避雷器是否动作过;

(5)各种绝缘子、套管等有无破损和放电痕迹。

保护装置动作及断路器自动跳闸记录填写方法和要求如下:

(1)"断路器运行编号"栏:填写保护跳闸的断路器运行编号,随保护分闸的断路器不填,如"211";

(2)"保护名称"栏:记录跳闸保护的全称,如"距离Ⅰ、Ⅱ段";

(3)"重合和强送情况"栏:填写自动装置动作及强送电情况,重合闸装置一般可填重合成功、重合失败、因何原因未重合及重合闸撤除,自投装置一般可填自投成功、因何原因自投失败及自投撤除。强送电成功时填入本栏,强送失败时应重新填写一次跳闸记录,本栏填写"强送失败",如:"重合失败强送成功";

(4)"信号显示情况"栏:填写音响、灯光、掉牌等显示情况,均正常时填正常,不正常时填写不正常情况,如"正常";

(5)"故障探测仪指示"栏:填写故障探测仪指示数及实际公里数或公里标,无故测仪时本栏不填,显示不正常时填写撤除、无显示等,如"18";

(6)"跳闸原因"栏:填写故障性质、地点,具体到接触网区间、杆号、列车车次、机车编号等。要求3日内向电调查明,故障找不到时填"原因不明",如"SS₃426牵引3356次在北西到过分相未断电;

(7)"复送时间"栏:填写接触网设备恢复送电的时间,重合、自投、强送成功时填写重合、自投、强送时间,正常送电时填写手动送电时间,利用其它设备恢复或越区供电时注明该设备的运行编号或地点。强送失败时复送时间填入最后一次跳闸记录的复送时间栏内,如:"10时52分";

(8)"两次中修累计跳闸次数"栏:少油或六氟化硫气体断路器中修后重新累计,真空断路器更换真空泡后重新累计。重合失败、强送失败均累计,随保护分闸及非短路故障跳闸的不累计,如"49";

表 5-2-10　保护装置动作和断路器自动跳闸记录填写参考表

跳闸时间	断路器运行编号	保护动作				跳闸原因	复送时间	两次中修间累计跳闸次数
		保护名称	重合和强送情况	信号显示情况	故障探测仪指示			
1997.8.4 10:42	211	距离Ⅰ Ⅱ段	重合失败强送成功	正常	18	SS₃426牵引3356次在北西到过分相未断电	10:52	49

9. 直流操作母线电压不应超过额定值的±5%。

切换器及各接点要经常保持清洁,转动部分润滑良好,接点表面平滑。

带电清扫切换器的手风器要有绝缘电阻。

蓄电池正常运行时不得任意用切换器调整母线电压。

用切换器调节电压时,要先检查附加电阻,确认良好后,方能操作。每次操作后要检查滑动接点的位置,不得停留在两固定接点之间。

10. 运行中的蓄电池,应经常处于浮充电状态,并定期进行核对性充放电。

当蓄电池进行核对性充放电时,在放电完了之后应立即充电;若蓄电池的充电周期在7天以上,当放电容量达到70%时即应充电,若因处理故障由蓄电池放出50%的容量时应立即充电。

蓄电池的充放电电流不得超其允许的最大电流。

11. 每半年测量 1 次蓄电池的绝缘电阻,其数值:电压为 220V 时不小于 0.2MΩ;电压为 110V 时不小于 0.1MΩ。

12. 蓄电池的电解液面应高于极板顶面的 10～20mm。

蓄电池添补电解液应在充电前或充电后进行;若在充电后添补电解液或蒸馏水,则要在添补后再充电 1～2h。蓄电池放电时不得添补电解液。

13. 蓄电池室内温度应保持在 +10℃ 至 +30℃ 的范围内。

对非采暖区,若蓄电池在低温下能保证安全运行,且容量能满足使用要求时,其室内温度可以比 +10℃ 相应地降低,但不得低于 0℃。

14. 运行的继电器及仪表均应有铅封,且必须由负责检修、试验的专职人员启封和封闭,其他人不得擅自启封和封闭。

在紧急情况下,根据电力调度的命令,允许值班人员打开继电器的铅封改变其整定值及处理接点故障;事后电力调度应将有关情况及时通知负责继电保护检修、试验的班组。同时值班人员要将启封和改变整定值的原因和数值记入有关记录和保护装置的整定记录中,填写方法如表 5-2-11 所示。

《条文说明》对"运行的继电器和仪表均应有铅封……"补充说明:牵引变电所的继电器均应有完整的铅封,但对本身接点带有密封特点的继电器可以不加铅封。

保护装置整定记录填写方法和要求如下:

(1)由所长根据设计整定计算书填写原始整定记录,一套完整的保护填写一张。保护变更时由变更负责人填写;

(2)"保护名称"栏:填写保护的全称,如:"距离 Ⅱ 段";

(3)"被保护的设备名称和运行编号"栏:填写设备的详细名称和运行编号,如:"真空断路器、221";

(4)"变流比、变压比、整定值"栏:填写保护涉及的流互、压互变比及整定值,如:"600/5A、27500/100V、$R_F=16\Omega$、$X_F=4\Omega$";

(5)"变更时间"栏:填写变更结束的年、月、日、时,如"1991 年 11 月 2 日 10 时";

(6)"变更原因"栏:填写技术室或电调通知的原因,如"送电开通";

(7)"变更后的整定值"栏:填写变更和未变更的所有整定值,如"$R_F=16\Omega$、$X_F=8\Omega$";

表 5-2-11　保护装置整定记录填写参考表

保护名称	距离 Ⅱ 段	变流比	600/5A	整定值	$R_F=16\Omega$ $X_F=4\Omega$
被保护的设备名称和运行编号	断路器 221	变压比	27500/100V		
变更时间	变更原因	变更后的整定值	变更整定值负责人	值班员	备　注
1991.11.2.10 时	送电开通	$R_F=16\Omega$ $X_F=8\Omega$			

15. 凡设有继电保护装置的电气设备,必要时经过电力调度的批准,允许在部分继电保护暂时撤出的情况下运行。

16. 互感器在投入运行前要检查一、二次接地端子及外壳接地应良好,对电流互感器还应保证二次无开路,电压互感器应保证二次无短路,并检查其高低压熔断器是否完好。

互感器投入运行后要检查有关表计,指示应正确。

17. 切换电压互感器或断开其二次侧熔断器时,应采取措施防止有关保护装置误动作。

18. 当互感器有下列情况之一者须立即停止运行:

(1)高压侧熔断器连续烧断两次;

(2)音响很大且不均匀或有爆裂声;

(3)有异味或冒烟;

(4)喷油或着火;

(5)漏油使油位不断下降或低于下限;

(6)严重的火花放电现象。

19.6~10kW 回路发生单相接地时,电压互感器运行时间一般不应超过 2h。

20. 保护和自动装置的接线及整定必须符合规定,改变时必须经供电段批准;属电业部门管辖者应有电业部门主管单位的书面通知单。

第三节 修 制

一、修 程

电气设备的定期检修分小修、中修和大修 3 种修程(部分设备只有小修和大修两种修程)。

(1)小修:属维持性的修理。对设备进行检查,清扫,调整和涂油,更换或整修磨损到限的零部件,保持设备正常的技术状态;

(2)中修:属恢复性修理。除小修的全部项目外,还需部分解体检修,恢复设备的电气和机械性能;

(3)大修:属彻底性修理,对设备进行全部解体检修,更新不合标准的零部件,对外壳进行除锈涂漆,恢复设备的原有性能,必要时进行技术改造,提高电气和机械性能。

二、周 期

1. 主要设备的检修周期如表 5-3-1 所示。

表 5-3-1 主要设备检修周期表

顺号	设备名称	小 修	中 修	大 修	备 注
1	变压器	1 年	5~10 年	15~20 年	
2	单装互感器	1 年	5~10 年	15~20 年	系指单独装设的互感器
3	隔离开关	半年	5 年	15~20 年	常动的
4	隔离开关	1 年	10 年	15~20 年	不常动的
5	蓄电池组	1 个月	半年	15~20 年	开启式
6	电容器组	半年	一	5~10 年	
7	高压母线	1 年	一	10~15 年	

顺号	修程周期 设备名称	小修	中修	大修	备注
8	电力电缆	1年	—	15～20年	
9	低压配电盘	1年	—	15～20年	
10	避雷针	每年雷雨季节前	—	15～20年	
11	避雷器	每年雷雨季节前	—	15～20年	
12	接地装置	1年	—	15～20年	包括所内回流线
13	油断路器	1年	自动跳闸累计次数达到规定,但最长不超过5年	15～20年	
14	气体断路器	1年	自动跳闸累计次数达到规定,但最长不超过3年	15～20年	

注:1. 跨线随设备或母线同时检修。

2. 在日常掌握中,小修、中修实际周期允许较以上规定伸缩10%。

2. 鉴于各地区的设备性能及运行条件不尽相同,铁路局可结合实际情况,经过调查研究、技术鉴定,适当调整小修、中修和大修周期和范围,并同时报部核备。

三、检修计划

1. 年度小修、中修计划由供电段编制后,于前一年度11月末前下达各有关班组,同时报铁路分局和铁路局各1份。小修和中修费用均列入供电段的生产财务计划。

2. 年度大修计划由供电段编制,并逐项(按件名)填写设备大修申请书,填写方法如表5-3-2所示,经铁路分局审查于前一年度的10月末以前报铁路局审定后列入年度计划,并报部核备。

表 5-3-2 设备大修申请书填写参考表

申请单位:郑州铁路分局郑州供电段 　　　　　　　　　　　　　　　　　编号:97—2

设备名称	电动隔离开关	运行时间	6年
设备编号	399—07—15	承修单位	郑州铁路分局郑州供电段
安装地点及运行编号	薛店变电所室外2111	要求大修时间	1997.10.20
规格	GW—55	所需费用	
设备状态（即大修原因）	绝缘子破损约600mm²		
大修范围(包括结合大修改造的项目)	更换破损的绝缘子		
铁路分局意见			
铁路局原因			

年　　月　　日

3. 设备大修,要根据批准的计划,由承修单位或设计部门提出设计施工文件(包括检修内容、质量标准、费用和工时等),报请铁路局批准后方准开工。

4. 电气设备的停电检修应尽量利用"天窗"时间进行;若"天窗"时间不够,供电段应按时提出月份停电计划。列车调度和电力调度要密切配合,保证批准的停电计划按时实现。

供电段要合理安排检修计划、运行方式，作好检修组织工作，抓紧时间完成任务。

设备大修申请书填写方法和要求如下：

（1）"编号"栏：按年度设备大修顺序编号，如："97—2"；

（2）"设备编号"栏：填写大修设备出厂编号，如："399—07—15"；

（3）"安装地点及运行编号"栏：填写安装所亭名称及室内或室外和运行编号，如："薛店变电所室外、2111"；

（4）"规格"栏：填写大修设备规格，如："GW-55"；

（5）"设备装态"栏：填写大修原因，如："绝缘子破损约 $600mm^2$"；

（6）"大修范围"栏：填写需要大修范围包括结合大修改造的项目，如："更换破损绝缘子"。

四、检查验收

1. 设备每次检修后，承修的班组均应填写设备检修记录，填写方法见表 5-3-3，设备小、中、大修及进行较大的技术改造后，还填写设备检修（改造）竣工验收报告，填写方法表 5-3-4 并附检修试验记录，报请有关单位验收，经验收合格方准投入运行。

表 5-3-3 设备检修记录填写参考表

设备名称及编号	电动隔离开关 399—07—01		承修班组	电器组	检修人	签 字
安装地点及运行编号	薛店变电所室外 1001		修程	小修	互检人	签字
修 前 状 态	修中措施				修后结语	
绝缘子脏污，止钉间隙 5mm	清扫绝缘子，调整止钉间隙				绝缘子清洁，止钉间隙 2mm，合格	

表 5-3-4 设备检修（改造）竣工验收报告填写参考表

承修单位：郑州铁路分局郑州供电段　　　（章）　　　　　　　　　　　　编号：97—5

设备名称及编号	电动隔离开关 399—07—15	大修申请书编号	97—2
安装地点及运行编号	薛店变电所室外：2111	检修任务依据	依据设备大修申请计划
实际修程及检修内容	大修　更换破损绝缘子		
消耗的主要材料和部件费　用	棒形支柱绝缘子 材料费：1200 元　工费：300 元　其它费用：/ 合计 1500 元		
质　量　评　定	优良		
主持验收单位及验收组成员	郑铁局机务处供电科		
		验收负责人：　　（章）	

设备检修记录填写方法和要求如下：

（1）按本节"周期"第 1 条规定的主要设备每台或每项设备填写一张，由设备检修负责人填写，如："薛店变电所 1001 隔离开关检修"；

（2）"设备名称及编号"栏：填写被检修设备名称及出厂编号，如："电动隔离开关（GK）399—07—01；

（3）"安装地点及运行编号"栏：安装地点具体所亭及室内或室外，如："薛店变电所室外 1001；

（4）"修程"栏：填写临修、小修、中修、大修，如："小修"；

（5）"修前状态"栏：按《检规》要求填写各项内容的状态及存在的问题，并记录有关数据，如

"绝缘子脏污、止钉间隙5 mm";

(6)"修中措施"栏:根据修前状态中存在的问题,逐项记录所采取的措施及更换的零配件,如"绝缘子清扫,调整止钉间隙";

(7)"修后结语":根据质量标准逐项填写检修后的质量状况,包括必要的测试数据和存在的问题,并注明是否合格,如"绝缘子清扫清洁止钉间隙2 mm,合格"。

设备检修(改造)竣工验收报告填写方法和要求如下:

(1)"编号"栏:按年度设备检修(改造)竣工验收顺序编号,如:"97-5";

(2)"设备名称及编号"栏:填写检修(改造)设备名称及出厂编号(参照表5-3-2),如:"电动隔离开关、399-07-15";

(3)"大修申请书编号"栏:填写大修申请书的编号,如:"97-2";

(4)"安装地点及运行编号"栏:安装的所亭名称及室内或室外和运行编号,如:"薛店变电所室外、2111";

(5)"检修任务依据"栏:填写检修根据,如:"依据设备大修申请计划";

(6)"实际修程及检修内容"栏:填写实际修程类别和内容,如"大修、更换破损绝缘子";

(7)"消耗的主要材料和部件"栏:消耗的主要材料和部件,如:"棒形支柱绝缘子";

(8)"质量评定"栏:按《铁路电力工程质量评定验收标准》规定质量评定分为"合格"与"优良",如:"优良";

(9)"主持验收单位及验收组成员"栏:根据(82)铁机字 1670 号文规定:设备大修由铁路局组织验收,如:"郑铁局机务处供电科";

2. 设备大修由铁路局组织验收,主变压器和额定电压为110 kV及以上的断路器中修由供电段验收,其余设备的中修和设备小修由牵引变电所验收。设备技术改造由批准计划的部门组织验收。

第四节　检修范围和标准

一、一般规定

1. 所有电气设备的外壳均应清洁无油垢,工作接地及保护接地良好。小修后其锈蚀面积不得超过总面积 5%;中修和大修后应无锈蚀和脱漆,大修后的设备镀层也应完好。

2. 所有充油设备的油位、油色均要符合规定,油管路畅通,油位计清洁透明。检修后不得漏油,中、大修后应不渗油。

3. 金属构、杆塔和支撑装置的锈蚀面积,小修时不得超过总面积的 5%,中、大修后应无锈蚀;漆层应完好。钢筋混凝土基础、杆塔、构架应完好,安装牢固,并不得有破损、下沉。

4. 紧固件要固定牢靠,不得松动,并有防松措施,螺纹部分要涂油。

5. 瓷件应无脏污、裂纹、破损和放电痕迹,瓷釉剥落面积不得超过300 mm²。

6. 各种引线不得松股、断股,连接要牢固,接触良好,张力适当,相间和对地距离均要符合规定。

7. 电气设备带电部分距接地部分及相间的距离要符合规定,如表 5-4-1 所示。

8. 大修中所有更新的零件要达至出厂的标准。所有新换的设备,其设备本身质量及安装质量均要达到新建项目的标准。大修中新设的基础、杆塔、构架和支撑装置均要达到新建项目的标准。

二、变压器

1．小修范围和标准：

(1)检查清扫外壳，必要时局部涂漆；

(2)检查紧固法兰，受力均匀适当，防爆管密封良好，膜片完整。检查油枕及其隔膜，检查油位并补油，放出集污器内的积水和杂物；

(3)检修呼吸器，更换失效的干燥剂；

(4)检修热虹吸过滤器，清扫管路，更换失效的吸附剂；

(5)检修冷却装置，各个管路畅通，风扇电机完好，工作正常；

(6)检修瓦斯保护，各接点正常、动作正确，连接电缆无锈蚀，绝缘良好；

(7)检修温度计，各部零件和连线完好，指示正确；

(8)检修基础、支撑部件、套管和引线；

(9)检修碰壳保护的电流互感器，各部零件应完好，安装牢靠。

表 5-4-1　电气设备相间以及带电部分至接地部分必须保持的最小距离表

项目 ＼ 距离(mm) ＼ 电压(kV)	室　内		室　外			
	10	35	1—10	35	110J	110
带电部分至接地部分(A1)	125	300	200	400	900	1000
不同相的带电部分之间(A2)	125	300	200	400	1000	1100
带电部分至栅栏(B1)	875	1050	950	1150	1650	1750
带电部分至网状遮栏(B2)	225	400	300	500	1000	1100
无遮栏裸导体至地面(C)	2425	2600	2700	2900	3400	3500
不同时停电检修无遮栏裸导体之间的水平净距(D)	1925	2100	2200	2400	2900	3000
出线套管至室外通道的路面(E)	4000	4000	—	—	—	—

注：(1)表中 110J 指中性点直接接地的设备。

　　(2)额定电压为 35kV 及以下的设备，当安装在海拔超过 2000m 以及额定电压为 35kV 以上的设备安装在海拔超过 1000m，表中所列的 A1 和 A2 应按每升高 100m 增加 1% 进行修正，B1、B2、D、C 应分别增加 A1 的修正差值。

　　(3)表中所列各值不适用于成套配电装置。

2．中修范围和标准。

除小修的全部要求外，还要进行以下检查、修理：

(1)检查清洗铁心。无油垢，接地正确，螺栓紧固，绝缘合格；

(2)检查线圈。无损伤、变形和错位，绝缘垫块完好，间隙均匀；线圈不得有短路和断路；

(3)检修分接开关。各部完好、无烧伤，接线牢固，接触、绝缘良好，操作机构工作正常、指示正确；

(4)各部绝缘距离适当，螺栓紧固，引线连接良好。支撑牢固；

(5)检修外壳、油枕、散热器、热虹吸过滤器、油阀等。各个内部清洁，无沉淀物和锈蚀；耐油胶垫完好；外部进行全面除锈涂漆；隔膜式油枕的隔膜和压油袋无破漏，作用良好；

(6)检查套管(包括互感器)。各零、部件完好，不受潮，绝缘合格；必要时对套管进行解体检修和干燥；

(7)滤油或换油。根据试验结果和工作量要求，进行滤油或换油，必要时对心子进行干燥。

3．变压器大修时委修单位要与承修单位签定技术协议，确定检修范围和标准等，一般应进行下列各项：

（1）更新线圈、分接开关、管套（包括互感器）、引线、测温装置、瓦斯保护、冷却风扇和散热器；

（2）整修铁心和外壳。铁心的矽钢片应排列整齐、绝缘良好，接地正确，螺栓紧固，必要时进行解体和浸漆；对外壳要进行全面涂漆；

（3）检修油枕、过滤器等附属装置。更新吸附剂、干燥剂。绝缘油全部予以更新；

（4）整修基础、支撑装置和碰壳保护；

（5）检修与变压器配套的控制、信号、测量、保护装置。每个元件试验合格，回路良好、工作正确。

三、单装互感器

1．小修范围和标准：

（1）清扫检查外部（包括套管和引线），必要时局部涂漆；

（2）检修空气过滤器，应作用良好，更换失效的干燥剂；

（3）检修基础、支撑部件；

（4）检修熔断器。壳筒、熔丝应完整无损，接触良好；

（5）检查油位指示器，并补油。

2．中修范围和标准。

除小修的全部要求外，还要进行以下检查、修理：

（1）检查冲洗内部。线圈、铁心、支撑装置、器身清洁完好，各部绝缘合格，必要时予以干燥；

（2）检查保护间隙。完整无损，安装正确；

（3）过滤或更换绝缘油；

（4）检修外壳，并进行全面涂漆。

3．大修的范围和标准：

（1）更新线圈、套管、瓷套和引线；

（2）整修铁心和外壳。铁心绝缘良好，螺栓紧固；必要时进行解体浸漆；对外壳进行全面涂漆；

（3）检修空气过滤器。作用良好，更换失效的干燥剂；

（4）整修基础和支撑部件，对金属构架和底座进行全面除锈涂漆。

四、油断路器

1．小修范围和标准：

（1）检查清扫外壳、套管、瓷套和引线。必要时对外壳局部涂漆；

（2）各部法兰螺栓紧固、受力均匀；防爆盖作用良好；

（3）操作机构，连杆机构完整清洁；各磨擦和活动部分注油，动作灵活；各部尺寸和间隙符合规定；各辅助接点及接触器动作良好，转换开关转换可靠；机构箱内清洁，无受潮现象，箱体密封良好；

二次回路绝缘良好，接线正确，端子紧固，接触良好；进行电动分、合闸1—2次，各部工作正常。

（4）检查底座、基础及支撑装置。对油箱升降器钢丝绳涂防腐油。

2. 中修范围和标准。

除小修的全部要求外，还要进行以下检查、修理：

(1)检查触头和灭弧装置。动静触头无烧伤痕迹，接触良好。当触头铜钨合金烧损 1/3 以上，或黄铜触头杆有明显沟槽时或静触头主接触面烧损面积达 50% 以上，或深度达 1～2mm 时，则要更换新触头。触头接触面要达到 70% 以上；

灭弧装置各部件完整无裂纹和烧伤痕迹；绝缘纸筒无变形和剥离；动触头进入灭弧室无碰撞，中心线对正，弹簧无损伤，作用良好。

(2)检查传动机构。提升杆等部件完好，无裂纹、破损和弯曲；各固定部分牢靠，活动部分动作灵活，磨擦部分无损伤；缓冲装置作用良好；

(3)测量和调整各部行程、间隙和三相同期，均要符合规定；

(4)检查油箱升降器。作用良好，箱体端正；

(5)必要时解体检修套管；

(6)滤油或换油；

(7)检查电流互感器二次引线，引线应完好，并连接牢固、接触良好。

3. 油断路器大修时要全部解体检修，包括断路器内部、套管、操作和传动机构。滤油或换油，更新不合标准(指出厂或新建工程的标准，下同)的零部件。校验电流互感器，按工艺要求重新装配调整，外壳全面除锈涂漆。

五、六氟化硫气体断路器

1. 小修范围和标准：

(1)检查清扫外部和走行部分。断路器各零部件应清洁、完好无异状，观察窗清洁透明；各螺栓和开口销齐全、固定可靠；气体压力符合规定(20℃时压力应为 200 kPa，允许误差 ±20 kPa)；隔离触指、合闸接触器触头、辅助接点无严重烧伤，接触良好，无卡阻；电流互感器和套管均完好、无烧伤痕迹；必要时对箱体及附属装置进行局部涂漆；

(2)进行手动跳、合闸操作。操作机构和传动机构动作灵活可靠，"三点"配合适当，辅助接点转换正确，跳扣复归和凸轮扣住释放可靠，各部间隙尺寸符合规定；

(3)从观察窗检查内部。各固定螺栓、开口销齐全无异状，无过多的白色分解物；分闸位位置时目测触头断开距离合乎要求；合闸时动弧触头对中，动主触头的银触点与静主触头接触良好；

(4)电动分合闸 2～3 次，各个零部件工作正常。

2. 中修范围和标准。

除小修的全部要求外，还要进行以下检查、修理：

(1)解体检修内部，清除白色分解物，烘干活性氧化铝，打磨或更换动静触头，应接触良好，断开距离符合规定；检查灭弧装置和绝缘件，应完好无损，分闸时有足够的风压；各固定螺栓应紧固，开口销齐全、开度符合要求，缓冲装置作用良好；校验压力继电器；

(2)检查箱壳及其附件。箱壳无变形，内外漆膜完好，绝缘隔板无异状；安全阀安装牢固、作用良好；压力真空表安装牢固，指示正确，轴封完好严密；

(3)检查试验密封情况，抽真空、充六氟化硫气体，进行局部或全面涂漆。

3. 大修时对断路器内部和操作、传动机构全部解体检修，更新不合标准的零部件，按工艺要求重新装配调整；校验电流互感器，箱体内外全部除锈涂漆。

六、隔离开关

1. 小修范围和标准：

(1)清扫、检查绝缘子,检查引线和接地装置;

(2)打磨、调整触头和消弧棒。触头接触面光滑,无烧伤和锈蚀;闭合时接触良好(以 0.05 mm×10 mm 的塞尺检查,对于线接触应塞不进去;对于面接触其插入深度当接触面宽度为 50 mm 及以下时,不应超过 4 mm,当接触面宽度为 60 mm 及以上时,不应超过 6 mm;在任何情况下必须保证接触面不小于应有面积的 2/3)。分闸时,分闸角度和接地闸刀与带电部分的距离符合规定;

(3)清扫检查操作机构。各零部件完好、连接牢固;止钉间隙符合规定;转动灵活,连锁、限位器作用良好可靠,各转动部分注油。

2. 中修范围和标准。

除小修的全部要求外,还要进行以下检查、修理:

(1)解体检修触头、消弧棒、操作机构;按工艺重新装配调整;

(2)清洗滚动轴承并注油;

(3)检修构架及支撑装置并全面除锈涂漆。

3. 隔离开关大修时要更新易损的零部件(如触头等);解体检修操作机构,清洗或更新滚动轴承;更新不合标准的引线和绝缘子;检修构架及支撑装置并全面涂漆。

七、蓄电池组

1. 小修范围和标准：

(1)测量并记录,填写方法如表 5-4-2 所示,每个蓄电池的端电压和电解比重,应符合说明书的规定;

(2)检查各连接片,洗拭酸化的表面,涂中性凡士林;

(3)清洗盖板、容器、支架瓷垫;

(4)清扫母线绝缘子,检查母线,必要时涂耐酸漆;

(5)检查通风装置及管道,必要时对管道涂耐酸漆;

(6)必要时补加蒸馏水和充电。

2. 中修范围和标准。

除小修的全部要求外,还要进行下列工作:

(1)当蓄电池组以 10 h 放电率放电后,其中某一单体电池电压值达到 1.8 V,其它各单体电池的电压差不应超过 0.15 V;电压不合标准的蓄电池的数目不应超过总数量的 5%;

(2)处理个别落后的电池,更换不合标准的极板和零部件;

(3)检查每个蓄电池零部件,隔板、隔棒、弹簧、卡子等应完整齐全;极板平整,无弯曲、裂纹、颜色正常,无硫化现象;

(4)按出厂说明书的规定检查蓄电组的容量。当温度为 +25℃时,蓄电池组的容量不得低于额定容量的 85%;

(5)对通风管道及母线全部涂耐酸漆。

表 5-4-2　蓄电池记录填写参考表

测量时间:1997 年 11 月 25 日 8 时　　　　　　　　　　　　　　　　　　测量人: Z

顺号	电 压	比 重	温 度	顺 号	电 压	比 重	温 度
1	1.36	1.22	16℃	18	1.36	1.23	16℃
2	1.39	1.21	16℃	19	1.33	1.23	16℃
3	1.37	1.19	16℃				
4	1.35	1.20	16℃				
5	1.36	1.22	16℃				
6	1.36	1.23	16℃				
7	1.34	1.22	16℃				
8	1.35	1.18	16℃				
9	1.36	1.17	16℃				
10	1.37	1.22	16℃				
11	1.36	1.20	16℃				
12	1.36	1.24	16℃				
13	1.35	1.23	16℃				
14	1.37	1.23	16℃				
15	1.38	1.22	16℃				
16	1.37	1.23	16℃				
17	1.33	1.23	16℃	96	1.37	1.25	16℃

运行方式:核对性充放电

　　　　　充放电电流:40A。　　　　　尾电池并联支路电流: A

　　　　　蓄电池电压:108V。　　　　　蓄电池室内温度:15℃

3. 大修范围和标准。除小、中修的全部要求外,还要进行下列工作:

(1)更新不合标准的蓄电池;

(2)蓄电池室及室内通风装置管道等,同时进行整修或大修;

(3)更新支架、母线和不合标准的瓷件;

(4)对未更新的蓄电池按第 2 条(1)、(2)款进行检修;

(5)化验蒸馏水和硫酸;

(6)进行核对性放电。

蓄电池记录填写方法和要求如下:

(1)"顺号"栏:按蓄电池的编号填写,如:"1、2、3、4……";

(2)"电压、比重、温度"栏:为蓄电池的实测数值,如:"1.36V、1.22、16℃"等;

(3)"运行方式"栏:填写实际运行方式,有:"浮充、均充、核对性充放电",如:"核对性充放电";

(4)"充、放电电流"栏:记录浮充电电流、核对性充、放电电流,如"40A";

(5)"蓄电池组电压"栏:为蓄电池组电压,如"108V";

八、电容器组

1. 小修范围和标准:

（1）清扫检查电容器的外部和连接部分。各部清洁完好，连接部分螺栓紧固，接触良好；

（2）检修放电间隙、阻尼电阻、阻尼电感、保险丝具、母线、穿墙套管等。各部件完整无损，作用良好；

（3）检查支撑固定装置。安装牢靠、端正，无变形；接地良好；必要时局部除锈涂漆。

2．大修范围和标准。

除小修的全部要求外，还要进行下列工作：

（1）更新不合标准的电容器及支持绝缘件；

（2）对构架、支撑装置等各种铁构件进行全面涂漆（必要时更新）。

九、高压母线

1．小修范围和标准：

（1）清扫检查绝缘子、杆塔和构架；

（2）检查导线（包括引线）。硬母线固定牢靠，漆膜完好，相色鲜明；软母线张力适当、不得松股、断股；

（3）检查金具无锈蚀，固定、连接牢靠，接触良好。

2．大修范围和标准。

除小修的全部要求外，还要进行下列工作：

（1）更新不合标准的绝缘子；

（2）更新不合标准的导线、金具、杆塔。

十、电力电缆

1．小修范围和标准：

（1）检查电缆头、套管、引线和接线盒。电缆头、套管不渗油、引线距接地物的距离符合规定；

（2）检查电缆。排列整齐、固定牢靠且不受张力，铠装无松散、无严重锈蚀和断裂弯曲半径符合规定，接地良好，涂刷防腐剂；电缆外露部分应有保护管，保护管应完整无损，且固定牢靠，其锈蚀面积不超过总面积的 5％；

（3）清扫检查电缆沟。沟内无积水、杂物；支架完好、固定牢靠不锈蚀；盖板齐全无严重破损；

（4）检查电缆的埋没。覆盖的泥土无下陷和被水冲刷等异状；

（5）检查电缆桩及标示牌，齐全、正确清楚。

2．大修范围和标准。

除小修的全部要求外，还要进行下列工作：

（1）更新不合标准的电缆、接头、接线盒、套管和引线；

（2）整修电缆沟。盖板完整无损，沟内排水良好；

（3）对电缆全面涂刷防腐剂；对保护管全面除锈涂漆；

（4）整修电缆桩和标示牌。要固定牢靠；

（5）对敷设不合标准的电缆要重新敷设和改设，重新敷设和改设的电缆要符合新建项目的标准。

十一、低压盘

1. 低压盘包括交直流配电盘、保护盘、控制柜、信号盘、计量盘和端子箱等。其小修范围和标准：

(1)彻底清扫低压盘(箱、柜,下同)的各部及其相应的装置;

(2)检查盘的表面状态。安装牢固、端正,排列整齐,接地良好;标志齐全、正确、清楚;室内盘面无锈蚀;室外盘面锈蚀面积不超过总面积的 5%,且箱(柜)体密封良好;

(3)检查灯具、开关、继电器、熔断器、仪表、配线、端子排、连接片等各项装置。安装牢固,绝缘和接触良好;熔丝、触头和灯泡的容量适当;端子排和配线排列整齐;标示牌、标志、信号齐全、正确、清楚;

(4)检查控制、保护、信号回路相关部分的整组动作情况。

2. 大修范围和标准。

除小修的全部要求外,还要更新不合标准的开关、继电器、仪表和绝缘子,更新配线、端子排。

3. 继电保护、自动装置及操作、信号、测量回路所用的导线必须符合下列规定:

(1)用绝缘单芯铜线;

(2)电流回路的导线截面不得小于 $2.5\ mm^2$;其它回路的导线截面不得小于 $1.5\ mm^2$;导线的绝缘应满足 500 V 工作电压的要求;

(3)导线中间不得有接头;遇有油浸蚀的处所,要用耐油绝缘导线。

《条文说明》对第 3 条规定补充说明:继电保护、自动装置等回路所用导线的要求是延用 1963 年制定的《牵引变电所运行检修规则》,基本符合水电部 1983 年以前有关规程的要求,但据了解 1983 年水电部又公布了新的规程即(83)水电技字 56 号文批准的《继电保护和安全自动装置技术规范》,同时 1983 年公布的国家标准 GBJ62—83《工业为民用电力装置的继电保护和自动装置设计规范》,对上述导线均有规定,应按新规定执行。

十二、避雷器和避雷针

1. 避雷器小修范围和标准

(1)清扫检查瓷套、引线和均压环。应固定牢靠,无锈蚀;

(2)检查底座、构架、基础等;

(3)动作指示器密封,作用良好。

2. 避雷器大修范围和标准

除小修的全部要求外,还要进行下列工作:

(1)更新不合标准的避雷器;

(2)整修基础、构架和接地装置。

3. 避雷针小修范围和标准

(1)检查杆塔无倾斜和弯曲,固定牢靠;除锈补漆,必要时全面涂漆;

(2)检查避雷针,无熔化和断裂;

(3)检查底部装置。

4. 避雷针大修时除基础外全部更新。

十三、接地装置

1. 小修范围和标准：

(1)检查地面上和电缆沟内的接地线、接地端子等。完整无锈蚀、损伤、断裂及其它异状；与设备连接牢固，接触良好；

(2)检查铁路岔线钢轨及接地网各自与回流线间的连接线接头。连接牢固，接触截面符合规定。

2. 大修范围和标准：重新埋设接地网及回流线。

3. 接地的设备均应逐台用单独的接地线接到接地母线，禁止将设备串联接地。

地面上的接地线、接地端子均要涂黑漆；接地端子的螺丝镀锌。

第五节　试　　验

一、一般规定

1. 电气设备的绝缘试验，要尽量将连接在一起不同试验标准的设备分解开，单独进行试验。

2. 当设备的出厂额定电压与实际使用的额定工作电压不同时，应根据下列原则确定试验电压的标准：

(1)当采用额定电压较高的设备用以加强绝缘者，应按照设备的额定电压标准进行试验；

(2)采用额定电压较高的设备用以满足产品通用性的要求时，可以按照设备实际使用的额定工作电压或出厂额定电压的标准进行试验；

(3)采用较高电压等级的设备用以满足高海拔地区要求时，应在安装地点按照实际使用的额定工作电压的标准进行试验。

3. 所有电气设备预防性试验周期，除特别规定者外均为 1 年 1 次。

设备检修时的试验如能包括预防性试验的内容和要求，则在该周期内可以不再做预防性试验。

4. 在进行与温度有关的各种电气试验时(如测量直流电阻、绝缘电阻、介质损失角、泄漏电流等)，应同时测量被试物和周围环境的温度。

绝缘试验应在天气良好且被试物温度及周围温度一般不低于+5℃的条件下进行。

试验标准中所列的绝缘电阻系指 60s 的绝缘电阻值($R60$)；吸收比为 60s 与 15s 绝缘电阻的比值($R60/R15$)。

交流耐压试验加至试验标准电压后的持续时间，凡无特殊说明者，均为1 min。

5. 电气设备的试验标准除本规程规定者外，均按水利电力部(77)水电生字 016 号文公布的《电气设备交接和预防性试验标准》执行。额定电压为27.5 kV的电气设备，除特别指出者外可暂比照35 kV电气设备的试验标准进行。

二、变压器

变压器的试验项目和周期，如表 5-5-1 所示。

表 5-5-1 变压器试验项目和周期表

顺号	项目	周期
1	测量线圈的绝缘电阻和吸收比	(1)交接时 (2)大、中修时 (3)预防性试验
2	测量线圈连同套管一起的泄漏电流	(1)交接时 (2)大、中修时 (3)预防性试验
3	测量线圈连同套管一起的介质损失角的正切值	(1)交接时 (2)大、中修时 (3)预防性试验
4	测量非纯瓷套管的介质损失角的正切值	(1)交接时 (2)大、中修时 (3)预防性试验(对不拆卸套管即能试验者)
5	测量线圈的直流电阻	(1)交接时 (2)大、中修时 (3)变更分接头位置后 (4)预防性试验(可以只测量分接开关处于运行位置时的数值)
6	检查线圈所有分接头的变压比	(1)交接时 (2)更换线圈后 (3)内部接线变动后
7	油箱和套管中绝缘油试验	按第六节规定进行
8	检查三相变压器的接线组别和单相变压器引出线极性	(1)交接时 (2)更换线圈后 (3)内部接线变动后
9	测量额定电压下的空载电流和空载损耗	(1)交接时 (2)更换线圈后
10	线圈连同套管一起的交流耐压试验	(1)交接时　(2)大修后
11	测量轭铁梁和空心螺栓(可接触到的)绝缘电阻	(1)交接时 (2)大、中修时
12	检查带负荷调压装置的动作情况并绘制圆图	(1)交接时 (2)大、中修时
13	额定电压下的冲击合闸试验	(1)交接时　(2)更换线圈后
14	总装后对散热器和油箱作密封油压试验	(1)交接时 (2)大修后
15	冷却装置的检查试验	(1)交接时　(2)大、中、小修时
16	检查接缝衬垫和法兰连接情况	(1)交接时　(2)大、中、小修时
17	油中溶解气体色谱分析	(1)主变压器每年至少 1 次 (2)27.5kV 以下的变压器根据具体条件进行 (3)轻、重瓦斯保护动作后
18	检查相位	(1)交接时　(2)更换线圈后 (3)更改接线后

三、互感器

互感器的试验项目和周期,如表 5-5-2 所示。

表 5-5-2 互感器试验项目和周期表

顺号	项　目	周　期
1	测量线圈的绝缘电阻	(1)交接时　(2)大、中修时　(3)预防性试验
2	测量20 kV及以上互感器一次线圈连同套管的介质损失角的正切值	(1)交接时　(2)大、中修时　(3)预防性试验
3	线圈连同套管一起对外壳的交流耐压试验	(1)交接时　(2)大修后 (3)27.5 kV 及以下中修时
4	油箱和套管中绝缘油的试验	按第六节规定进行
5	测量铁心夹紧螺栓(可接触到的绝缘电阻)绝缘电阻	吊心时
6	检查三相互感器的接线组别和单相互感器引出线的极性	(1)交接时　(2)更换线圈后 (3)中修及接线变动后
7	检查互感器各分接头的变比	(1)交接时　(2)更换线圈后　(3)大修时
8	测量电流互感器的励磁特性曲线	(1)交接时　(2)必要时
9	测量电压互感器一次线圈的直流电阻	(1)交接时　(2)大、中修时
10	测量1000 V以上电压互感器的无负荷电流	(1)交接时　(2)更换线圈后

四、油断路器

油断路器的试验项目和周期,如表 5-5-3 所示。

表 5-5-3 油断路器试验项目和周期表

顺号	项　目	周　期
1	测量断路器整体的绝缘电阻以及用有机物制成的拉杆的绝缘电阻	(1)交接时　(2)大、中修时　(3)预防性试验
2	测量27.5 kV及以上非纯瓷套管断路器的介质损失角正切值	(1)交接时　(2)大、中修时　(3)预防性试验
3	测量27.5 kV及以上少油断路器的泄漏电流	(1)交接时　(2)大、中修时　(3)预防性试验
4	交流耐压试验	(1)交接时　(2)大修时
5	测量每相导电回路的电阻	(1)交接时　(2)大、中修时　(3)预防性试验
6	测量灭弧室的并联电阻和并联电容值	(1)交接时　(2)大修时
7	测量断路器的合闸时间和固有跳闸时间	(1)交接时　(2)大、中修时　(3)预防性试验
8	测量断路器跳闸和合闸的速度	(1)交接时　(2)大修时
9	测量断路器触头跳、合闸的同期性	(1)交接时　(2)大、中修时
10	测量断路器可动部分的行程	(1)交接时　(2)大、中修时
11	检查操作机构合闸接触器和跳闸电磁铁的最低动作电压	(1)交接时　(2)大、中修时
12	测量合闸接触器和跳、合闸电磁铁线圈的绝缘电阻和直流电阻	(1)交接时　(2)大修时　(3)预防性试验
13	油箱和套管中绝缘油的试验	接第六节规定进行
14	利用远方操作装置检查操作机构的动作情况	(1)交接时　(2)大、中、小修时

五、六氟化硫气体断路器

1. 六氟化硫气体断路器的试验项目、周期和标准,如表 5-5-4 所示。

表 5-5-4 六氟化硫气体断路器试验项目、周期和标准表

顺号	项目	周期	标准	说明
1	测量断路器整体的绝缘电阻以及用有机物制成的拉杆的绝缘电阻	(1)交接时 (2)大、中修时 (3)预防性试验	用有机物制成的拉杆的绝缘电阻不应低于下列数值(MΩ) 试验类别 / 额定电压(kV) 3~15 / 20~220 交接和大修后 1000 / 2500 运行中 300 / 1000	(1)用 2500V 兆欧表 (2)用有机物制成的拉杆,一般在交接或大修时测量其绝缘电阻
2	交流耐压试验	(1)交接时 (2)大修时	符合相同电压等级其它型式断路器的标准	
3	测量每相导电回路的电阻	(1)交接时 (2)大、中修时 (3)预防性试验	参照本项第 2 条规定	
4	测量断路器的合闸时间和固有跳闸时间	(1)交接时 (2)大、中修时 (3)预防性试验	参照本项第 2 条规定	
5	测量断路器跳闸和合闸的速度	(1)交接时 (2)大修时	参照本项第 2 条规定	若本第 2 条规定与制造厂说明书不符,应以说明书为准
6	检查操作机构合闸接触器和跳闸电磁铁的最低动作电压	(1)交接时 (2)大、中修时	与油断路器相同	
7	测量合闸接触器和跳、合闸电磁铁线圈的绝缘电阻和直流电阻	(1)交接时 (2)大、中修时	(1)绝缘电阻不应小于1MΩ (2)直流电阻应符合制造厂规定	测量绝缘电阻时用 500V 或 1000V 的兆欧表
8	利用远方操作装置检查操作机构的动作情况	(1)交接时 (2)大修时 (3)中修时	与油断路器相同	与油断路器相同

注:(1)对于三相六氟化硫气体断路器,当其应用于三相系统时,尚应测量断路器触头跳、合闸的同期性,应符合制造厂规定。
   (2)压力表的校验按说明书规定进行。

2. 六氟化硫气体断路器时间、动作特性和导电回路的电阻标准,如表 5-5-5 所示。

表 5-5-5　六氟化硫气体断路器时间、动作特性和导电回路电阻标准表

断路器型号	额定电压(kV)	额定电流(kA)	额定断流容量兆伏安	动作时间(s)			跳合闸速度(m/s)				导电回路电阻(μΩ)		额定工作	备注
				固有跳闸	全跳闸	合闸	刚跳	跳闸	合闸	合闸最大	每回相路导电电阻	每个灭弧室电阻	气压表计压力	
LN1—27.5	27.5	600	230	≤0.06		≤0.3	4±0.4	7±1	4±0.4	4.2±0.4	250		2±0.2	单相
LN1—35	35	600	400	≤0.06		≤0.3		7±1	4±0.4	4.2±0.4	250			三相

注:表中所列的固有跳闸合闸时间系指未使用过的新设备。对使用过的设备可以比表中的数值大,但不得超过20%,若实际工作电流小于断路器的额定电流,其导电回路的电阻不超过下列规定即可:

$$R = (I_N/I) \times R_1$$

R——导电回路电阻的允许值;R_1——表中所列的导电回路的电阻值;I_N——断路器的额定电流;I——可能出现的最大工作电流(此注也适用于其它型式的断路器)。

六、隔离开关

隔离开关的试验项目和周期,如表 5-5-6 所示。

表 5-5-6　隔离开关试验项目和周期表

顺号	项　　目	周　　期
1	测量隔离开关整体和用有机材料制成的传动杆的绝缘电阻	(1)交接时 (2)大、中修时 (3)预防性试验
2	交流耐压试验	交接时
3	检查电动、气动或液动操作机构线圈的最低动作电压	(1)交接时 (2)大修时
4	检查触头接触情况及弹簧压力	(1)交接时 (2)大、中修时 (3)小修时只测回路电阻
5	检查隔离开关操作机构的动作情况	(1)交接时 (2)大、中修时

七、电力电容器

电力(移相)电容器的试验项目和周期,如表 5-5-7 所示

表 5-5-7　电力(移相)电容器试验项目和周期表

顺号	项　　目	周　　期
1	测量两极对外壳的绝缘电阻	(1)交接时　(2)预防性试验
2	测量电容值	(1)交接时　(2)预防性试验
3	交流耐压试验	交接时
4	冲击合闸试验	交接时

八、绝缘部件

1. 套管的试验项目和周期，如表 5-5-8 所示。

表 5-5-8　套管试验项目和周期表

顺号	项　　　目	周　　　期
1	测量绝缘电阻	(1)交流时　(2)大修时 (3)预防性试验
2	测量 20kV 及以上非纯瓷套管的介质损失角的正切值	(1)交接时　(2)大修时 (3)预防性试行
3	交流耐压试验	(1)交接时　(2)大修时
4	充油套管绝缘油试验	按第六节规定进行

2. 绝缘子的试验项目和周期，如表 5-5-9 所示。

表 5-5-9　绝缘子试验项目和周期表

顺号	项　　　目	周　　　期
1	测量电压分布(或零值)	预防性试验
2	测量绝缘电阻	(1)预防性试验，每 2 年 1 次 (2)随设备大、中修时测量
3	交流耐压试验	(1)交接时　(2)预防性试验，每 3 年 1 次　(3)随设备大修时试验

九、电力电缆

电力电缆的试验项目和周期，如表 5-5-10 所示。

表 5-5-10　电力电缆试验项目和周期表

顺号	项　　　目	周　　　期
1	测量绝缘电阻	(1)交接时　(2)预防性试验，每 2 年 1 次
2	直流耐压试验并测量泄漏电流	(1)交接时 (2)预防性试验，每 3 年 1 次 (3)重包电缆头时
3	检查电缆线路的相位	(1)交接时 (2)运行中重装接线盒或拆过接线头时

十、低压配电装置

1. 低压配电装置(包括台、柜、箱)和电力布线的试验项目和周期，如表 5-5-11 所示。

表 5-5-11　低压配电装置和电力布线试验项目和周期表

顺号	项　　　目	周　　　期
1	测量绝缘电阻	(1)交接时　(2)大修时　(3)预防性试验
2	交流耐压试验	(1)交接时　(2)大修时
3	检查相位	(1)交接时　(2)变更设备或接线时

2. 二次回路的试验项目和周期，如表 5-5-12 所示。

表 5-5-12　二次回路试验项目和周期表

顺号	项　　　目	周　　　期
1	测量绝缘电阻	(1)交接时　(2)大修时　(3)更换二次线时
2	交流耐压试验	(1)交接时　(2)大修时　(3)更换二次线时
3	检查互感器的极性配置	(1)交接时　(2)大修时　(3)二次回路有关部分改造后

《条文说明》对第 1 条和第 2 条规定补充说明:低压配电装置和二次回路的交流耐压试验可以用 2500V 兆欧表测量绝缘电阻代替。

十一、继电保护,自动装置及仪表

1. 新安装或大修后的继电保护和自动装置于投入运行前要进行全面检验,并检查互感器的极性配置。

运用中的继电保护和自动装置每两年进行 1 次全面检验,两次全面检验中间要做 1 次部分检验。

全面检验的项目:

(1)检查二次回路应连接牢固,接触良好;

(2)检验继电器的机械部分及电气特性;

(3)整定试验;

(4)整组动作试验;

(5)测绘电气特性图。

部分检验时只做全面检验中的(1)、(3)、(4)项。

继电保护和自动装置的检验标准可参照水利电力部公布的《保护继电器检验》中的有关规定执行。

《条文说明》对第 1 条规定补充说明:第 1 条规定了继电保护、自动装置的检验项目。此外根据多年的实践并参考水电部的有关规定,除产品有特殊要求外,在交接时、运行中每 2~4 年应进行交流耐压试验。试验电压1000 V,时间1 min。当进行交流耐压试验有困难时,也可用 2500 V 的兆欧表测量绝缘电阻。

2. 牵引变电所内安装的计费用电度表,主变压器、母线、馈出线的指示仪表以及故障点测试仪每年检验 1 次,其它表计每两年检验 1 次。

试验室使用的仪表每年检验 1 次。

十二、避雷器

1. 阀型避雷器的试验项目和周期,如表 5-5-13 所示。

表 5-5-13　阀型避雷器试验项目和周期表

顺号	项　　　目	周　　　期
1	测量绝缘电阻	(1)交接时　(2)每年雷雨季节前　(3)解体大修后
2	测量电导电流及检查串联组合元件的非线性系数	(1)交接时　(2)每年雷雨季节前　(3)解体大修后
3	测量工频放电电压	(1)交接时　(2)运行中至少每 3 年 1 次
4	检查密封情况	解体大修后

《条文说明》对第 1 条规定补充说明:阀型避雷器的试验项目和周期,在试验避雷器的同时应检查放电记录器。

2. 管型避雷器的试验、检查项目和周期,如表 5-5-14 所示。

表 5-5-14　管型避雷器试验、检查项目和周期表

顺号	项　　　目	周　　　期
1	测量绝缘电阻	(1)交接时　(2)2 年 1 次　(3)解体大修后
2	测量工频放电电压	(1)交接时　(2)运行中至少每 3 年 1 次
3	测量灭弧管的内径	交接时
4	检查开口端的星形电极齿孔	动作 6 次以后
5	测量内火花间隙	2～3 年 1 次
6	测量外火花间隙	每年雷雨季节前
7	检查灭弧管及外部漆层	(1)交接时　(2)每年雷雨季节前
8	检查灭弧管两端连接	(1)交接时　(2)每年雷雨季节前　(3)动作 3 次以后
9	检查排气	每年雷雨季节前

注:(1)外火花间隙应符合设计要求;

　　(2)试验、检查项目的标准按说明书规定进行。

3. 避雷器动作指示器的试验,每年雷雨季节前要进行 1 次。

十三、接地装置

接地装置的接地电阻,交接验收时测量;运行中每年测量 1 次,应轮流在夏季土壤最干燥和冬季土壤冻结最严重时进行。

(1)牵引变电所接地电阻值一般应符合下列要求:

当 $I < 4000$ A 时,$R \leqslant 2000/I$　(Ω)

当 $I \geqslant 4000$ A 时,$R \leqslant 0.5\Omega$

R——考虑到季节变化时最大接地电阻

I——流经接地网的入地短路电流。

在高土壤电阻率地区,也应尽量采取措施满足上述要求。若为了满足上述要求在技术经济上极不合理时,接地电阻值允许提高到 5 Ω。但应按照水电部《电力设备接地设计技术规程》的规定采取必要的安全措施。

(2)独立避雷针的接地电阻应不超过 10 Ω。

第六节　绝缘油管理

1. 每个供电段绝缘油的储存量应不少于事故备用油量加必须储备的耗油量。事故备用油量应为每个供电段管内 1 台最大变压器的油量加上 1 台最大断路器的油量。

不能混合使用的绝缘油应分别储存。

含有抗氧化剂的绝缘油和一般绝缘油应分别储存。

新绝缘油和再生过滤合格的绝缘油应经常保持良好状态,能够随时投入使用。不同牌号或不同油厂生产的绝缘油要根据混油试验的结果确定能否混用。

绝缘油应储存在专用的油罐中,并有防潮措施。

2. 绝缘油的试验周期

(1)属于下列情况之一时进行全分析:

①验收新油；

②废油再生后；

③对油质有怀疑。

(2)属于下列情况之一时进行简化分析：

①新安装的充油设备在投入运行前；

②充油设备大、中修前后。

(3)运行中的设备，电压为 27.5kV 及以上的设备每年进行 1 次简化分析，其中主变压器每半年进行 1 次简化分析，电压为 27.5kV 以下的设备每 3 年进行 1 次简化分析；

(4)备用绝缘油每年进行 1 次简化分析；

(5)属于下列情况之一时测量介质损失：

①充油设备的介质损失增大；

②设备中绝缘油显著劣化；

③主变压器每运行半年(随简化分析同时进行)。

3. 绝缘油的试验标准：

(1)全分析，如表 5-6-1 所示

表 5-6-1　绝缘油试验标准全分析表

顺号	项目		标 准	
			新油及再生油	运行中的油
1	5℃时的透明度		透明	
2	灰分		不大于 0.005％	
3	活性硫		无	
4	苛性钠抽出		不大于 2 级	
5	安定性	氧化后酸值	不大于 0.2 mg 氢氧化钾/克油	
		氧化后沉淀物	不大于 0.05％	
6	粘度		不大于下列数值 项别 ＼温度(℃)：20 / 50 运动(厘泡)：30 / 9.6 恩氏(E)：4.2 / 1.8	
7	凝固点		(1)户外断路器用油的凝固点：气温不低于 －10℃ 的地区为 －25℃；气温低于 －10℃ 的地区为 －45℃。 (2)变压器油的凝固点为 －25℃(气温不限)或 10℃(气温不低于 －10℃ 的地区。)	
8	酸值		不大于 0.03 mg 氢氧化钾/克油	不大于 0.1 mg 氢氧化钾/克油
9	水溶性酸和碱		无	PH 值不大于或等于 4.2
10	闪点		不低于 135℃	(1)不比新油标准低 5℃ 及其以上 (2)不比前次测得值降低 5℃ 及其以上
11	机械杂物		无	无
12	水分		无	无

顺号	项　目	标　　　　准	
		新油及再生油	运行中的油
13	游离碳	无	无
14	电气强度试验	(1)用于电压为 10 kV 及以下的设备:25 kV (2)用于电压为 20~35 kV 的设备:35 kV (3)用于电压为 44~220 kV 的设备:40 kV	(1)用于电压为 10 kV 及以下的设备:20 kV (2)用于电压为 20~35 kV 的设备:30 kV (3)用于电压为 44~220 kV 的设备:35 kV
15	介质损失角正切值	70℃时不大于 0.5%	70℃时不大于 2%
16	油泥测定 (羰基含量)		不大于 0.28 mg/克油
17	界面张力		不小于 15 达因/cm

注:(1)当油质逐渐老化,水溶性酸 PH 值接近 4.2 或酸值接近 0.1mg 氢氧化钾/g 油时方进行 16 项、17 项试验;

(2)灰分的试验方法按国家标准 GB508—65;

(3)粘度试验方法按国家标准 GB265—64 及 GB266—64;变压器油可测运动粘度或恩氏粘度,断路器油只测运动粘度;20℃测量有困难时可只作 50℃的测量;

(4)凝固点试验方法按国家标准 GB510—65;

(5)酸值试验方法按国家标准 GB264—64;

(6)水溶性酸和碱试验方法按国家标准 GB264—64 及 Y—12;

(7)闪点试验方法按国家标准 GB261—64;

(8)机械杂物及游离碳皆以目视;

(9)水分按 Y—4;

(10)电气强度试验方法按国家标准 GB507—65;

(11)运行中的油介质损失角正切值标准为暂定值;多油断路器用油,根据需要测介质损失。

(2)简化分析,只作上表中的 8~14 项,若绝缘油中有抗凝剂时还应作凝固点。

设备大修后,绝缘油应达到新油标准。设备中修后,除水溶性酸和碱、闪点及介质损失外,其他项目应达到新油标准。

4.在取油样进行绝缘油试验时应符合下列要求:

(1)避免在气候潮湿时取样;

(2)使用清洁、干燥的盛油器,并应密封。盛油器及其盖上均应注明所盛油的标号、取样日期和方法、设备名称和编号等;

(3)对每批新到的绝缘油,应从其油的总桶数之 5% 中各取 1 份油样,将其混合后作全分析试验。

5.油断路器使用过的绝缘油不得注入变压器中。

发现运行设备中的绝缘油有异常时应按下列要求处理;

(1)当变压器中绝缘油的闪点较上次试验结果降 5℃以上,或发现油中有游离碳时,应进行变压器的内部检查;

(2)变压器绝缘油中有油泥时要进行处理:处理后短期内如继续发现油泥时要换油,并先彻底清除变压器油箱的油泥。

第六章 牵引供电事故管理规则和
接触网事故抢修规则

第一节 总则和事故分类

一、总 则

安全生产是党和国家的一贯方针。牵引供电工作要坚持预防为主,经常进行安全思想和劳动纪律教育,积极开展事故预想活动,不断提高设备质量和人员的技术水平,确保安全可靠地供电。

各级主管部门要认真贯彻执行有关规章制度,建立健全组织,经常进行处理故障的演练,努力提高抢修工作水平,迅速安全地组织抢修工作,最大限度地缩小事故范围,减少事故损失,尽快恢复供电、行车。

二、事故分类

1. 在牵引供电系统中,凡由于工作失误、设备状态不良或自然灾害致使牵引供电设备破损、中断供电,以及严重威胁供电安全者,均列为供电事故。

2. 根据事故的性质和损失,供电事故分为重大事故、大事故、一般事故和障碍 4 种。根据发生事故的原因,分为责任、关系及自然灾害 3 种。

3. 符合下列情况之一者列为重大事故:

(1)接触网停电时间超过 5h;

(2)牵引变电所全所停电超过 3h;

(3)牵引变电所主变压器破损需整组更换线圈或必须拆卸线圈才能进行的铁心检修;

(4)牵引变电所一次侧的断路器破损达到报废程度。

4. 符合下列情况之一者列为大事故:

(1)接触网停电时间超过 4h;

(2)牵引变电所全所停电超过 2h;

(3)由于牵引供电设备反常、工作失误迫使列车降低牵引重量或限制列车对数超过 48h;

(4)牵引变电所主变压器破损需检修线圈或铁心;

(5)额定电压为 27.5kV(包括 35kV 和 55kV)的变压器或断路器破损达到报废程度。

5. 符合下列情况之一者 列为一般事故:

(1)接触网停电时间超过 30min;

(2)牵引变电所全所停电(重合闸成功或备用电源自动投入供电者除外);

(3)由于牵引供电设备反常,工作失误迫使列车降低重量或限制列车对数;

(4)由于电力调度错发命令或人员误操作造成断路器跳闸,或者造成接触网误停电、误送电;

（5）由于电力调度错发命令或人员误操作或牵引变电所保护拒动（避雷器除外），造成电力系统断路器跳闸且重合闸不成功；

（6）正线承力索、接触线或馈电线断线。

6. 符合下列情况之一者列为供电障碍：

（1）接触网停电时间超过 10min；

（2）由于牵引供电设备反常、工作失误迫使列车降低运行速度或降弓运行通过故障处所；

（3）由于设备状态不良或供电方面准备工作不充分，使备用设备不能按要求投入运行；

（4）保护装置（避雷器除外）误动，拒动。

第二节　事　故　抢　修

1. 当发现供电设备故障时，要按照规定进行现场防护，在力所能及的范围内采取措施防止事故蔓延和扩大，减少事故损失，同时尽快地报告电力调度。

2. 在事故抢修中电力调度要与列车调度密切配合，严格掌握供电和行车两方面的基本标准条件，机智、果断地采取有效措施，保证安全迅速地恢复供电和行车。

3. 事故抢修可以不要工作票，但必须有电力调度的命令，并按规定办理作业手续，以及作好安全措施。

4. 事故抢修的工作领导人即是事故现场抢修工作的指挥者。当有几个作业组同时进行抢修作业时，必须指定 1 人担当总指挥，负责各作业组之间的协调配合；同时必须指定专人与电力调度时刻保持联系，及时汇报抢修工作进度、情况等，并将电力调度和上级的指示、命令迅速传达给事故抢修的指挥者。

5. 对每一件供电事故者要按照"三不放过"、"四查"（即事故原因分析不清不放过，事故责任者和群众没有受到教育不放过，没有防范措施不放过；"查思想，查纪律，查制度，查领导"）的要求，认真组织调查，弄清原因，确定责任者，制定出有效的防范措施。

6. 供电重大事故由铁路局组织处理，供电大事故由铁路分局组织处理，供电一般事故和障碍属供电段责任者由供电段组织处理，属其它单位责任者由分局指定单位组织处理。当故障涉及两个及以上单位，且对故障原因、责任者，各单位意见分歧不能统一者，按上述处理权限报上一级组织审查裁处。

7. 对每件事故的划分和处理应严肃认真，实事求是，及时准确。对事故责任者，依情节轻重，应给予批评或处分，对防止事故有功人员应给予表扬或奖励。

8. 由于发生供电事故同时引起行车事故或职工伤亡事故，除分别按《铁路行车事故处理规则》或人事、劳资部门的有关规定上报处理外，对供电事故还应按本规则规定进行上报。

第三节　事　故　报　告

1. 事故报告分为电话速报和书面报告两种。电话速报系于故障发生后用电话（或电报）向有关上级机关的报告，书面报告系于事故处理后用书面向有关上级机关的报告。

2. 电力调度接到供电故障报告后除尽快组织抢修外，同时要按照电话速报（填写方法如表 6-3-1 所示）的内容要求迅速用电话报告供电段、铁路分局和铁路局电力调度，铁路局电力调度还要及时报告铁道部。

3. 对每一件责任供电事故,供电段均要填写《牵引供电事故报告》,填写方法如表 6-3-2 所示,必要时附图和说明。一般事故填写 3 份于事故处理后 3 日内报铁路分局抄报铁路局。大事故填写 4 份,于事故处理后 5 日内由铁路分局报铁路局抄报铁道部。重大事故填写 4 份于事故处理后 7 日内由铁路局报铁道部。

表 6-3-1　牵引供电设备故障电话速报填写参考表

郑州　铁路局　　　　　　　　　　　　　　　　　　　　　　　　　　1992 年

日/月	段别	所别	停电区段	故障地点			停电时间			抢修出动		影响运输情况				故障原因及概况	报告人	受理人
				区间(车站)	线路里程	支柱号(悬挂点)	故障停电	恢复供电	计	时间	人数	客车列数	累计时间	货车列数	累计时间			
1	2	3	4	5	6	7	8	9	10	11	12	13	14	15	16	17	18	20
3月19日	郑州	薛店	京广线薛店——长葛站上行	新郑车站	K721+895.50	84#	14:15 14:24 14:33	14:21 14:29 15:23	1:01	14:21	18	1	0:20	5	2:13	84#支柱 AF 与 PW 线连接跳线弛度大,在风力作用下绝缘间隙变小,空气击穿,发生故障,薛店变电所 214 保护动作,断路器跳闸	A	B

牵引供电设备故障电话速报(以第九章第一节事故案例为例)

(1)"所别"栏:填写故障设备所属供电牵引变电所名称,如:"薛店";

(2)"停电区段"栏:设备故障涉及到停电范围,填＊＊线＊＊站至＊＊站,在双线区段应注明上行或下行,如:"京广线薛店——长葛站上行";

(3)"故障地点(区间或车站)"栏:填写故障发生的区间或车站名称,如:"新郑车站";

(4)"故障地点(线路里程)"栏:填写发生设备故障起始点公里标,如:"$K721+895.50$";

(5)"故障地点(悬挂点)"栏:填写故障地点悬挂点号:"84";

(6)"停电时间(故障停电)"栏:故障发生时间,中间可能有临时送电,但又继续停电抢修,数次故障停电时间均填入此栏,如:"14 时 15 分、14 时 24 分、14 时 33 分";

(7)"停电时间(恢复供电)"栏:电力机车运行(或具备电力机车运行条件)开始时间,中间可能有临时送电但又继续停电抢修,数次临时送电均填入此栏,如:"14 时 21 分、14 时 29 分、15 时 23 分";

(8)"停电时间(计)"栏:停电累计时间,指事故发生至电力机车运行(或具备电力机车运行的条件)的停电时间,中间可能有临时送电,但又继续停电抢修,数次停电时间均填入此栏,如:"1 小时 01 分";

(9)"影响运输情况(客车列数)"栏:填写影响客车正常运行列数,如:"1";

(10)"影响运输情况(累计时间)"栏:填写影响客车运行累计时间,如:"0 时 20 分";

(11)"影响运输情况(货车列数)"栏:填写影响货车正常运行列数,如:"5";

(12)"影响运输情况(累计时间)"栏:影响货车累计时间,如"2 小时 13 分";

(13)"故障原因及概况"栏:包括

①最早发现故障的情况及报告人的姓名、职务,若系弓网故障应注明车次、机车车型及车

号;

②保护动作及断路器跳闸情况,如:"84#支柱 AF 与 PW 线连接跳线弛度大,绝缘间隙在风力作用下变小时空气击穿发生故障,薛店变电所 214 保护动作,断路器跳闸,报告人:＊＊＊,职务:网工";

牵引供电事故报告填写方法和要求如下(参照上面例子):

(1)"段(章)和编号"栏:牵引供电事故发生的单位名称并加盖单位公章,如:"郑州铁路分局郑州供电段",编号分年度按事故件数编,如:1992 年第 1 件事故,应填"92—1";

(2)"事故类别"栏:填事故类别,以主要原因划分,例如:主变压器故障、保护误动、接触网零部件损坏、大面积污闪、刚弓、断线等,如:"断线";

(3)"电力调度通知抢修的时间"栏:抢修工区得到电力调度员通知事故抢修的时间,如:"14 时 16 分";

(4)"停电区段"栏:填写事故引起的接触网设备停电范围,填＊＊线＊＊站至＊＊站,在双线区段应注明上行或下行,如:"京广线薛店——长葛站上行";

(5)"地点"栏:

①里程:事故发生公里标,如:"K721+895.50";

②分区亭:事故涉及到分区亭名称,如:"长葛";

③区间(隧道):填区间或隧道号;

④支柱号:填写事故发生区间、隧道的支柱号或悬挂点号;

⑤变电所:事故涉及到变电所名称,如:"薛店";

⑥开闭所:事故涉及到开闭所名称;

⑦车站:填写车站名称,并填写悬挂点号,如:"新郑,84#";

(6)"供电停电时间"栏:指事故发生至电力机车运行(或具备电力机车运行的条件)的停电时间,中间可能有临时送电,但又继续停电抢修,数次停电时间均填入,如:

	14 时 15 分至 14 时 21 分止,	
1992 年 3 月 19 日:	14 时 24 分至 14 时 29 分止,	共计 1 小时 01 分;
	14 时 33 分至 15 时 23 分止,	

(7)"抢修情况"栏:

①出动时间和人数:填写接触网工区抢修组出动时间和参加抢修人数,如:"19 日 14 时 21 分,18 人";

②到达事故现场的时间:填写抢修组到达事故现场时间,如:"19 日 14 时 24 分";

③抢修开始时间:事故抢修开始时间,如:"19 日 14 时 26 分";

④抢修结束时间:指抢修组事故抢修完成时间,如:"19 日 15 时 22 分";

(8)"耽误列车概况"栏:填写耽误列车情况,如:"货车:5 列累计 2 小时 13 分,客车:1 列累计 0 小时 20 分";

(9)"损失概况"栏:填写损失的设备和主要零部件名称以及损失金额,没有时,划"斜杠";

(10)"事故原因"栏:填写造成事故原因,如:"正馈线与保护线间跳线弛度大,在风力作用下跳线与正馈线间空气绝缘间隙变小而击穿,引起牵引变电所保护动作,断路器跳闸,接触网设备停电";

(11)"防止措施"栏:填写防止事故措施,如:"减小跳线弛度,增大跳线与正馈线间空气绝缘间隙"。

表 6-3-2　牵引供电事故报告填写参考表

郑州供电段(章)　　　　　　　　　　　　　　　　　　　　　　　　　　　编号:92—1

事故类别	断线	责任者	新郑网工区	天气	阴风力7级
发生时间	1992.3.19 14:15	电力调度通知抢修的时间	14:16	停电区段	京广线薛店 ——长葛上行
地点		里程:K721+895.50,分区亭:长葛　区间:/支柱号:隧道://号:变电所:薛店 开闭所:/车站:新郑/悬挂点:84#			
供电停电时间		自　　　　　　　　14时15分至14时21分 1992年3月19日14时24分至14时29分　　　共计1小时01分 至　　　　　　　14时33分至15时23分			
抢修情况		出动时间和人数:19日14时21分 18人 到达事故现场的时间:19日14时24分 抢修开始时间:19日14时26分 抢修结束时间:19日15时22分			
人员伤亡		轻伤:　/　人　　　　姓名:/ 重伤:　/　人　　　　姓名:/ 死亡:　/　人　　　　姓名:/			
耽误列车概况		货车:5列累计2小时13分 客车:1列累计0小时20分			
损失概况		(填写损失的设备和主要零部件名称以及损失金额) 　　　/　　　共计/元			
事故原因		正馈线与保护线间跳线弛度大,在风力作用下跳线与正馈线间空气绝缘间隙变小而击穿,引起牵引变电所保护动作,断路器跳闸,接触网设备停电。			
防止措施					
处理意见					
参加事故调查人员 (姓名职务)					

4.名词解释和说明

①"接触网中断供电"系指区间接触网停电或车站因接触网停电不能接发电力牵引的列车;双线区段为其中之一线。车站部分股道或专用线的接触网停电,该站仍能接发电力牵引的列车,不算接触网中断供电。

②"接触网停电时间"系自接触网中断供电时开始(不能按时送电时,自规定送电的时间开始),至恢复供电时为止的连续停电时间。故障停电时间与计划停电时间重复者,在计算停电时间时应将计划停电时间扣除。

由于事故损坏的设备抢修完毕,已具备送电条件,但由于其它原因不能及时送电时,应以具备送电条件的时间作为恢复供电时间。

③"耽误列车"系指列车在区间内停车;通过列车在站内停车;列车在始发站或停车站晚开超过图定的停车时间或列车调度指定的时间(包括早到不能早开、晚点列车增晚);列车停运、合并、保留。

④"耽误列车时间"系指在接触网停电时间范围内正在运行的列车因受事故的影响造成阻碍的时间。如运行的列车被迫途停或通过列车在站内停车,应自停车时开始至再开车时为止的连续停车时间;若列车在始发站或停车站晚开,超过规定时间(运行图规定或列车调度指定的时间),自规定开车时间开始到实际开车时间为止。

⑤"牵引变电所全所停电"系指牵引变电所内除自用电设备外,所有的设备均停电(不包括牵引变电所电源侧隔离开关与电源联接的部分)。

⑥在巡视、检查、修理或试验过程中,发现设备异常,有计划地进行设备整修,不算供电事故。

⑦由于同一原因同时构成行车和供电事故时,应分别上报,但供电段总事故件数仍算一件,统计为行车事故,在填写牵引供电事故报告时,在事故类别栏中应同时填写两项即供电事故和行车事故的类别。

第四节　接触网事故抢修规则

一、总　　则

接触网是电气化铁路重要的直接行车设备,是向电力机车、电动车组等安全可靠供电的特殊输电线路。

接触网沿铁路露天布置,线长点多,工作环境恶劣,使用条件苛刻,又无备用设备,一旦故障停电,将中断行车。接触网主管部门必须做到常备不懈,及时出动,迅速抢修,尽快恢复供电,保证行车。

接触网抢修要遵循"先通后复"和"先通一线"的基本原则,以最快的速度设法先行供电、疏通线路和及早恢复设备正常的技术状态。

在抢修工作中,要严格执行行车和高空、电气安全作业等有关规定和防护措施,防止扩大事故范围和发生意外事故。

本规则适用于电气化铁路接触网事故抢修和其它事故引起的接触网修复配合工作。

各铁路局可结合本局具体情况制定实施细则。

二、抢修组织

1. 为了加强接触网事故抢修工作的领导,做到临阵不乱,指挥得当,有条不紊,必须建立健全各级责任制。供电段和领工区均要成立接触网事故抢修领导小组。

供电段接触网事故抢修领导小组由主管段长任组长,组员包括技术、安全、材料、总务室主任及生产调度。

领工区接触网事故抢修领导小组由领工员任组长,组员包括主管工程技术人员及各工区工长。

2. 每个接触网工区应以比较熟练的工人为骨干组成抢修组,组长由工长或安全技术等级不低于四级的人员担当,组内应明确分工,有准备材料工具的人员、防护人员、坐台联系人、网上作业人员和地面作业人员等。抢修时工作领导人和防护人员应佩戴明显的标志,各司其职。平时作业应尽量按抢修组的组成作业组,以加强协调配合,一旦故障停电,可以配套出动抢修,当人员变动时要及时调整和补充。

3. 每个接触网工区在夜间和节假日必须经常保持一个作业组的人员(至少12人)在工区值班。工区应有值班人员的宿舍和卧具,并经常保持清洁、安静、保证值班人员休息好。

4. 对于较大的接触网事故,主管段长、领工员及事故抢修领导小组成员要及时赶到现场组织指挥抢修,及时解决存在问题。

三、抢修工作

1. 制定抢修方案,应本着"先通后复"的原则,以最快的速度设法先行供电,疏通线路,必要时可采取迂回供电、越区供电和降下受电弓通过等措施,尽量缩短停电、中断行车时间,随后要尽快安排时间处理遗留工作,使接触网及早恢复正常技术状态。

在双线电化区段,除了按上述"先通后复"的原则制定抢修方案外,还要集中力量以最快的速度设法"先通一线"尽快疏通列车。

故障范围较小,抢修时间不长,无需分层作业,则应抓紧时间一次抢修完毕,恢复供电、行车。

2. 电气化区段的所有职工,无论任何时候发现接触网故障和异状,均应立即设法报告分局(或供电段,下同)电力调度或列车调度(若列车调度先接到报告,应立即通知电力调度),并应尽可能详细地说清故障范围和破坏情况,必要时事故地点设置防护措施。

3. 供电运行各级主管部门,都必须牢固地树立为运输服务的思想,所有事故无论是否供电责任事故,都要从全局出发,千方百计采取措施,迅速地恢复供电和保证行车。

4. 分局电力调度得知接触网发生故障,首先要迅速判明故障地点和情况(当故障探测装置失灵时,可采取分段试送电、派人巡视等方法查找),尽可能详细地掌握设备损坏程度,立即通知就近的接触网工区和供电段生产调度,并报告分局主管部门和铁路局电力调度。铁路局电力调度及时报告铁道部电力调度。

为避免扩大事故范围,在未确认符合供电和行车条件,作业人员已撤至安全地带时,不要盲目强送电。强送电前应撤除重合闸。

5. 接触网工区接到抢修通知后,应按抢修组内部的分工,分头带好材料、工具等,白天15min、夜间 20min 内出动。工区值班人员及时将出动时间、情况报告分局电力调度、供电段生产调度和领工区。

6. 抢修车辆出动前,分局电力调度应将车号及到达的地点通知列车调度,列车调度应先放行,使之迅速到达事故现场。

7. 抢修组到达事故现场后,组长(即抢修工作领导人)要组织人员全面了解故障和设备损坏情况,制定抢修方案,并尽快地报告分局电力调度,征得分局电力调度同意后,立即组织实施。

当有两个及以上抢修组同时作业时,应由供电段事故抢修领导小组指定一名人员任总指挥。如牵涉变电设备、试验等多工种作业,由分局电力调度负责组织协调,按时完成任务。

8. 所有参加现场抢修的人员都必须服从抢修组长的统一指挥,任何人不得干扰。各级领导的指示也应通过电力调度下达,由抢修组长集中组织实施。

9. 抢修方案一经确定一般不应变动,确属必须变动者要经过分局电力调度同意,并通知有关部门。

10. 在配合行车事故救援时,接触网抢修组长应服从事故调查处理委员会主任或事故现场负责人的调动。对接触网进行停电、拆除或修复工作,并将工作情况及时报告事故调查处理委员会主任或事故现场负责人的命令向分局电力调度申请办理接触网送电事宜。

当用吊车作业必须拆除接触网时,在满足作业要求的前题下,应选择工作量最小,又容易恢复的方案。

11. 在铁路局(分局、段)分界附近发生事故时,相邻的铁路局(分局、段)应积极协助抢修,在参加抢修中服从事故所在分局(或段)电力调度和抢修组长的指挥。

12. 在接触网抢修过程中,抢修组要指定专人与分局电力调度经常保持通讯联络,向电力调度随时报告抢修进度等情况,同时电力调度员将各级领导的指示和电力调度的命令传达给接触网抢修组长。

分局电力调度要将事故抢修进度和预期完成时间等情况随时向分局领导、路局电力调度报告,铁路局电力调度要及时报告铁道部电力调度。

13. 接触网修复过程中,对关键部位要严格把关,确认符合供电行车条件后方准申请送电,送电后要观察1~2趟车,确认运行正常后抢修组方准撤离事故现场。

申请送电时要向分局电力调度说明列车运行应注意的事项,电力调度要及时通知列车调度,必要时向司机和有关人员发布命令周知。

14. 注意保存事故及抢修工作的原始资料,电力调度对事故处理过程中的通话应进行录音,待事故分析后再保存一个月方可消除。

接触网抢修组长要指定专人写实事故及其修复的情况包括必要的拍照,有条件时可进行录相,收集并妥善保管故障拉断或烧坏的线头、损坏的零部件等,以利事故分析。

对典型事故的照片、报告、损坏的线头、零部件等供电段应作为档案资料长期保存。

15. 为保证抢修工作的顺利进行,所在分局、供电段和领工区必须做好后勤服务工作,保证抢修人员的饮食供应,必要的御寒衣物等要及时送到事故现场。遇到较大的事故,需要连续作业时间较长时,应安排替换人员。

16. 供电段对每件事故除按《铁路行车事故处理规则》和《牵引供电事故管理规则》的要求认真分析原因,制定防止措施,逐级上报外,同时还要分析抢修工作中的经验教训。对好人好事要及时表彰和奖励;对贻误时机,工作不得力者要严肃批评;对玩忽职守,不服从指挥者要给以处分。对抢修中采用的先进方法、机具等应及时推广,对存在的问题要认真研究制定改进措施,不断完善抢修组织、方法,提高工作效率。

四、安全作业

1. 在整个抢修工作中,特别要强调作业安全。要严格遵守《接触网安全工作规程》和有关规定,坚持设置行车防护。防护人员要思想集中,坚守岗位,履行职责,及时、准确地传递信号。

2. 在攀杆、登梯和车顶上高空作业时,除按有关规定执行外,要特别强调在接触网上整个作业过程中必须系好安全带和戴好安全帽。

3. 抢修作业必须有停电作业命令和验电接地,方准开始作业。抢修作业组长(工作领导人)在抢修作业前要向作业人员宣布停电范围,划清设备带电界限。对可能来电的关键部位和抢修作业地段,要按规定设置可靠足够的接地线。

4. 在拆除接触网作业时,要防止支柱倾斜,线索断线、脱落等;在抢修恢复作业中,对安装的零部件特别是受力件要紧固牢靠,防止松脱、断线引起事故扩大。

第七章 铁路牵引供电调度规则

第一节 总则和组织机构及职责范围

一、总 则

供电调度是指挥电气化铁路运输的重要组成部分,各级供电调度是牵引供电设备运行、检修和事故抢修的指挥中心,也是电气化铁路安全供电的信息中心。

供电调度员是供电运行的指挥者,其主要任务是正确指挥牵引供电系统的运行,统一安排设备的停电检修,协调有关部门千方百计提高"天窗"时间兑现率和利用率;正确、果断地指挥故障处理,最大限度地缩小故障范围,减小事故损失,迅速恢复供电和行车;进行供电设备故障分析,提供准确的分析报告。各级供电调度员必须具备供电专业知识,熟悉管辖范围内供电设备的状况,密切联系群众,严肃认真,实事求是,不断提高指挥水平。

为加强供电调度管理,充分发挥供电调度的作用,特制定本规则。

郑铁局根据铁机(1992)143 号文"关于公布《铁路牵引供电调度规则》(以下简称《调规》)"的通知"要求于 1994 年 7 月 1 日以郑铁机[1994]210 号文公布实施了《牵引供电调度工作细则》(以下简称为《调细》)"。

二、组织机构及职责范围

1. 供电调度系统由铁道部、铁路局、铁路分局供电调度和供电段生产调度组成,实行统一管理、分级负责。

铁道部供电调度指导各铁路局调度的工作。

铁路局供电调度指导各铁路分局调度的工作。

铁路分局供电调度直接指挥管内牵引供电设备的运行、检修和故障处理。

供电段(包括有牵引供电业务的水电段,下同。)生产调度,其业务受分局供电调度的指导。

2. 各级供电调度台的设置及人员配备标准、颁制由各级根据工作需要自行确定。

3. 各级供电调度的职责范围

(1)铁道部供电调度

①掌握全路牵引供电设备及信号电源的安全运行状况;指导各局供电调度业务;协调各局之间的有关调度事宜;

②审批牵引变电所跨局越区供电的方案,下达跨局使用移动变压器的命令,并督促有关部门尽快运达目的地和投入运行;

③及时掌握接触网和信号电非正常停电以及供电、电力人员重伤及以上的工伤情况。督促有关部门抓紧抢修,尽快恢复供电并迅速查清原因、落实责任、制定防范措施,尽早见诸实效;

④负责指导涉及两个及以上铁路局的牵引供电设备故障抢修。根据铁路局请求或部内安排会同有关部门解决检修或处理故障所需跨局停、送电的有关事宜。并立即通知主管领导和安

监司值班人员；

　　⑤当外部电源非正常停电时，及时与能源部电力调度联系（必要时报国家计委、国务院等），迅速恢复供电；

　　⑥督促各局按时上报各种供电报表和供电段履历簿，及时汇总分析供电指标及"天窗"三率的完成情况并提出改进措施；

　　⑦对全路牵引供电设备故障跳闸、弓网故障进行月、季、年度总结、分析，提出改进措施，必要时向全路通报；

　　⑧掌握运行图编制中"天窗"时间的安排情况，及时提出改进意见；

　　⑨根据铁路局要求，联系协调有关部门尽快安排跨局使用的接触网检测车、发电车等供电、电力有关车辆的运送；

　　⑩领导交办的其它事项。

　　（2）铁路局供电调度

　　①贯彻执行有关规章制度、上级命令和指示；

　　②掌握全局牵引供电设备及信号电源的安全运行状况，指导各分局供电调度业务；

　　③审批牵引变电所跨分局越区供电的方案，下达跨分局使用移动变压器的命令并组织实施；

　　④及时掌握接触网和信号电源非正常停电及与牵引供电有关的行车事故的详细情况（包括故障发生的时间、地点、原因、设备损坏、人身伤亡、影响行车及抢修处理情况等），对抢修方案、组织实施等提出指导性意见，同时将故障情况立即报告铁道部供电调度及路局安监室；

　　⑤负责指导涉及两个以上分局的牵引供电故障抢修工作，当发生重大、大事故时，协助铁路分局做好涉及牵引供电业务的各项有关工作，促其尽快恢复供电和行车；

　　⑥当地方电源故障影响牵引供电时，负责与有关电业部门联系，组织恢复供电并及时报告铁道部供电调度；

　　⑦定时收取供电设备及人身安全情况并及时报告铁道部供电调度。随时掌握设备跳闸情况、"天窗"和检修任务执行情况、汇总并按时上报有关供电报表。负责全局月、季、年度故障跳闸和弓网故障分析、总结，针对存在问题及时提出改进措施；

　　⑧参加运行图"天窗"时间及每月停电计划的编制，掌握、分析图定"天窗"和计划停电时间的实施情况，及时提出改进措施；

　　⑨根据分局要求，联系和安排需跨分局运行的试验车、接触网检测车等车辆的调动和运行；

　　⑩领导交办的其它事项。

　　（3）铁路分局供电调度

　　①贯彻执行有关规章制度、上级命令和指示；

　　②直接指挥牵引供电设备的运行和故障处理、事故抢修。正确下达倒闸和作业命令，及时查找故障跳闸原因，迅速组织抢修，尽快恢复供电，最大限度地缩小故障范围，减小损失并立即通知供电段生产调度同时报告铁路局供电调度和安监室；

　　③掌握牵引供电系统的安全运行情况，电压质量、主要设备的技术状态，对危及安全运行的设备缺陷必须及时组织处理。对防止事故的好人好事及时通报有关单位。遇有重伤及以上的工伤事故要详细记录事故情况并及时通知供电段生产调度，同时报告铁路局供电调度；

　　④汇总并上报各段的停电计划，根据图定"天窗"时间及铁路局、分局下达的停电计划，与

行车调度密切配合,组织实施。参加调度日班计划的制定,千方百计提高"天窗"时间兑现率和利用率;

⑤掌握牵引变电所电源及负荷情况,有条件上的按线(或区段)绘制典型负荷曲线,对经常超负荷运行的区段,要及时与行车调度联系(必要时报告主管运输的分局长),调整列车运行;

⑥电气化铁路开通前应及时与电业部门签订调度协议,明确设备分界及调度分工;

⑦参与电气化工程竣工验收及涉及改变既有设备运行方式施工的安全技术措施的制定;

⑧当发生危及人身、设备安全紧急情况时,供电调度有权先停电后报告;

⑨妥善保存事故状态下的原始资料,参加有关事故的调查分析;

⑩协助供电段生产调度联系安排试验、测量、检修等车辆和移动变压器的运行;

⑪领导交办的其它事项。

(4)供电段生产调度

①掌握牵引供电设备(有电力业务者应包括电力)大、中、小修进度及改造工程的完成情况,对存在问题要及时报告主管段长并通知有关股室,促其尽快解决;

②掌握管内电气化区段的安全情况和主要设备的质量状况,对影响安全运行的设备缺陷及时通知有关车间、领工区抓紧处理,对防止事故的好人好事要及时报告主管段长和分局主管科(分处);

③当电气化区段发生故障时要立即报告分局供电调度及有关部门和主管段长,同时协助分局供电调度组织抢修和做好记录;

④负责办理检测、化验、试验、检修车辆和移动变压器的运送手续,掌握工区检修车辆的使用、运行和技术状态;

⑤参加段生产例会,经常和定期分析供电、电力(有电力业务者)设备检修任务完成情况,针对存在问题及时提出改进措施并报告主管段长和通知有关股室、领工区组织实施;

⑥有电力业务段的生产调度应掌握电力设备运行情况,当发生故障时要立即组织抢修;

⑦领导交办的其它事项。

《调细》中"组织机构和职责范围"对《调规》"组织机构和职责范围"补充说明如下:

1. 铁路局供电调度系统由铁路局供电调度、分局供电调度和供电(水电)段生产调度组成。实行统一管理,分级负责。

2. 铁路局供电调度受铁道部供电调度业务指导,并对各分局供电调度和供电(水电)段生产调度实行业务指导,其业务受机务处指导。

3. 分局供电调度直接指挥管内牵引供电系统的运行检修和事故处理,在业务上受供电(机务)分处领导。

4. 供电(水电)段生产调度在供电调度业务上受路局、分局供电调度指挥,当供电调度由供电段管理时,比照本细则的分局供电调度条文执行。

5. 铁路局供电调度职责范围

(1)及时掌握全局牵引供电系统及信号电源的运行情况,设备状态和大修、改造、科研项目中需要改变或临时改变的牵引供电系统的运行方式;

(2)审批跨分局越区供电方案,下达跨分局使用移动变压器的命令并组织实施。联系跨局越区供电并组织实施;

(3)掌握牵引供电和信号电源设备的跳闸和弓网故障的详细情况及与其有关的行车事故的详细情况(包括轨道车)。及时收集故障或事故的时间、地点、原因、设备损坏、人身伤亡、影响行车及抢修进度的情况,对抢修方案、组织实施提出指导意见。同时将事故情况向路局调度所及机务处汇报,并报部电调。

6. 铁路分局供电调度的职责范围

(1)直接指挥牵引供电系统的运行、检修和事故抢修,批准在牵引供电设备上进行的停电或带电作业;批准管辖范围内各种设备的倒闸,正确下达倒闸和作业命令,或进行远动装置的倒闸操作;迅速组织牵引供电故障地点和跳闸原因的查找,并统一指挥事故抢修,最大限度地缩小事故范围,尽快恢复供电;

(2)掌握管内牵引供电设备安全运行情况及主要设备的技术状况,对危及安全运行的设备缺陷,及时组织处理。当发生供电设备停电、弓网事故或有重伤及以上的工伤事故时要详细询问并记录,及时通知供电段生产调度,同时将事故概况报路局供电调度和分局供电(机务)分处;

(3)根据调度协议,接受供电局电力调度(简称地调,下同)对相应设备的倒闸命令,及时组织实施。当地方电源非正常停电时与地调联系,尽快恢复供电;

(4)接受路局供电调度关于跨分局、跨路局越区供电的调度命令,并组织实施;

(5)及时收集供电系统运行中所发生的跳闸、弓网故障、"天窗"三率、违章、危机等情况和行车及人身安全情况。汇总并及时上报有关供电报表,负责全分局月、季、年度故障跳闸分析,针对存在问题提出改进措施;

(6)电气化铁路开通前与电业部门签定调度协议工作。明确设备分界和调度分工。

7. 供电段生产调度职责范围

(1)按时收集本段"天窗"三率、事故、跳闸、违章、违纪等情况。督促指导段辖各检修班组合理使用"天窗",完成检修计划。按月向分局供电(机务)分处、局机务处上报有关供电报表。负责提报由局、分局确定的施工要点计划,一经下达即督促执行;

(2)掌握牵引供电设备(有电力业务者应包括电力)大、中、小修进度及改造工程的完成情况,对存在问题要及时报告主管段长并通知有关股室、车间领工区组织实施,促其尽快解决;

(3)掌握段内各种车辆及司乘人员的状况,并对段管内各种车辆进行调度。

8. 供电(水电)段牵引供电系统各牵引变电所、分区亭、开闭所、AT所、接触网工区、检修、试验班组应坚决执行电调命令,一旦发生供电事故或跳闸要积极进行查找处理,并及时将现场情况向分局供电调度和段生产调度报告,以便在电调统一指挥下及时恢复供电。各级供电调度在接到供电事故汇报后要及时向上级调度通报事故概况,不得隐而不报或隐瞒事实真相。

9. 牵引供电设备的分界

(1)对下述设备操作、停电或检修必须有供电调度命令;

①牵引变电所、开闭所、分区亭、AT所的110 kV、55 kV、27.5 kV的断路器、隔离开关(不含动力变压器原边断路器、隔离开关)、牵引变压器、自耦变压器、自用变压器、电压互感器、电流互感器、并联电容器、母线和相应的二次设备、远动装置、直流电源系统;

②接触网、馈电线、加强线、并联线、捷接线、AF 线、PW 线、避雷装置、吸回装置及相应的隔离开关停、带电检修及操作;

(2)牵引变电所的避雷器、动力变(含相应的断路器、隔离开关)的操作可不需电力调度的命令,但在这些设备上作业需供电调度管辖的设备停电或进行带电作业时需取得供电调度的批准;

(3)对车站、机务段或路外厂矿等单位有权操作的隔离开关,在向供电调度申请倒闸作业

之前要有要令人向该站、段、厂矿等单位主管负责人办理倒闸手续;

(4)属电业部门地调调度的设备由调度协议确定。

第二节 各级供电调度应具备的条件和要求

一、供电调度员

1. 供电调度员必须树立为运输服务的思想,具有全局观念,指挥决策的素质和独立处理问题的能力,有一定的技术理论及专业知识,应具有中专及以上文化水平。供电调度员应在具有一定实践工作经验的牵引变电所值班员或接触工中选拔,也可由技术人员担任.供电调度员必须熟悉牵引供电设备的运行、检修工作。铁道部、铁路局和有电力业务的供电段调度员还应掌握一定的电力专业知识。

2. 供电调度员在上岗之前必须经过培训、实习并考核通过后方能独立担当调度员工作。培训期一般不少于 5 个月,除学习有关规章制度和专业理论外,还应到管内牵引变电所、接触网工区(有电力业务者还应到电力变、配电所和工区)熟悉设备运行情况和检修业务.各级供电调度员每年至少有一个月的时间深入牵引变电所和接触网工区(有电力业务者还应到电力变、配电所和工区)熟悉情况。

3. 经培训并考试合格后可聘为实习调度员,实习调度员在调度主任指定的调度员监护指导下,实习值班调度工作,两个月经考核合格方能独立担当调度员工作。实习调度员在跟班实习期间发布命令和处理故障需在指定的调度员监护下进行,监护人员应对其所进行的工作负责。

4. 分局供电调度员中断调度工作一个月以上者,至少见习 3 天,经调度主任(或主任调度员,下同)批准方可继续值班,中断调度工作三个月以上者除至少 7 天外,还应进行安全考试,考试合格后经调度主任批准方可继续值班。

5. 新建的电气化区段在投入运行前,应提前六个月配足定员,分局供电调度至少提前一个月介入,并参加工程部门供电调度的值班工作,熟悉设备,为投入运营做好准备。

6. 调度员值班期间,应坚守岗位,严守国家机密,严禁做与值班无关的事。

7. 铁道部供电调度员应了解和掌握

(1)掌握牵引供电各项规章制度和全国供、用电规则以及事故管理、行车事故处理规则等安全管理上的规章制度,了解铁路和电业部门有关的规章制度;

(2)熟悉牵引供电专业理论,掌握保护装置、远动装置原理及远动装置使用方法;

(3)了解行车组织、信集闭及轨道电路有关知识,能看懂列车运行图;

(4)掌握全路牵引供电设备概况及外部电源供电接线图和供电方式,熟悉调度协议和供、用电协议中铁路与电业部门的原则(包括调度权限、设备分界、检修分工等);

(5)熟悉各局分界点两侧牵引供电设备概况及跨局供电的条件;

(6)了解各条电气化区段接触线的最低高度及其所在区间,以便掌握允许通过的超限货物列车的高度;

(7)随时掌握路内移动变压器、电力发电车的容量及所在区段;

(8)了解电力专业知识,掌握铁路信号电源的供电方式和原理。

8. 铁路局供电调度员应了解和掌握

(1)掌握牵引供电各项规章制度和全国供、用电规则;掌握行车组织规则的有关部分。了解铁路电力管理规则、安全工作规程和事故管理规则以及铁路和电业部门的有关规章制度;

(2)掌握牵引供电专业理论,熟悉管内各种保护装置、远动装置的原理和操作方法;

(3)了解行车组织、信集闭及轨道电路的有关知识,能看懂列车运行图;

(4)掌握全局牵引供电设备概况及外部电源供电接线图和供电方式;

(5)熟悉各分局分界点两侧牵引供电设备概况及跨分局越区供电的条件;

(6)了解管内各条电气化区段接触线的最低高度及其所在区间,以便掌握允许通过的超限货物列车的高度;

(7)随时掌握管内移动变压器、电力发电车的容量,接触网抢修列车功能及这些车的停放地点及其状况;

(8)了解电力专业知识,掌握管内信号电源的供电方式、原理。

9. 铁路分局供电调度员应了解和掌握

(1)熟悉牵引变电所、接触网的安全运行和抢修工作规程、调度规则、全国供、用电规则;掌握行车组织规则的有关部分;了解铁路其它的有关规章制度;

(2)掌握牵引供电专业知识,熟悉管内各种保护装置的原理、定值和接线,熟悉远动装置的结构、原理并能熟练操作,掌握远动装置中供电部门与其它单位的设备分界和检修分工等;

(3)了解行车组织、信集闭及轨道电路的有关知识,能看懂并会画列车运行图;

(4)熟悉管内设备情况、外部电源接线、供电方式,熟知调度协议和供、用电协议,了解各段、工区抢修材料、零部件、工具储备情况和夜间、节假日抢修人员的值班情况,各牵引变电所、接触网工区的地理环境、道路设施等外部条件;

(5)随时掌握管内移动变压器的容量,接触网抢修列车的功能、状况、停放地点及管内所有接触网作业车、轨道车、汽车的动态;

(6)熟知管内接触线的最低高度及其所在地点,以掌握允许通过的超限货物的列车高度。

10. 供电段生产调度应了解和掌握

(1)熟悉牵引变电所接触网运行、检修规程和安全工作规程,了解铁路和电业部门有关规章制度和管内主要设备的检修工艺;

(2)掌握牵引供电专业知识、管内各种保护装置的原理、整定值及远动装置的原理、结构和操作方法;

(3)了解行车组织知识,能看懂列车运行图,掌握行车组织规则的有关部分;

(4)熟悉管内设备情况及外部电源接线和供电方式,掌握调度协议和供、用电协议;掌握管内各工区抢修材料、零部件、工具的储备及夜间、节假日抢修人员的值班情况;掌握各牵引变电所、接触网工区的地理环境、道路设施等外部条件;

(5)随时掌握段内汽车、轨道车及管内接触网抢修列车的状态,移动变压器容量及上述车辆的动态;

(6)有电力业务者,应掌握有关的电力业务知识,安全运行检修规章,以及信号电源、电力贯通线的供电方式和发电车容量及其存放地点。

二、供电调度室

1. 供电调度室应光线充足、隔音、湿度适宜、通风、防尘良好。

2. 各级供电调度室均应配备录音电话,分局供电调度室还有直接呼叫管内各牵引变电所、接触网工区、车站的直通电话及与有关电业部门的自动电话或直通电话。

3. 各级供电调度室均应有显示管内牵引供电设备状况的模拟图(有电力业务者还就有自闭电源供电的分段图),分局供电调度室的模拟图应显示出牵引变电所、开闭所、分区亭、AT所的位置、容量及主接线、接触网分段,领工区、工区的位置,管辖范围等,并能正确适时地反应出变电设备和接触网设备的带电状态。

4. 各级供电调度室应具有的资料

(1)铁道部供电调度

①各电气化区段各牵引变电所的外部电源接线图和接触网供电分段图;

②全路各电气化区段各牵引变电所及枢纽所在地开闭所的主结线图;

③全路各电气化区段各领工区和接触网工区管辖范围示意图;

④全路各电气化区段接触线距轨面的最低高度及所在区间;

⑤接触网抢修列车的功能和所在段;

⑥全路移动变压器的容量、并联运行的条件及所在段;

⑦全路自动闭塞电源及电力贯通线供电分段图;

⑧跨局越区供电的有关技术资料。

(2)铁路局供电调度

①管内电气化区段各牵引变电所的外部电源接线图和接触网供电分段图;

②管内各牵引变电所、分区亭、开闭所、AT所的主接线图,二次结线图;

③管内电气化区段各领工区和接触网工区管辖范围示意图;

④管内各电气化区段接触线距轨面最低高度及所在区间;

⑤管内接触网抢修列车的功能、组成和存放地点;

⑥管内各移动变压器的容量,并联运行的条件及所在区间;

⑦管内各区间和车站的接触网平面布置图,每个电气化区段中典型的接触网支柱和隧道内悬挂安装图以及设备安装图;

⑧管内各调度区段的调度协议,供、用电协议;

⑨跨局和分局越区供电的有关技术资料;

⑩有电力业务者尚应有自动闭塞区段及电力贯通线的供电分段图,及相应的变、配电所主接线图。

(3)铁路分局供电调度

①管内电气化区段各牵引变电所的外部电源接线图和接触网供电分段图;

②管内各区间和车站的接触网平面图,每个电气化区段中各类型支柱和隧道内悬挂安装图以及设备安装图;

③管内各领工区、接触网工区管辖范围示意图;

④管内接触网抢修列车的功能、组成和存放地点;

⑤管内各电气化区段接触线距轨面的最低高度及所在区间;

⑥管内所有接触网用作业车、轨道车、汽车等的功能及其停留地点;

⑦管内各移动变压器的容量、并联运行的条件及所在地点;

⑧管内各区间和车站的接触网平面布置图,每个电气化区段中各类接触网支柱和隧道内悬挂图以及设备安装图;

⑨跨分局和段越区供电的有关技术资料；

⑩管内各电气化区段的调度协议和供、用电协议。

(4)供电段生产调度

①管内各牵引变电所外部电源接线图及接触网供电分段图。

②管内牵引变电所、分区亭、开闭所、AT所的主接线图；

③管内牵引供电(有水电业务者包括水电)主要设备的检修计划；

④段承担主要工程的施工计划；

⑤有电力业务者尚应有电力贯通线、自闭电源线的供电分段图及相应的变、配电所的主接线图。

5. 各级供电调度应建立的原始记录,分析资料及其保存期限。

(1)铁道部供电调度

①值班日志(包括交接班记录);	5年
②机电报1、2、3、4;	长期
③各局弓网故障统计表及全路弓网故障情况汇总表;	长期
④弓网故障及供电跳闸分析;	10年
⑤"天窗"三率分析。	5年

(2)铁路局供电调度

①值班日志(包括交接班记录);	5年
②机电报1、2、3、4;	长期
③各段弓网故障统计表及全局弓网故障情况汇总表;	长期
④弓网故障及供电跳闸分析;	10年
⑤"天窗"三率分析。	5年

(3)铁路分局供电调度

①值班日志(包括交接班记录);	5年
②牵引变电所倒闸操作和作业命令记录;	5年
③接触网倒闸操作和作业命令记录;	5年
④断路器自动跳闸记录(按跳闸顺序排列,应记录日期、跳闸时间和所别、断路器名称、故测仪指示值、停电区段、故障地点及跳闸原因、复送时间、停电时间);	长期
⑤各段弓网故障统计表及全分局弓网故障汇总表;	长期
⑥全分局弓网故障及跳闸分析;	10年
⑦各工区及牵引变电所、亭提报的停电作业计划;	10年
⑧局、分局下达的日施工计划的有关部分;	10年
⑨"天窗"三率分析。	10年

(4)供电段生产调度

①值班日志(包括交接班记录);	5年
②故障速报(机电报6);	长期
③"天窗"时间、上网率分析;	5年
④牵引供电(有水电业务者包括水电)主要设备检修计划完成情况分析;	5年
⑤段承担的主要工程完成情况分析;	3年
⑥局、分局下达的月施工计划的有关部分。	5年

6. 所有原始记录均不得用铅笔填写,对长期保存的记录应使用钢笔填写,不得使用圆珠笔,填写要认真,字迹要清楚、工整、不得涂改。

《调细》中"各级供电调度应具备的条件"对《调规》"各级供电调度应具备的条件和要求"补充说明如下:

1. 供电调度员具有较丰富的实践经验和一定的微机操作知识。

供电调度员实行逐级择优选拔制,路局电调度员从分局供电调度员或基层段有丰富经验的人员中选拔,分局供电调度员从供电段生产调度及具有一定工作经验的变电值班员或接触网工中选拔,也可由技术人员担当。

2. 供电调度员分为学习调度员、实习调度员、调度员、分析调度员和主任调度员。

学习调度员培训不得少于 5 个月,学习调度员经过现场学习,业务考试合格后升为实习调度员,实习调度员在调度主任指定的调度员监护指导下实习值班业务,实习调度员在跟班实习期间发布命令和处理故障须在指定的调度员监护下进行,监护人对其所发生的工作负责。两个月后经考试合格后升为调度员,独立担当调度员工作。

3. 各级供电调度员要加强业务学习,不断提高业务水平,并做到:

(1)掌握牵引供电专业知识,熟悉管内各种保护装置、远动装置的原理。实现远动化的分局供电调度还应能对远动装置熟练操作;

(2)熟知管内接触网的最低高度及所在区间,以便掌握允许通过超限列车的高度;

(3)局、分局供电调度要随时掌握管内移动变压器的容量,接触网抢修列车的功能、状况及停放地点;分局供电调度还应随时掌握管内所有接触网作业车、轨道车、汽车的动态;

(4)局供电调度要掌握全局的牵引供电设备概况、外部电源供电接线图和供电方式。分局供电调度要熟悉管内设备情况、调度协议和供用电协议,了解各工区抢修材料、零部件、工具储备情况,夜间、节假日抢修人员的值班情况,各所、亭、网工区的地理环境、道路设施等外部条件;

(5)路局供电调度要熟知各分局分界点两侧牵引供电设备概况及跨分局、跨局越区供电条件;

(6)路局供电调度要了解电力专业知识,掌握管内信号电源的供电方式。

4. 分析调度员除应符合供电调度员的要求外,还应在电调主任的领导下,协助电调主任搞好工作,当好参谋:

(1)保管好技术资料及其它用具;

(2)按规定日期要求将供电调表 11(填写方法如表 7-2-1 所示),施工申请单报上级有关部门及系统地调;

(3)了解设备运行及负荷情况,开展运行分析,提出经济运行措施;

(4)汇总供电调表 12(填写方法如表 7-2-2 所示),分析天窗三率,并及时上报上级有关部门;

(5)对管内每一事故处理要组织分析,总结经验教训,针对不足之处,指定改进措施,并参加有关的事故调查分析会。

施工申请单填写方法和要求如下:

(1)"施工内容"栏:填写施工具体内容,如:"更换 56#～57#、58#～59#软横跨";

(2)"所需时间"栏:填写施工时间,如:"9 时 30 分～11 时 30 分";

(3)"施工安全"栏:填写施工时应注意安全,如:"采用垂直天窗,封闭上下行线路"。

表 7-2-1　施工申请单填写参考表

供电调表—11

顺　　号	站　　号	施工日期	施工内容	所需时间	施工安全措施	附　　注
1	薛店车站	1997.6.22	更换 56#～ 57# 58#～59# 软横跨	9:30～ 11:30	采用垂直天窗， 封闭上下行线路	

5. 供电调度主任在符合供电调度员的要求外，做到：

(1)负责供电调度室的全面工作，加强纪律教育，搞好班组团结；

(2)制定政治业务学习计划，组织监督安全技术规程制度的学习和贯彻，按期组织考试；

(3)组织参加调度事故分析，提出防范措施；

(4)检查了解调度值班工作，对不安全因素、错误及事故要严肃认真及时进行分析，制定防范措施；

(5)月初组织调度工作会议，总结上月工作，布置当月任务及注意事项。

月份各班停电统计填写方法和要求如下：

(1)"班次"栏：调度班次名称，如"2"；

(2)"停电时间"：行调兑现时间（《牵引供电停、送电登记簿》上起止时间）、申请时间、实际停电时间（牵引变电所停、送电倒闸完成时间）、作业时间（消令时间减批准时间）；

(3)"供电臂"栏：供电臂名称，如："薛店——五里堡下行"；

(4)"申请"栏：申请时间合计；

(5)"兑现率"栏：兑现时间/申请时间×100％；如："85％"；

(6)"利用率"栏：作业时间/实际停电时间×100％，如："95％"；

表 7-2-2　月份各班停电统计填写参考表

供电调表—12

班　　　　　次		2																			
日期 停电时间		1	2	3	4	5	6	7	8	9	10	21	22	23	24	25	26	27	28	29	30	31
供电臂、天窗点(h)																						
薛店——五里堡 上行 1.5h	兑现/ 申请	60/ 90																				
	作业/ 实际	50/ 55																				
其　　　它																						
合　　　计																						
申　　　请																						
兑现率％		85																				
利用率％		95																				
各班累计	一 二 三 四																					

6. 供电调度员中断调度工作一个月以上者，至少见习 3 天，经调度主任批准，方可继续值

班;中断调度工作 3 个月以上者,至少见习 7 天,还应进行安全考试,合格后经调度主任批准方可上岗继续值班。

7. 新建的电气化区段在投入运行前,应提前 6 个月配足供电调度员,分局供电调度员要提前两个月介入,并参与工程部门的供电调度值班,熟悉设备,为投入运行做好准备。

8. 供电调度室应光线充足、隔音、通风、防尘,温度适宜;操作实现远动化的调度室室内还应有取暖降温设备。

9. 各级供电调度均应配有录音电话,分局供电调度还应配有直呼管内各所、亭、网工区、车站的直通电话及与地调联系的直通和自动电话;各供电调度室宜配备微机,做到一台一机,并尽可能达到联网管理。

10. 各级供电调度匀应有显示管内牵引供电设备状况的模拟图(有电力业务者还应有自闭电源的分段图),分局供电调度室的模拟图还应能显示出所亭的位置,牵引变压器的容量及主接线、接触网分段、领工区和接触网工区的位置及管辖范围等,并能正确的反应出供电设备的带电状态。

11. 所有原始记录均不得用铅笔填写,对长期保存的记录要用钢笔填写,不得用圆珠笔,填写要认真,字迹要清晰、工整,不得涂改。

第三节 工 作 制 度

一、值 班

1. 供电调度员是牵引供电系统运行、操作、故障处理等调度命令的唯一发布人,所有牵引供电运行、检修人员必须服从供电调度的指挥。各级领导发布的命令、指示等凡涉及供电调度的职权者均应通过供电调度下达。

2. 供电调度员在发布命令和通话时应口齿清楚、简练、用语准确并力求讲普通话,在发布命令和通知时应先拟后发,先将命令和通知的内容填写在相应记录中,详细请见本章第五节,认真审核,确认无误后方可发出,每个命令必须有编号和批准时间,否则无效。供电调度员向一个受令人同时只能发布一个命令,该命令完成后方可发布第二个命令,当发布的命令因故不能执行完毕时,应注明原因,立即消除该命令,但不得涂改并及时报告调度主任。

3. 使用远动装置的调度台,每个台、每班应设正、副两名调度员值班,操作时副值班员在正值班员监护下执行。

4. 调度命令发布后,受令人若对命令有疑问应向值班调度员提出,弄清命令内容后方可执行,受令人若对调度命令持不同意见,可以向发令人提出,若发令人仍坚持执行时,受令人必须执行。如执行该项命令将危及人身和设备安全时,受令人有权拒绝执行,但应立即向调度员和主管领导说明理由,并做好记录备查。

5. 属各级供电调度管辖的供电设备,没有值班调度员的命令,不得改变原运行状态,遇有危及人身或设备安全紧急情况可不经值班调度员同意先断开有关断路器和隔离开关,但操作后应立即报告值班调度员,恢复供电时则必须有调度命令。

二、交接班

1. 交班人员应在下班前30 min做好准备,填好交接班记录(《调细》中供电调度表—6,填写方法如表 7-3-1 所示),记清应交接的事项,如供电分段的变化,故障情况及运行和检修班组的申请和要求、图纸、资料、通话工具的变更等。

表 7-3-1　交接班记录填写参考表

日　　　期	内　　　容	交接班签字
1997.10.20	五里堡网工区申请五小区间停电,处理 10 月 19 日下午巡视时发现的 86#定位器坡度过小缺陷	

2.交接班时,交班人员根据各级供电调度的职责应向接班人员交清下列有关事项:

(1)尚未结束的作业,作业组要令人姓名、作业地点和内容、恢复供电时应注意的事项;

(2)与接班人员共同核对模拟图,应与实际运行方式相符;

(3)设备缺陷及其处理情况;

(4)设备运行方式及供电分段的变更情况、原因及注意事项;

(5)故障处理情况,应将当班期间的情况详细记录清楚,必要时可绘图说明;

(6)对照交接班记录向接班人员逐条说明,遗留工作应详细交清,对接班人员提出的疑问应解释清楚,否则接班人员有权拒绝接班。

3.接班人员应按规定提前15 min到班,做好下列工作:

(1)阅读值班日志(对两班制以上者)至少阅读两个班的日志;

(2)看模拟图,掌握设备运行状态;

(3)分局供电调度员还应查阅接触网、牵引变电所作业命令及倒闸记录,掌握接班后的倒闸和作业情况。

4.交接班手续完毕后由接班调度员签字,此后值班工作由接班者负责,在签字前班中工作均由交班者负责。接班调度员未到班,交班调度员应继续执行调度任务并报告调度主任。

5.供电调度员接班后,应了解下一级调度的工作情况,分局调度应了解管内各牵引变电所、接触网工区、开闭所、有人值班的分区亭、AT 所值班人员情况,核对模拟图,核对时钟。

6.正在进行操作和处理故障时,不得交接班,只有在故障处理告一段落并有详细记录时方可进行交班。

三、报　　告

1.每日 6:30~7:30、18:00~20:00 铁路局供电调度,向铁道部供电调度报告:

(1)影响行车的供电设备故障(接触网非正常停电及供电设备损坏使列车不能继续运行;由于供电原因需降低列车牵引重量或速度,限制列车运行或降弓运行,改变列车或机车的运行方式等)和电力设备故障或人员误操作影响信号电源的详细情况。凡发生行车事故,均应立即填事故登记簿。

按《事规》条例要求,逐级上报有关部门;

(2)供电段、水电段、大修段发生人员重伤以上的事故(发生时间、地点、人员姓名)原因及抢救情况;

(3)牵引供电重要设备异常现象,虽未影响行车但严重威胁供电、行车安全,例如:主变压器故障被迫停运,断路器爆炸,牵引变电所馈出线全部停电等;

(4)接触网供电分段及主变压器运行方式的变更及跳闸情况(件数、原因、停时);

(5)各区段危及正常供电、正常行车时的最大负荷和接触网的最低电压(时间、地点、数值、

持续时间,当时列车车次、牵引重量及运行区间);

(6)防止事故的好人好事。

2. 铁道部当班调度员参加机务局每日交班会,在交班会上应报告:

(1)本节"报告"第 1 条第(1)款;

(2)本节"报告"第 1 条第(2)款;

(3)牵引变压器故障情况(发生时间、地点、变压器编号、动作的保护名称、故障原因、设备损坏情况、供电及影响行车情况);

(4)防止事故的好人好事。

3. 供电段生产调度向分局供电调度及分局供电调度向铁路局供电调度报告的时间和内容由各局自行制定。

调细中"工作制度"对《调规》"工作制度"补充说明如下:

1. 供电调度是牵引供电系统运行、操作和故障处理等调度命令的唯一发布人,所有牵引供电设备的运行、检修人员必须服从供电调度的指挥。各级领导发布的命令、批示等凡涉及供电调度职权的均应通过供电调度下达。

2. 供电调度员在发布命令或通话时应口齿清楚、简练、用语准确,力求讲普通话,在发布命令和通知时应先拟后发,认真审核,确认无误后方可发出。每个命令必须有编号和批准时间,否则无效。

供电调度员向一个受令人同时只能发布一个命令,该命令完成后方可发布第二个命令,当发布的命令因故不能执行完毕时,应立即消除该命令,并注明原因,但不得涂改。

3. 供电调度在值班期间应做到:

(1)及时正确下达各种命令和指示;

(2)正确分析、判断、查找事故跳闸原因,采取有效措施,迅速指挥事故处理,并详细填写供电调表—5,填写方法如表 7-3-2 所示;

(3)进行无拟定操作卡片的操作时,应提前填写供电调表—18,填写方法如表 7-3-3 所示,进行复杂停电作业时,应提前填写供电调表—17,填写方法如表 7-3-4 所示;

4. 白天值班调度还应做到:

(1)接班后要将停电作业申请进行综合安排,审查作业内容和安全措施,确定停电的区段和设备,正确填写供电调表—16(填写方法如表 7-3-5 所示)和供电调表—17,必要时填写供电调表—18;

(2)加强同行调联系,落实停电计划,对每一停电区段的停电时间,停电前2h通知有关作业组,并及时办理停电;对不能实现的停电计划要提前2h通知有关班组,并说明原因,另找合适时间补上;

(3)需地调操作的设备检修,应按调度协议规定的办法执行,特殊情况要及时申请,将申请时间、联系人、内容、批准时间、批准人记入交接班记事本中(如表 7-3-1 所示);

(4)收集各接触网工区、所亭的第二天停电作业计划;

(5)按规定要求正确填写供电日报(供电调度表—3,填写方法如表 7-3-6 所示)。

5. 夜班人员应做到:

(1)根据上级指示、电报、月施工方案、供电局的批复、作业组的停电申请、设备的运行状态及检修进度,编制供电调表—16、17、18,并写供电调表—13(填写方法如表 7-3-7 所示),在规定时间内报行调计划员;

(2)按规定要求填报供电调表—12(如表7-2-2所示);

(3)根据行车计划,加强与行车调度联系,在每日7时前,以供电调表—17、16向所辖所、亭、接触网工区下达停电计划。

6. 实现远动操作的调度台,每个台每班应设正、副两个供电调度员值班,操作时副值班员应在正值班员的监护下进行。

7. 属供电调度管辖的设备,没有值班调度员的命令,不得改变原运行状态,遇有危及人身或设备安全的紧急情况时,可不经值班调度员同意,先断开有关断路器和隔离开关,但操作后应立即通知值班调度员,恢复供电时则必须有电调的命令。

8. 交班人员应在下班前30 min做好交班准备,填好交接班记录,并对照记录向接班者逐条说明,遗留工作要详细说明,对接班者提出的疑问应解释清楚,否则,接班调度员有权拒绝接班。

9. 接班人员应提前20 min到班,并做好如下工作:

(1)翻阅值班日志(至少阅读最近两班的日志);

(2)看模拟图,了解设备运行方式;

(3)查阅供电调表—16、17、18,掌握接班后的倒闸作业情况。

10. 交接班时,交班人员应根据供电调度的职责向接班人员交清如下事项:

(1)尚未结束的作业,作业组要令人姓名、作业地点、作业内容及恢复供电时应注意的事项;

(2)与接班人员共同核对模拟图,模拟图应与实际运行方式相符;

(3)设备缺陷及处理情况;

(4)设备运行方式及供电分段变更情况;

(5)事故处理情况,应把事故详细情况,影响列车情况记述清楚,必要时绘图说明;

(6)交接班记事本中记清上级指示、命令、报告和要求,外来申请和联系事宜等,图纸、资料及通讯工具的变更。

11. 交接班手续完毕后由接班调度员签字,此后值班工作由接班者负责,在签字前班中工作均由交班者负责。接班调度员因故未到班,交班调度员应继续执行调度任务,并报告调度主任。

12. 供电调度员接班后应了解下一级调度的工作情况,分局供电调度还应了解管内各所、亭、接触网工区的值班人员情况,核对模拟图,核对时钟。

13. 正在进行操作或处理故障时,不得交接班,只有在故障处理告一段落并有详细记录时,方可进行交接班。

14. 每日15:00～16:00段生产调度向分局供电调度汇报、6:00～7:00及16:30～17:30分局供电调度向路局供电调度汇报、6:30～7:30及18:00～20:00路局供电调度向部供电调度汇报:

(1)影响行车的供电设备故障(接触网非正常停电及供电设备损坏使列车不能继续运行;由于供电原因造成列车牵引重量及速度受限,限制列车运行或降弓运行;改变列车或机车的运行方式等)和电力设备故障或人工误操作,影响信号电源的详细情况。凡发生行车事故,均应立即逐级上报有关部门;

(2)供电(大修)段、有牵引供电任务的水电段发生人员重伤及以上的事故(发生时间、地点、人员姓名)原因及抢救情况;

(3)牵引供电重要设备异常情况,虽未影响行车但严重威胁供电、行车安全;

(4)接触网供电分段及牵引变压器运行方式的变更及跳闸情况(件数、原因、停时);

(5)严重过负荷区段及其最大负荷和接触网的最低电压(时间、地点、数值、持续时间、列车车次、牵引重量及运行区间）；

（6）牵引变压器故障情况（时间、地点、运行编号、动作的保护名称、故障原因、设备损坏情况、影响供电及行车情况）。

跳闸记录填写方法和要求（参考表 5-2-10）如下：

（1）"所别"栏：跳闸发生的所亭名称，如："郑北变电所"；

（2）"开关"栏：跳闸开关运行编号和名称，如："211 断路器"；

（3）"保护"栏：填写保护名称，如："距离 I 、 II 段"；

（4）"送电区段"栏：该条馈线送电区段（若非馈线断路器跳闸，则不填划去），如："北西到及北西发分相——铁炉站 15 # 、16 # 柱"；

（5）"跳闸原因"栏：填写引起跳闸原因，包括故障性质、地点、列车车次、机车编号等，如："$SS_3$426 牵引 3356 次在北西道过分相未断电"；

（6）"复合时分"栏：填写接触网设备恢复送电时间，重合、自投、强送成功时填写重合、自投、强送时间，利用其它设备恢复或越区供电时注明该设备的运行编号或地点，如："10 时 52 分"；

（7）"停电时分"栏：填写停电时间，如："00 时 10 分"；

（8）"故障类别"栏：填写故障类别，一般分七大类（供电、机务、运输、电业系统、自然灾害、原因不明、其它），如："机务"。

表 7-3-2　跳闸记录填写参考表

供电调度表—5

序	日期	时分	所别	开关	保护	送电区段	跳闸原因	复合时合	停电时分	天气	故障类别	备注
1	1997.8.4	10：42	郑北变电所	211 断路器	距离 I 、 II 段	北西到及北西发分相——铁炉站 15 # 、16 # 柱	$SS_3$426 牵引 3356 次在北西到过分相未断电	10：52	00：10	晴	机务	

操作顺序表填写方法和要求如下：

（1）按本节《调细》补充说明第 3 条第（3）款规定执行；

（2）"操作对象"栏：进行倒闸操作对象，如："222、2221"；

（3）"操作目的"栏：填写倒闸操作目的，如："变电所停电作业、接触网停电作业、切换系统"等；

（4）"操作顺序"栏：填写倒闸操作前后的顺序，以郑北变电所 12 号馈线 F12 停电为例；

（5）"操作开始时间"栏：填写操作开始时间，如："1997 年 10 月 2 日 9 时 00 分"；

（6）"操作结束时间"栏：填写倒闸操作完成时间，如："1997 年 10 月 2 日 9 时 03 分"。

表 7-3-3　操作顺序表填写参考表

供电调表—18

操作对象	222、2221
操作目的	接触网停电作业
操作顺序	①分 222 和 2221
	②在 222 和 2222 手柄上各挂一块禁合牌；
	③断 2221 和 2222 机构箱 *KS*

操作对象	222、2221
	④在 $F12$ 馈线穿墙套管外侧验电接地。
	操作开始时间 1997 年 10 月 2 日 9 时 00 分
	操作结束时间 1997 年 10 月 2 日 9 时 03 分
	操 作 者 A、B

变电所作业处置表填写方法和要求（参考表 3-3-1）如下：

(1)"＿台"栏：填写变电所所属管辖调度台名称，如："郑州地区"；

(2)"工作票编号"栏：填写工作票编号，如："9—6"；

表 7-3-4 变电所作业处置表填写参考表

郑州地区台1997 年9 月19 日 Y 调度

供电调表—17

顺号	所别	工作领导人	工作票编号	工作内容	计划停电时间	计划送电时间	作业变更	安全措施
1	郑北变电所室外	D	9—6	102 断路器小修	9:30	13:00	/	

(3)"工作内容"栏：如："102 断路器小修"；

(4)"计划停电时间"栏：填写计划停电时间，如："9 时 30 分"；

(5)"计划送电时间"栏：填写计划送电时间，如："13 时 00 分"；

(6)"作业变更"栏：指作业地点或内容变更，没有变更则划去。

接触网作业处置表填写方法和要求（参考表 2-2-1 和表 2-4-2）如下：

(1)"＿台"栏：填写接触网作业处所所属管辖调度台名称，如："京广南台"；

(2)"作业地点"栏：填写工作票上作业地点，如："五小区间下行 13＃～33＃"；

(3)"作业内容"栏：工作票上作业内容，如："综合检修"；

(4)"停电区段"栏：填写停电区段名称（带电作业时则划去），如："五小区间下行"；

(5)"作业时间"栏：填写接触网检修作业时间，如："10 时 25 分～11 时 55 分"；

(6)"计划停电时间"栏：填写"天窗"时间或电报上计划时间（带电作业时则划去），如："10 时 25 分～11 时 55 分"；

(7)"安全措施"栏：填写工作票上"作业区防护措施"和"其它安全措施"内容；

(8)"运输要求"栏：填写对运输方面的要求，如："封锁五小区间下行线路,禁止电力机车过小李庄、谢庄、薛店车站上、下行分段"。

表 7-3-5 接触网作业处置表填写参考表

京广南台1995 年4 月5 日Y 调度

供电调表—16

顺号	申请人	作业地点	作业内容	要令人	要令地点	停电区段	作业时间	计划停电时间	安全措施	运 输 要 求	作业变更
1	B	五小区间下行 13＃～33＃	综合检修	A	郑州南站信号楼	五小区间下行	10:25～11:55	10:25～11:55		封锁五小区间下行线路,禁止电力机车过小李庄、谢庄、薛店车站上、下行 分段	

供电日报填写方法和要求如下：

(1)"机组"栏：变电所运行方式，如："1#L2#B"；

(2)"总受电量"栏：有功（当天有功电度，如："212000"），无功（当天无功电度，如："96000"）；

(3)"牵引用电量"栏：有功电度－自电用电量，如："211880"；

(4)"功率因数"栏：按功率因数计算公式，如："0.91"；

(5)"母线电压"栏：填写母线当天出现最大，最小电压和一般电压；

(6)"变压器"栏：不填；

(7)"室外温度"栏：填写室外最高、最低温度；

(8)"主变有功电度读数"栏：填写主变有功电表当天读数；

(9)"天窗时间"栏：填写变电所供电臂区段名称和停、送电时刻以及停电时间。

表 7-3-6　供电日报填写参考表

供电调表—3

日／月	所别	机组	总受电量		牵引用电量	功率因数	母线电压			变压器			车次及牵引吨数	室外温度		主变电度				有功读数		天窗时间		
			有功	无功			最大电压	最小电压	一般电压	最大电流	持续时间	出现时间	馈电线	最高温度	最低温度	I#变		II#变				区段／时间	薛店—五里堡下行	
																B	C	B	C	108	433			
3／6	薛店	1#L 2#B	212000	96000	211880	0.91	58	56	57					32	20					108	433	停电	9：30	
																						送电	9：30	
																						当日	60	

接触网检修计划填写方法和要求如下：

(1)"台"栏：填写接触网检修处所所属管辖调度台名称，如："京广南台"；

(2)"停电区段"栏：填写接触网停电区段，如："薛店——五里堡下行"；

(3)"检修地点"栏：填写接触网检修作业地点，如："五小区间下行13#～57#"；

(4)"车号"栏：填写轨道车车号，如："1022"；

(5)"轨道车运行区段"栏：填写轨道车运行区段范围，如："五里堡站－小李庄站"；

表 7-3-7　接触网检修计划表填写参考表

京广南台　　　　　　　　　　9月10日　　　　　　　　　　供电调表—13

工　区	停　电　区　段	检　修　地　点	车　号	轨道车运行区段	司机	备　注
五里堡工区	薛店——五里堡下行	五小区间下行13#～57#	1022	五里堡站——小李庄站	Q	

第四节　计划停电与故障处理

一、计划停电

1. 凡涉及供电调度权限的停电作业,必须有供电调度发布的停电作业命令,方准进行作业。

对计划性的检修应由接触网工区、牵引变电所、开闭所、分区亭、AT 所的值班人员(无人值班的所、亭可由检修班组)于作业前一天 16 点以前向分局供电调度提出停电计划。

分局供电调度将停电作业计划进行综合安排确定拟停电的区段及时间,于 18 点以前与行车调度共同研究,争取按计划兑现,并在作业前 2 h 告知作业的所、亭或班组使之做好准备。在作业前还需由作业组按接触网和牵引变电所安全工作规程的有关规定申请停电作业命令。

当遇有危及人身、行车和供电安全的故障需立即进行停电作业时,可随时向供电调度申请停电作业命令。

2. 凡大修、改造、科研项目的施工应由上级部门批准后,并在作业前 3 天向分局供电调度提报安全、技术组织措施。

3. 接触网的停电计划,应指明作业地点和内容、停电范围、工作领导人姓名以及与其相距较近的其它导线的运行状态,若该作业在站区,还应指明调车机不能通过的线路和道岔。

4. 需纳入铁路局或分局的月施工计划,其停电计划请各局自行制定申请程序,铁路局、分局下达的月施工计划,凡有涉及供电、电力者应报供电调度。

5. 供电段、大修段应将年、季、月供电检修计划中与供电调度有关部分报分局供电调度。

6. 设备检修完毕,作业组要令人应向分局供电调度汇报工作情况及设备状态。

7. 当进行接触网和牵引变电设备停电作业时,工作领导人应加强组织领导,千方百计在规定的时间内完成任务,遇有特殊情况,确实不能完成者,要令人应提前 15 min 向分局供电调度申请延长停电时间,供电调度同意后可延长作业时间,未经同意不得擅自晚消令。

8. 各级供电调度的原始记录,包括运动装置的微机自动打印记录应保持完整,尤其故障过程中的各种记录更要注意保持原有状态,严禁随意撕毁或涂改,以备查用。

二、故障处理

1. 遇有牵引供电系统发生跳闸或其它故障造成接触网停电或影响运输时,供电调度员要迅速组织查找原因,并立即上报:分局供电调度报告铁路局供电调度和供电科,同时通知供电段(水电、大修段),对于造成设备损坏和影响行车或造成行车重大、大事故时,铁路局供电调度要立即报告行车调度员、机务处和各级安监室,并按本章第三节工作制度"报告"第 1、2 条要求报告铁道部供电调度。

2. 事故抢修时,供电调度应在事故调查处理小组的领导下,负责本部门的事故指挥,要与行车调度密切配合;掌握供电和行车两方面的具体情况,及时制定事故抢修方案和下达救援列车或抢修组出动命令。果断地采取有效措施,最大限度地减少故障损失,尽快恢复供电行车。

3. 抢修事故或危及人身、设备、行车安全的紧急情况时,供电调度员可发布口头命令进行单项操作(不超过 3 个倒闸步骤),口头命令必须经受令人复诵,确认无误后方可执行,并做好记录(记录发令人和受令人的姓名、命令内容和发布时间)。

4. 在故障情况下,分局以上供电调度有权调动管内所有供电段(水电、大修段)的所属交通工具、材料、人员等,事后要及时通知相应段的生产调度。

5. 在事故抢修中,抢修组要指定专人与分局供电调度时刻保持联系,抢修完毕后应将事故概况、处理结果、遗留问题、尚须继续处理的项目及时报告分局供电调度。分局供电调度应及时整理,逐级上报铁路局机务处和铁道部供电调度,以及有关部门。

6. 故障抢修过程中的原始记录如传达领导指示、发布调度命令、现场故障情况录音等,待故障调查处理后一个月方准消除。

《调细》中"计划停电与故障"对《调规》"计划停电与故障处理"补充说明如下:

1. 凡需要在供电调度管辖的供电设备及相应的二次设备上检修、试验,均应提出申请。

2. 对有图定天窗的日常检修,应有检修工区(班组)于作业前一天18点前向供电调度提出,值班调度员应及时联系安排。

供电调度将工区(班组)申报的施工维修计划进行综合安排,于18点前与行车调度共同研究,争取按图定及施工计划兑现,并在作业前两小时告知作业组使之做好准备。

3. 对没有图定天窗的区间或站场,由供电(水电)段按郑铁机(1988)290号《关于提高电化区段"天窗"兑现率保证安全供电和正常运输的通知》要求提报施工计划,供电调度负责按批准的计划联系兑现。

4. 对大修、改造、科研项目的施工,若作业时间超过图定时间时,应按上面第3条提报施工计划,并在作业前三天向供电调度提报安全、技术组织措施。

5. 凡需要电力系统停电的施工、检修工作,应由分局供电调度按相应地调的有关规定,向有关供电局提报停电计划,经供电局批复后按时组织实施。若各供电局与供电(水电)段另有提报办法,可以继续采用,但要同时报分局供电调度。

6. 接触网的停电计划应指明作业地点、内容、停电范围、封锁的线路设备、工作领导人姓名以及对其相邻的其它线路的运行要求。

7. 供电(水电)段应将年、季、月供电检修计划报分局供电调度。

8. 遇有特殊情况作业组不能按时消令时,要令人应提前15 min向供电调度汇报延长作业时间的原因及时间,供电调度员同意后方可延长。

9. 设备检修作业完成后,电力调度员向要令人询问工作情况及设备状态,确认人员撤离安全地带,且不有影响供电和行车后方可消除作业命令。

10. 遇有牵引供电系统发生故障或其它故障造成接触网停电影响运输时,供电调度员要迅速组织查找原因,并立即向分局业务分处及局供电调度汇报,同时通知供电(水电)段。

11. 对故障造成牵引供电设备损坏影响行车或造成行车重大、大事故时,铁路局供电调度应立即报告行车调度、机务处和安监室,并按工作制度向铁道部供电调度汇报。

12. 事故发生后,供电调度应一边通知工区做好抢修设备,一边通过行车部门通知机车乘务员等方面了解事故地点及事故概况,并将情况及时通知抢修工区,为抢修方案的制定做好准备。

13. 事故抢修人员到达现场后,应尽快查清事故破坏情况及波及范围,并迅速向供电调度提出抢修建议方案。供电调度应根据现场汇报的情况,按照"先通后复"的原则果断确定抢修方案并迅速组织实施。方案应明确抢通后设备应达到的状态以及抢修所需时间。

14. 在故障情况下,分局以上供电调度有权调动管内所有供电(水电)段的所属交通工具、材料、人员等,事后要及时通知相应的生产调度。

15. 在事故抢修中,抢修组要指定专人与供电调度时刻保持联系,汇报抢修进度及存在问题。抢修完毕后应将处理结果、遗留问题、尚需继续处理的项目及所需时间及时报告供电调度,供电调度应及时整理,逐级上报电调和局机务处。

16. 因行车或其它事故造成接触网破坏或抢修配合时,供电调度应在事故调查处理小组的领导下,负责本部门的事故指挥,并与行车调度密切配合,掌握供电和行车方面的具体要求,及时制定事故抢修方案,最大限度地减少事故损失,尽快恢复供电和行车。

17. 故障抢修过程中的原始记录(包括领导指示、调度命令、故障处理录音等)应按本章第五节第13条严格保管,并于故障处理后一个月方准消除。

18. 对每一件跳闸,供电调度均应及时组织查找原因,必要时可通知工区巡视检查,或派人对有关机车进行查询,对每次跳闸影响的列车情况应及时核查并记录清楚。

19. 当电力机车故障需要停电处理时,供电调度应取得行车调度的同意后方可进行停、送电。

第五节 《调细》调度命令的发布和管理

1. 对检修支柱基础、用绝缘工具进行间接带电测量,且不影响列车正常运行时,可以不发布调度命令;对其它在接触网上进行停电、带电或远离作业,均必须发布调度命令。

2. 调度命令的分类

(1)操作命令:变电所、开闭所、分区亭、AT所的操作命令,接触网的倒闸命令;

(2)作业命令:变电所、开闭所、分区亭、AT所、接触网的停电及带电作业命令;

(3)路局调度命令:路局下达的跨局、跨分局越区倒闸命令;

(4)口头命令和紧急命令;

(5)通知和通知书。

3. 各类命令的编号及适用范围

(1)操作命令

①变电所(含开闭所、分区亭、AT所,下同)的操作命令:201～500循环使用;其适用范围是:馈线的停送电,主变压器、断路器、补偿电容器及自动装置和继电保护的投入或撤除,断路器、隔离开关的断、合,母线的停、受电;

②接触网倒闸命令:01～100循环使用;适用于所有的接触网及从接触网引接的其它隔离开关的倒闸操作。其中,倒闸完成后,供电调度下达的倒闸完成通知编号为倒闸命令编号加上100。

(2)作业命令

①停电作业命令:501～1000;

②带电作业命令:命令编号有四位数字组成,前三位是撤除重合闸的操作命令编号,第四位是作业组序号。

(3)路局调度命令:1001～1099,循环使用;

(4)口头命令和紧急通知:应视其内容分别纳入操作命令或作业命令的编号之中;适用于事故抢修以及危及人身或设备安全的紧急情况。如断、合断路器、隔离开关,拆、接地线等;

(5)通知和通知书

①通知:可以不给编号,但必须做好记录,内容包括时间、内容、接、发通知人姓名等;其适

用范围主要有:同意在带电部分附近作业,需经电调批准的间接带电作业,设备巡视及一般故障查找,做好抢修准备,临时停止或提前结束作业,通知有关车站拉、合隔离开关及机车升、降受电弓等;

②通知书:编号有两部分组成,前一部分为月份,后一部分为序号;主要适用于要求行车调度限制列车正常运行,同一分局内分相绝缘器(含隔离开关)停电检修时,两相邻电调台的联系。

郑铁局为全面贯彻落实铁道部部办(1993)181号文件和铁运(1994)52号文件精神,进一步强化调度基础工作,加强调度命令管理,使全局调度命令的发布做到用语标准,书写规范,号码统一,于1994年7月31日18时起以郑铁运(1994)288号文公布实施《关于加强调度命令管理的通知》。《通知》中重新对全局各分局供电调度规定了调度命令使用的号码,如表7-5-1(a)所示。对《调细》中各类命令的编号位数前相应加了两位数。

表 7-5-1(a)　供电调度命令号码分配表

工种＼单位	局调	武汉	襄樊	郑州	洛阳	西安	安康
电调	27001～27999	37001～37999	47001～47999	57001～57999	67001～67999	77001～77999	87001～87999

郑铁局于1994年8月12日以郑铁总(1994)308号文公布实施《电调命令编号和命令格式的补充规定》,《补充规定》规定电调命令编号按表7-5-1(b),电调命令格式按(82)铁机字881号部令执行。

4. 调度命令的发布程序

(1)发给命令

①发令人确认作业处所、受令人,加发令冠语后按供电调表发给命令;

②受令人复诵命令内容、要求完成时间及发令人姓名,最后报受令人姓名;

③发令人确认无误后发给命令编号和批准时间。

表 7-5-1(b)　电调命令编号分配表

命令＼单位类别	局调	武汉	襄樊	郑州	洛阳	西安	安康
接触网倒闸作业命令	27001～27100	37001～37100	47001～47100	57001～57100	67001～67100	77001～77100	87001～87100
接触网倒闸作业完成通知	27101～27200	37101～37200	47101～47200	57101～57200	67101～67200	77101～77200	87101～87200
变电所操作命令	27201～27500	37201～37500	47201～47500	57201～57500	67201～67500	77201～77500	87201～87500
停电作业命令	27501～27999	37501～37999	47501～47999	57501～57999	67501～67999	77501～77999	87501～87999
带电作业命令	□ □ □ □ □ □　↓ A—Z作业组序号 ←						
	撤除重合闸命令编号						
通知书	□□□□□　1～n,序号　01～12,月份　27～87,单位冠号						

（2）消除命令

①消令人确认命令内容完成以后，与发令人联系互报姓名（消令人应是受令人，特殊情况时应向发令人申明理由，发令人核对命令编号后允许代消）；

②发令人确认消令人并核实命令内容完成后，发给消令时间和发令人姓名。

5. 各类命令的执行标准

（1）变电所操作命令

①将受令处所、操作目的填入供电调表—2，填写方法如表 7-5-2 所示，《安规》中规定采用"倒闸操作命令记录"，如表 3-2-1 所示；

②根据操作目的确认操作内容；

三项以上的操作，应先在模拟盘上模拟操作，确认无误后填入供电调表—2；

按预先定好的操作卡片执行时，应按操作卡片在模拟图上模拟操作，核对无误后将卡片编号填入供电调表—2；

其它操作，应通知受令处所，告之操作目的，填入倒闸表，并核实无误后填入供电调表—2；

③填好供电调表—14（目前采用《行规》第 123 条规定要求办理，填写方法如表 9-2-2 所示），确认无误后加冠语"操作命令"，发布命令开始。

（2）远动装置的操作命令

①根据操作目的，由副值班供电调度员正确填写供电调表—10，填写方法如表 7-5-3 所示；

②正值班供电调度员审定无误后方可进行操作；

③操作按审定的顺序进行，由正值班供电调度员唱票指位，副值班供电调度员复诵回示执行操作。每项操作执行完毕，在该项上打"√"，全部操作完毕后，填入实际开始及终了时间。

（3）接触网倒闸命令

①将受令处所、开关编号、操作目的填入供电调表—4（填写方法如表 7-5-4 所示），《安规》中规定采用"倒闸操作命令记录"，如表 2-6-1 所示；

②模拟操作并核对无误；

③加冠语"倒闸命令"发布命令开始；

在拟停电区段只有最后一趟列车运行时，可将"倒闸命令"预先发布，但必须在倒闸处所之前增加"待＊＊次列车到（过）＊＊站后执行"的字样；

④倒闸命令完成后，由倒闸执行者向供电调度员报告倒闸完成时间，供电调度员确认无误后，下达倒闸完成通知编号。

（4）口头紧急命令

供电调度员呼出受令人后，加冠语"紧急命令"立即发布。内容包括：命令时间、命令内容、发令人姓名，受令人复诵正确后报受令人姓名即可执行。

（5）通知

供电调度员将受令处所、时间、受令人、命令内容依次记入供电调表—1（填写方法如表 7-5-5 所示）；

呼出受令人加冠语"通知"，发布命令开始。

（6）通知书

①供电调度员认真填写命令内容并核实无误后签名；

②被通知人（受令人）核准命令内容后签名签时间，事后转记于供电调表—1。

（7）停电作业命令

①变电所停电作业命令

a 核对模拟图，确认作业设备各方向电源全部断开并有明显断开点；

b. 核对审查工作票所列安全措施是正确完备的，工作领导人是符合要求的；

c. 加冠语"＊＊＊（受令人）变电所停电作业命令"，发布命令开始，并填写供电调表—1。《安规》中规定采用"作业命令记录"，如表 3-4-3 所示。

②接触网停电作业命令

a. 确认模拟图、作业地点与已停电设备相吻合；

b. 核对审查工作票所列安全措施是正确完备的，工作领导人是符合要求的；

c. 加冠语"＊＊＊（受令人）停电作业命令"，发布命令开始，并填写供电调表—1；《安规》中规定采用"作业命令记录"，如表 2—4—1 所示；在分段、分相绝缘器附近及 V 停等作业时，应在作业命令中增加"注意＊＊＊设备有电，保持安全距离"等事项。因特殊原因必须在已作业的线路上通过其它车辆时，应提前通知作业组；

d. 在模拟图上，对作业区段悬挂"停电作业"标志牌。

（8）带电作业命令

①核实开展带电作业的环境及气象条件是可行的；

②核实工作票的安全措施是正确完备的，工作领导人是符合要求的；

③确认作业区段与所撤除的重合闸相吻合；

④加冠语"带电作业命令"发布命令开始，并填写供电调表—1；《安规》中规定采用"作业命令记录"，如表 2-5-1 和表 3-5-1 所示。在作业内容中应注明联系人员所在地点或电话号码。

6. 供电调度员遇到受令人对所下命令的正确性提出异议时要认真考虑，确认无误后应向受令人解答异议并重复该命令，令其迅速执行。如错误属实，应立即收回该命令，纠正后另行发布，但对错误命令不得涂改和销毁，在完成时间一栏内填明原因并详细记录在值班日志中，事后应及时报告电调主任。

7. 对发布的操作命令，因设备故障或其它情况不能继续进行时，应恢复到操作前的运行状态。在完成时间一栏中应写明原因，立即通知有关人员及时处理，并在值班日志中做好详细记录。

8. 属系统地调管辖设备的倒闸操作应有系统地调对铁路供电调度发布命令，再由铁路供电调度向下属变电所转发命令。在危及人身、设备安全等紧急情况下可以先行操作，操作后应及时向地调报告。牵引变电所不能受理系统地调的命令。

9. 系统地调发布的操作命令若会导致牵引变电所全所停电时，应请示机务（供电）分处后受理。若遇事故情况紧急操作，允许先办理，但应立即汇报。

10. 接受地调命令时，要录音、复诵，并按供电调表—7 做好记录（填写方法见表 7-5-6 所示）。命令执行完毕后，应随即向地调报告完成时间及操作后的运行方式。

11. 受理地调的综合命令，可按照命令的顺序一次转发下属变电所，也可视其复杂程度分解成多个命令转发，待全部命令执行完毕后，再向地调报告。

受理系统地调的逐项命令，要按照命令的顺序一次转发。

12. 供电调度的原始记录（包括值班日志、各种调度命令、远动装置的自动打印记录、故障过程中的各种记录等）应保存完整，严禁随意撕毁或涂改，分局对《调细》"各级供电调度就具备的条件"中第 14 条规定以外的各种记录应制定具体保存时间和负责人并严格执行。

13. 调度命令、事故处理的全过程一律录音,并至少保存两星期。

变电所操作命令记录填写方法和要求(参考表 3-2-1)如下:

(1)"命令号"栏:按本节第 3 条"操作命令"第①款规定:变电所操作命令为 201～500 循环使用,如:"57201";

(2)"发令"栏:发令时的日期和时间,如:"9 月 19 日、10 时 14 分";

(3)"受令处所"栏:填写受令所亭名称,如:"郑北变电所";

(4)"命令内容"栏:一般按倒闸卡片的倒闸目的填写,如:"2 号电源 1 号变代 2 号电源 2 号变";

(5)"操作卡片"栏:倒闸操作卡片编号,如:"2 号电源 1 号变代 2 号变卡片号为 110";

(6)"操作原因"栏:填写倒闸操作的原因,如:"变电所 2 号变停电检修";

(7)"停送电区段"栏:填写停送电供电臂,变电所检修时不填,划"/";

(8)"批准倒闸时间"栏:填写倒闸作业批准时间,如:"10 时 15 分";

(9)"倒闸完成时间"栏:倒闸操作完成时间,如:"10 时 20 分"。

表 7-5-2　变电所操作命令记录填写参考表

供电调表—2

命令号	发令		受令处所	命令内容	操作卡片号	操作原因	停送电区段	批准倒闸时间	倒闸完成时间	发令人	受令人
	日月	时分									
57201	19/9	10:14	郑北变电所	2 号电源 1 号变代 2 号电源 2 号变	110	变电所 2 号变停电检修	/	10:15	10:20	Y	G

远动操作填写方法和要求如下:

(1)"操作处所"栏:填写操作的所亭名称,如:"薛店变电所";

(2)"操作程序"栏:填写远动倒闸操作顺序,如"分 211";

(3)"操作原因"栏:填写远动倒闸操作原因,如:"接触网停电作业";

(4)"停送电区段"栏:填写停电区段范围,如:"薛店站—五里堡下行";

(5)"操作时间"栏:操作时具体时间,如:"10 时 25 分"。

表 7-5-3　远动操作记录填写参考表

供电调表—10

编号	月 日	操作处所	操作程序	操作原因	停送电区段	操作时间	操作人	监护人
1	9.21	薛店变电所	分 211	接触网停电作业	薛店站—五里堡下行	10:25	I	Q

倒闸作业命令记录填写方法和要求(参考表 2-6-2)如下:

(1)"倒闸命令"栏:按本节第 3 条"操作命令"第②款规定:接触网倒闸命令为 01～100 循环使用,如:"57099";

(2)"隔离开关"栏:填写隔离开关编号,如:"5";

(3)"合闸或遮断"栏:填写隔离开关操作是合闸,还是遮断,如:"遮断";

(4)"倒闸完成通知"栏:按本节第 3 条"操作命令"第②款规定:倒闸完成通知编号为倒闸命令编号加上 100,如:"57199"。

表 7-5-4　倒闸作业命令记录填写参考表

倒闸命令	地点	隔离开关	合闸或遮断	调度人	受令人	批准时间	日期 月	日期 日	倒闸完成通知	地点车站区间	隔离开关	已于 时	已于 分	合闸或遮断	执行倒闸者	调度员	时间 时	时间 分	日期 月	日期 日
第 57099 号	1 把　五里堡车站	第5号	遮断	A	B	10:26	9	9	第 57199 号		根据 57099 号倒闸命令 已完成下列倒闸									
	2 再将五里堡车站	第10号	遮断	A	B	10:26	9	9		1　第5号		10	28	遮断	B	A	10	29	9	9
										2　第10号		10	29							
第　号	1 把　　　车站区间	第　号							第　号											
	2 再将　　车站区间	第　号								1　第　号										
										2　第　号										

值班日志填写方法和要求(参考表 2-4-1)如下:

(1)值班日志填写内容:填写值班通知和通知书、接触网和变电所停电作业命令、接触网和变电所带电作业命令;

(2)"命令号"栏:填写命令的命令编号;

(3)"发令时间"栏:填写发令的时间;

(4)"批准时间"栏:填写批准允许作业时间;

(5)"要求完成时间"栏:填写作业要求完成时间;

(6)"命令内容"栏:填写命令的具体内容;

(7)"记事"栏:填写调度发布的通知或通知书;

(8)"事故跳闸"栏:填写当天管内事故跳闸情况。

系统调度命令记录填写方法和要求如下:

(1)"命令号"栏:填地调给的命令编号;

(2)"命令内容"栏:填写命令的内容,如:"合 1011";

(3)"操作目的"栏:填写操作目的,如:"倒系统检修";

(4)"操作完成时间"栏:系统调度命令内容执行完时间,如:"9 时 25 分";

(5)"汇报时间"栏:填写操作结束汇报时间,如:"9 时 27 分";

(6)"系统调度员"栏:系统调度员姓名;

(7)"值班调度员"栏:值班电力调度员姓名。

表 7-5-5　值班日志填写参考表

1995 年　4 月　　5 日　　8 时　　30 分　　星期三　天气　晴　　　　　　　　

	命令号	发令时间	批准时间	要求完成时间	汇报时间	受令人	命令内容	记事
调度	57520	9:30	9:30	10:30	10:28	A	允许五小区间下行接触网设备综合检修,注意下行分相,分相以北,及上行接触网设备有电,保持安全距离	

	命令号	发令时间	批准时间	要求完成时间	汇报时间	受令人	命令内容	记　事
事故跳闸	时分	所别	开关别	保护动作	复合时分		分析原因	
								值班

表 7 5-6　系统调度命令记录填写参考表

供电调度表—7

序　号	命令号	月日	时分	命令内容	操作目的	操作完成时间	汇报时间	系统调度员	值班调度员
1		10.6	9:20	合 1011	倒系统检修	9:25	9:27	J	Y

第八章　牵引供电统计报表

为及时正确地掌握牵引供电设备的运行、检修状况,加强基础工作,改进管理,针对近年来电气化铁路发展的情况,铁道部于 1996 年 1 月份批准组织修改,以铁机函〔1996〕40 号文重新制定了《牵引供电设备运行概况表》(机电报 1),《牵引供电故障跳闸及事故概况表》(机电报 2)《弓网故障概况表》(机电报 3),《弓网故障分析表》(机电报 4),《接触网检修"天窗"概况表》(机电报 5),《牵引供电事故速报》(电机报 6),六种报表,并予公布实施。

1.《牵引供电设备运行概况表》(机电报 1),填写方法见附表 1 和附表 2 所示。

(1)"(供电段)1"栏:填写供电段(包括有牵引供电业务的水电段)名称,以北京为核心按下行方向排列,每次填报均应按固定顺序排,如:"郑州、信阳";当供电段填报时,此栏改为线别。

(2)"(线别)2"栏:为电化线路名称,以北京为核心按下行方向排列,每次填报均应按固定顺序排,对涉及两条及以上电化线路的供电段各栏应分线填;当供电段填报时,此栏改为所别。

(3)"(牵引变压器容量)3 和 4"栏:指供电段运行的牵引变压器容量和台数的和。

郑州铁路局于 1991 年 1 月份以郑机供(1991)42 号文公布执行《关于机电报表的补充填报要求和说明》(以下简称《要求和说明》)补充规定:牵引变电所主变压器容量和台数之和,不包括移动备用和固定备用的容量和台数。若牵引变电所两个不同容量的变压器交替运行,则填写运行时间较长的变压器容量。

(4)"(受电量)5"栏:指各牵引变压器高压侧电能表计量数值的和,对高压侧无电能表者,可填低压侧电能表计量的数值,再加牵引变压器的损失。

(5)"(供电量总计)6"栏:供电量总计=7 栏+8 栏+9 栏。

(6)"(供电量牵引)7"栏:指各电力机车在接触网上取用的电量之和(包括机车出入库整备、检修库外试验、机车试运、贮备场保养和出租机车用电,以及凡在该区段运行的所有机车用电),即电力机务段和租用机车单位向供电段交纳电费的电量。

(7)"(供电量非牵引)8"栏:除牵引、变电所自用电以外用电量。

(8)"(供电量变电所自用电)9"栏:自用电量指由本所牵引变压器供电的自用电变压器电能表计量的数值,若有其它电源供给本所的自用电量,其数值填入备注栏。

(9)第 10 栏变电所损失。

①牵引变电所受电量为高压侧计费:

牵引变压器低压侧有电能表,填写高低压侧电能表数值之差;

牵引变压器低压侧无电能表,可按下列方法计算:

变电所损失电量=铁损电量+铜损电量,

铁损电量=牵引变压器额定铁损$\times T$,

铜损电量=牵引变压器额定铜损$\times (A\%)^2 \times T$,

A:牵引变压器利用率,

T:牵引变压器运行时间;

②牵引变电所受电量为低压计费：按与供电局共同商定的数值填写。

(10)"（损失电量及损失率％）11"栏：变电所损失率＝（10栏/5栏）×100；

《要求和说明》补充说明：对高压计费、主变低压侧无电度表，主变损失无法计算时，铜损计算公式中的主变利用率可按下式计算：$A\%=$〔主变压器受电量/（运行的主变压器容量×运行时间）〕×100％。

(11)"（损失电量及损失率接触网）12"栏：接触网损失＝5栏－6栏－10栏。

(12)第13栏：接触网损失率＝（12栏/5栏）×100。

(13)"（无功电量）14"栏：无功电量指牵引变压器高压侧无功电能表计量的数值，若高压侧没有无功电能表，只能填低压侧无功电能表计量的数值。

(14)"（功率因数）15"栏：平均功率因数：$\cos\varphi=P/\sqrt{P^2+Q^2}$

Q：无功电量，即14栏；

P：有功电量，若Q为高压侧电能表计量的数值，P为5栏。若Q为低压侧电能表计量的数值，P为5栏减10栏。

全局功率因数：$\cos\varphi=\sum P/\sqrt{(\sum P)^2+(\sum Q^2)}$

$\sum P$：各段有功电量的和，

$\sum Q$：各段无功电量的和。

(15)"（负荷率最大）16和（负荷率最小）17"栏：负荷率＝〔受电量/（一个月中最大小时受电量×每月运行小时）〕×100；

第18和19栏：牵引变压器利用率＝〔（6栏＋12栏）/（运行的牵引变压器容量×运行时间）〕×100；

第16至19栏：均按所分别计算，16栏和18栏为该条电化线路各牵引变电所中的最大值，17和19栏为该电化区段各牵引变电所中的最小值，全局合计栏应填全局的最大和最小值。

《要求和说明》补充说明：16及17栏负荷率均是指各段（或各线）牵引变电所的最大负荷率（统一填入16栏），全段（或全线）合计中17栏填入各所最大负荷率中的最小值，16栏填入各所最大负荷率中的最大值。

(16)"（接触网末端电压）20"栏：指当月该条电化线路供电臂接触网末端出现过的最低电压（故障时的特殊情况除外），应填实测值，实测有困难者，可根据日常掌握的情况填写。

(17)"（馈电线电流）22～24"栏：指当月该条电化线路，馈电线出现过的最大供电电流（持续时间在1min以上），相应的持续时间及所在的供电区段（填写时可以简化，例如：秦岭——观音山可以填"秦——观"）。

(18)"（馈电线过负荷跳闸）"栏：过负荷跳闸指在负荷情况下造成的跳闸，而不是短路故障。凡列入此栏的跳闸在牵引变电所内的跳闸记录中应有电流表的指示情况（有条件的应记录电流值），分局供电调度及供电段安全室的跳闸记录中应有当时在该供电臂内运行的车次、牵引重量，并经分局主管部门核定；否则应为故障跳闸，填入机电报2中。

同一时间、同一原因造成数台断路器同时跳闸算一件。

(19)第15栏和第8栏、第9栏保留两位小数（个别电量太小的段也可保留3位）；第16至20栏、第22栏和23栏均取整数；其余各栏均保留1位小数。

(20)本表为月报，各局供电处（或机务处）于次月7日内报部，每年1月10日前将上年度的年报报部。

2.《牵引供电故障跳闸及事故概况表》(机电报 2),填写方法如附表 3 和附表 4 所示。

(1)本表只填写影响接触网供电的故障跳闸。动力变压器、电容补偿装置等故障跳闸不影响接触网供电,不列入本表中,由供电段另外建立记录。

过负荷跳闸,不属于故障,不列入本表,应填 在机电报 1 中。

由于铁路部门人员误操作、设备故障、保护装置拒动,造成电业部门的断路器跳闸,影响接触网供电时,也计入牵引供电故障跳闸,根据原因填入相应的栏中。

(2)在 24h 内由于同一零部件、同一设备、同一原因引起多台断路器数次跳闸算一件(多台断路器分属于两个及以上铁路局时,只在发生故障的铁路局中统计跳闸件数)。若不同设备、不同零部件或不同原因引起多台断路器的跳闸,按引起跳闸的设备或零部件分别统计跳闸件数,例如:不同的绝缘子击穿而引起的数次跳闸,不能只算一件。

对跨局供电者,将跳闸件数和停电时间列入发生故障的铁路局中,在备注栏中注明此部分跳闸对应各栏的具体数值。若与此部分跳闸相关的供电量较大,在计算每百万千瓦时跳闸时,应在发生故障的铁路局中增加此部分电量,在供电的铁路局扣除相应的供电量。

跨段供电可以比照跨局供电办理。

铁道部于 1991 年 7 月 25 日以机电(1991)61 号文公布执行《公布牵引供电故障跳闸和弓网故障统计办法的通知》附件一:《牵引供电设备故障跳闸统计办法》(以下简称《跳闸统计办法》)规定:

①(原文第 1 条):机电报 2 中的故障跳闸系指牵引变电所、分区亭、开闭所、AT 所断路器故障跳闸影响接触网供电者,例如:动力变、补偿装置等故障跳闸,未造成接触网停电时不列入机电报 2 中,但应另外建立记录;

②在 24h 内由于同一零部件、同一原因引起的几台断路器数次跳闸算一件。当上述断路器涉及两个铁路局时只在故障设备所属的铁路局统计。

对跨局(包括跨分局、段)供电者,只将跳闸件数和停电时间列入有电量的供电段中。

(3)第 1 栏和第 2 栏的填写方法见机电报 1 说明第 1 条和第 2 条。

(4)"(安全指标每百万千瓦时跳闸)3"栏:每百万千瓦时跳闸件数=(7 栏-8 栏)/牵引供电量(机电报 1 第 7 栏)。

(5)"(安全指标跳闸平均停时)4"栏:跳闸平均停时=(9 栏×60)/(7 栏-8 栏)。

(6)"(安全指标每百万千瓦时供电原因跳闸)5"栏:每百万千瓦时供电原因跳闸件数=(10 栏-11 栏)/牵引供电量(机电报 1 第 7 栏)。

(7)"(安全指标供电原因跳闸平均停时)6"栏:供电原因跳闸平均停时=(12 栏×60)/(10 栏-11 栏)。

(8)"(总计跳闸)7"栏:按《跳闸统计办法》原文第 2 条规定:重合成功的跳闸应单独统计,并纳入总件数中;第 7 栏总计跳闸件数=10 栏+31 栏+37 栏+49 栏。

(9)第 3 栏和 5 栏均保留三位小数;第 4 栏和 6 栏均取整数。

(10)本表第 9 栏、12 栏、32 栏、38 栏、50 栏所列的停电时间均指自故障停电开始至恢复供电(或者具备供电条件电力机车能运行)为止的时间,以小时为单位(保留两位小数),分钟化成零点几小时,例如 3 小时 15 分填 3.25h。

当故障跳闸与计划停电时间有重合时将计划停电时间扣除。

对非供电原因跳闸,若停电时间过长,超过 2h 只计 2h。

第 9 栏停电时间=12 栏+32 栏+38 栏+50 栏;

189

(11)第 10～50 栏:按主要原因划分,例如因坠砣被盗接触线失去张力,刮弓造成跳闸,填47 栏,不要重复计入。

①第 10 栏＝17 栏—30 栏之和;

②停电时间合计 12 栏＝13 栏—16 栏之和;

③接触网停电时间 13 栏＝17 栏—25 栏停电时间之和;

④变电设备停电时间 14 栏＝26 栏—28 栏停电时间之和。

(12)"(供电原因零件缺陷)17"栏:指零件本身缺陷造成的故障跳闸,在备注栏中简要写明缺陷实况;因安装调整不良造成的故障跳闸填入第 25 栏。

《跳闸统计办法》第 8 条规定:机电报 2 的第 17 栏,接触网零部件缺陷指零部件本身制造中的缺陷,不包括检修不当造成的零部件损件。

(13)第 19～25 栏:既包括因装置本身缺陷,也包括因安装检修不良引起的跳闸,对装置本身缺陷造成的跳闸,在备注栏中写明件数及简况。

(14)对分相和分段装置中的绝缘部件闪络击穿造成的跳闸不填入第 18 栏,应分别填入第19 和 20 栏。

(15)第 18 和 27 栏:分别指接触网、变电设备绝缘部件本身闪络击穿,不包括雷击及绝缘部件的机械损伤造成的跳闸;雷击造成的跳闸分别填入第 45 和 46 栏中,绝缘部件的机械损伤造成的跳闸分别填入第 25、28 栏中。

《跳闸统计办法》第 9 条规定:无论何种原因造成的接触网或变电所设备绝缘闪络击穿均应列入机电报 2 第 18 和 27 栏中,它与过去机电报 2 的绝缘不良含义不同,即包括绝缘不良造成的闪络击穿,也包括因未按时或及时清扫、脏污等原因造成的闪络击穿(在机电报 2 备注栏中注明因绝缘不良造成闪络击穿的跳闸件数)。

(16)"(误操作)29"栏:供电人员误操作,例如:

①接触网及牵引变电人员违章操作断路器或开关;

②供电调度误发令或误操作远动装置;

③带电抛线验电或未按规定程序验电;

④误接触有电设备;

⑤向有地线或接地的设备送电;

⑥误投、撤保护装置的联片。

(17)凡列入第 31～36 栏机车原因引起的跳闸,在分局供电调度及供电段安全室跳闸记录中应记录造成跳闸的机车车型、车号、担当的车次(对在整备线上误操作接触网开关者,应有操作和监护人的姓名)、发生故障的地点及原因,否则不应列入机车原因。

第 31 栏＝33 栏～36 栏之和。

(18)第 34 栏:系指机车人员误操作接触网开关、误入无电区、无网区、升弓越过接触网终端标,未按规定降弓、带电闯分相;对由于运输部门误接发列车使机车误入无电区、无网区造成的跳闸填入第 40 栏。

第 37 栏＝39 栏～48 栏之和

《跳闸统计办法》第 11 条第 3 款对装载不良规定:货物装载指列车装载超限,绑扎不牢或者油罐车、冷藏车使用不当造成超限等。

(19)第 40 栏:系指除供电和机车以外的人员误操作接触网开关(例如车站人员误操作装卸线的开关),造成的故障跳闸。

(20)第 44 栏:指电业部门电源故障造成的影响接触网供电的跳闸件数。

(21)第 52 栏:包括折返段及机务段管辖的其它处所。

(22)第 55～62 栏:指供电部门(包括供电段、供电调度及各级供电主管部门)责任造成的事故及工伤。

(23)第 55～57 栏:按照《牵引供电事故管理规则》的事故等级划分和处理权限,根据各级供电主管部门的结论填报。

(24)第 58～60 栏:根据安监部门的结论填报。

(25)第 61 和 62 栏:根据劳资部门的结论填报。

第 51 栏＋53 栏＝17 栏－25 栏之和。

(26)本表为月报,填报时间同机电报 1。

(27)每年填报年报时,在备注栏中填写年度每百条公里跳闸件数。

每百条公里跳部件数＝〔(7 栏－8 栏)×100〕/ 当年供电段接触网延长公里。

若当年内供电段管辖的接触网延长公里变化较大,例如有新建的电化线路投入运行,每百条公里跳闸应根据变化的时间取加权平均值。

3.《弓网故障概况表》(机电报 3),填写说明和方法如表 8-1-1 所示。

(1)由于受电弓剐接触网,或者接触网剐受电弓,造成下列后果之一者称弓网故障:

①牵引变电所(包括开闭所、分区亭、AT 所,下同)跳闸(重合成功除外),接触网停电;

②当时虽未造成牵引变电所跳闸接触网停电,但必须停电检修(包括检查和修理)受电弓或接触网,方能保证电力机车(包括在发生弓网故障的电力机车和后续的电力机车)安全运行。

(2)本表是弓网故障的月统计表,对每件弓网故障,除当天由铁路局供电调度报告铁道部供电调度(对超过两小时的弓网故障应填写机电报 6)外,经确认后记入机电报 3 中,按规定时间报部。若弓网故障中发生了跳闸,还应将跳闸的有关情况填入机电报 2 的各栏中。

(3)"第 1 栏顺号"栏:各次故障统一编号。同一供电段,同一条线的故障集中依次填写,该条线故障填完,再填另一条线。每条线的故障按发生时间的顺序依次填写。

(4)"(供电段)第 2"栏:供电段(包括有牵引供电业务的水电段)的名称,第 3 栏为电化线路名称,以北京为核心,按下行方向排列,每次填报均应按固定顺序排。

(5)"(地点区间或车站)4"栏:填写弓网故障发生地点区间(车站)名称,第 5 栏支柱或隧道、悬挂点填写开始弓网故障的第一点。

(6)"(发生时间)6"栏:弓网故障发生时间,未跳闸根据机车乘务员反映时间。

(7)"(停电开始时间)7"栏:指发生事故时开始跳闸的时间,若弓网故障未造成牵引变电所跳闸,该栏为开始停电检修的时间。

(8)"(恢复时间)8"栏:指故障修复结束能保证电力机车安全运行时的送电时间。

遇有重合闸或抢修中的临时送电,但不能恢复电力机车安全运行时,不能算抢修结束,其间的所有停电时间均应分阶段记入第 7 和第 8 栏中。

(9)第 9 栏:应为自接触网故障停电(或停电检修)开始至恢复电力机车安全运行(或者具备安全运行的条件)为止的连续停电或间断停电时间的总和。

若故障停电时间中包括计划"天窗"停电时间,则扣除计划"天窗"停电时间。

(10)第 10 和 11 栏:指故障开始与接触网相剐的列车车次、机车车型及车号。

(11)在 24h 内由同一台电力机车的同一零件故障,同时剐坏数处接触网或者接触网一处故障造成数台电力机车剐弓均算一件。

（12）发生在局界处的弓网故障：

郑州局与兰州局交界处由郑州局负责报告和统计；

郑州局与成都局交界处由成都局负责报告和统计；

北京局与沈阳局交界处由北京局负责报告和统计；

北京局与郑州局交界处由北京局负责报告和统计；

广州局与成都局交界处由广州局负责报告和统计。

（13）对电力机车跨局运行的区段，按接触网隶属单位填报机电报3。例如：兰州局的电力机车在宝天段发生弓网故障，由郑州局填报机电报3。

（14）第12及13栏：应按机电报4的分类填写。例如：

①弓网故障是由于接触网拉出值检修不合格造成的，则第12栏填接触网参数（即机电报4第11栏）；第13栏填运营（即机电报4第42栏）；

②弓网故障是由于零件制造有缺陷造成的则第12栏填零件缺陷（即机电报4第13栏）；第13栏填产品质量（即机电报4第44栏）；

③对非供电原因（例如机车、运输等原因）造成的弓网故障，则不填第13栏。

（15）第14栏：设备破损填写由于弓网故障造成的设备破损情况，重点填写牵引供电设备及机车破损情况。

（16）第15栏：概况填写故障过程及抢修主要情况，对较大的故障，该栏填不下时，可写详见＊＊牵引供电事故速报（机电报6）。

（17）本表为月报，填报时间同机电报1。

4.《弓网故障分析表》（机电报4），填写方法和说明见附表5和附表6所示。

（1）本表系对弓网故障的汇总分析，应根据机电报3分析汇总后填写。

（2）第1和2栏：填写方法见机电报1说明第1条和第2条。

（3）第3栏：每百万千瓦时弓网故障＝7栏/牵引供电量（机电报1第7栏）。

（4）第4栏：弓网故障平均停时＝(8栏×60)/7栏。

（5）第5栏：每百万千瓦时供电原因弓网故障＝9栏/牵引供电量（机电报1第7栏）。

（6）第6栏：供电原因弓网故障平均停时＝(10栏×60)/9栏。

（7）第3栏和5栏：保留三位小数；第4栏和6栏取整数。

（8）第8栏：弓网故障停电时间即机电报3第9栏的合计，分钟化成小时（保留两位小数），对非供电原因弓网故障，若停电时间超过2h只计2h。

表 8-1-1　弓网故障概况填写表

填报单位：　　郑州供电段　　　1996 年 1 月

顺序号	供电段	线别	地点		发生时间	停 电 时 间			车次	机车车型及车号	故障原因	供电原因分类	设备破损	概　　况
			区间车站	支柱悬挂点		开始	恢复	计(h)						
1	2	3	4	5	6	7	8	9	10	11	12	13	14	15
1	郑州	京广	苏—许	144#	1月23日	11：53	12：34	0.68	0408	SS₄206	装载不良	/	144# 支柱腕臂从鸭咀处刮断，网下降	1448 次机后 53 位货车篷布刮起将腕臂刮断后 0408 次通过时 SS₄206 受电弓损坏，跳闸。

（9）第 9 至 35 栏：按主要原因划分，例如补偿装置不良使接触线高度不合格造成弓网故障填第18栏。

（10）第 11 栏：接触网参数，系指接触悬挂部分的参数，例如拉出值、跨中偏移、接触线高度和坡度、定位器坡度等不合格,造成的弓网故障件数。

锚段关节两悬挂间垂直和水平距离不合格造成的弓网故障归入锚段关节中,即填第16栏。

(11)第13至18栏:包括的内容与机电报2相对应的项目相同。

(12)第20至26栏:包括外局机车在本段管内发生的弓网故障,在备注栏中注明机车所属段及故障件数。

(13)事故发生时间:第40栏:昼间指7:00(含7:00)~18:00(不含18:00)。

第41栏:夜间指18:01至次日6:59。

(14)第42栏:运营,指运营部门的工作(包括供电段及供电大修段承担的大修改造工程)失误(其中供电大修段的工作失误造成的弓网故障件数在备注栏中注明),例如检修质量不合格,未按周期检修等。对工程遗留缺陷和产品质量问题,凡中、小修能发现和处理但运营超过三年尚未解决,以及需列入大修改造(例如绝缘水平不达标)的项目,经过大修改造而未解决者,也应列入第42栏。

(15)有关栏之间关系:

7栏=9栏+20栏+27栏+35栏=37栏+38栏=40栏+41栏,

8栏=10栏+21栏+28栏+36栏,

9栏=11~19栏之和=42~45栏之和,

20栏=22~24栏之和+26栏,

27栏=29~34栏之和。

(16)本表为季报,各局供电处(或机务处)于季后7日内报部,每年1月10日前将上年报报部。

(17)每年填报年报时,在备注栏中填写年度每百条公里和每百万机车走行公里弓网故障件数。

每百条公里弓网故障件数=7栏×100/当年供电段接触网延长公里

每百万机车走行公里弓网故障件数=7栏/当年通过该段接触网的百万机车走行公里。

若当年内供电段管辖的接触网延长公里和通过该段接触网的机车走行公里变化较大时,每百条公里和每百万机车走行公里的弓网故障件数应根据变化时间取加权平均值。

5.《接触网检修"天窗"概况表》(机电报5),填写方法和说明如附表7、附表8和附表9所示。

(1)第1栏和第2栏:填写方法见机电报1说明第1条和第2条。

(2)"(图定天窗)3"栏:为每条电化线路内各接触网工区各供电臂图定"天窗"时间的总和。以年度报表为例:

全年图定"天窗"时间(3栏)$=\sum A$,

A:该电化线路中每个接触网工区中各供电臂图定"天窗"时间的和。

$A=\sum(365-10)\times Z$

10:全年法定节假日;

Z:该接触网工区中每个供电臂的图定"天窗"时间。

当接触网工区跨接数个供电臂(指同一条线路、同一个运行方向即上行或下行),其"天窗"时间相同时,图定"天窗"合算一个。

(3)"(可利用的天窗)4"栏:可利用的"天窗"时间:当接触网工区中各供电臂(包括跨接的

供电臂及双线区段上、下行供电臂）图定"天窗"间隔时间较短（数值由铁路分局具体情况制定）无法利用时，应将不能利用的供电臂的图定"天窗"时间扣除。

4 栏＝3 栏－B

B：不能利用的图定"天窗"时间。

双线区段，若设备尚不具备"V"型"天窗"作业的条件，暂时实行垂直"天窗"者，其可利用的"天窗"上、下行合算一个；若设备已具备"V"型"天窗"作业条件，但仍实行垂直"天窗"者，上、下行供电臂均为可利用的"天窗"。

（4）"（申请计划）5"栏：为各接触网工区每天向分局供电调度申请的各供电臂计划停电时间的和。

（5）"（实际停电时间）6"栏：为各接触网工区各供电臂运输部门下达的停电时间的和（即列车调度与供电调度共同签认的时间）。

（6）"（允许的作业时间）7"栏：允许的作业时间：自供电调度向接触网工区发布的停电作业命令批准时间起至供电调度要求作业完成时间止的允许作业时间的和。

（7）"（实际作业时间）8"栏：实际作业时间：自供电调度向接触网工区发布的各供电臂停电作业命令批准时间起至供电调度给予消除停电作业命令时间止的实际作业时间的和。

（8）"（计划率）9"栏：计划率＝（5 栏/4 栏）×100。

（9）"（兑现率）10"栏：兑现率＝（6 栏/5 栏）×100。

（10）"（利用率）第 11"栏：利用率＝（8 栏/7 栏）×100。

（11）"（应作业人数）第 12"栏：应作业的人数：以年度报表为例（假设工区值班人数和轨道车、汽车司机人数及脱产学习人员全年无变化）：

12 栏＝∑〔（出勤人数－值班人数－休班人数－按上级规定组织的脱产学习人数）×（365－7）〕；

出勤人数：每个接触网工区考勤簿上记载的每天（有"天窗"者）昼间出勤人数的和，即对两班制的接触网工区，出勤人数中不包括夜班人数。

休班人数：包括调休、按规定休假的人数。

（12）"（实际作业人次）第 13"栏：实际作业人次：在该"天窗"时间内所有停电作业工作票中记载的人次和送作业组到现场的轨道车（包括汽车、作业车，下同）司机人次的和。

（13）"（上网率％）14"栏：上网率＝（13 栏/12 栏）×100。

（14）第 15 栏："天窗"损失时间合计＝4 栏－6 栏。

（15）第 16 栏："天窗"损失时间占可利用的"天窗"时间的比例，

16 栏＝（15 栏/4 栏）×100。

（16）第 17 栏供电：系纯属供电部门（包括供电段、供电调度及供电主管部门等）的原因造成的"天窗"损失时间。

（17）第 19 栏运输：运输部门原因造成的"天窗"损失时间。

（18）第 21 栏天气：雷雨、大风等不宜作业，未申请停电作业或者已申请了停电，临时出现的气候变化而未停电等。

（19）第 23 栏其它：指第 17、19、21 栏以外原因造成的天窗损失时间。

（20）第 18、20、22、24 栏：分别为供电、运输、天气、其它原因造成的天窗损失时间占总损失时间的比例。

18 栏＝（17 栏/15 栏）×100，

20 栏＝(19 栏/15 栏)×100，

22 栏＝(21 栏/15 栏)×100，

24 栏＝(23 栏/15 栏)×100。

(21)分析栏：应将四率(计划率、兑现率、利用率、上网率)完成情况做出简要分析，提出改进措施。

(22)本表为月报，填报时间同机电报 1。

6.《牵引供电事故速报》(电机报 6)，填写方法和要求：

(1)凡遇有停电时间在 2h 以上的故障，均应填写机电报 6，由铁路局供电调度于事故当天将机电报 6 电传至铁道部供电调度。

(2)编号：分年度按事故件数编号，例如 1996 年第 1 件事故，应填"96－1"。

(3)类别：以主要原因划分，例如：主变压器故障、保护误动、接触网零部件损坏、大面积污闪、弓网、断线、绝缘击穿等。

(4)停电区段：指停电范围，填某某线某某站至某某站，对双线区段应注明上行或是下行。

(5)通知抢修时间：填最早通知的时间。

(6)地点：对变电设备应注明所名、故障设备的名称及其运行编号。对接触网应注明线别、区间或车站名称、支柱号(或隧道名称、号码和悬挂点号)及线路里程。

(7)到达现场的领导：指供电段副段长及其以上的领导干部，填写到现场的领导干部的职务及姓名。

(8)停电时间：指事故发生至电力机车运行(或具备电力机车运行的条件)的停电时间，中间可能有临时送电，但又继续停电抢修，数次停电时间均填入此栏，若该栏填不下，可以写在事故及抢修概况中。

(9)设备损坏：填写损坏的主要设备及部件名称、数量，对较重要的变电设备(如变压器、断路器)应说明损坏的程度概况等。

(10)事故及抢修概况包括：①最早发现故障的情况(包括故障控测仪指示等)及报告人的姓名、职务。若系弓网故障应注明车次、机车车型及车号；②保护动作及断路器跳闸情况；③组织抢修的单位及负责人；④抢修机具出动情况，抢修措施；⑤遗留问题(例如降弓或限速运行、越区供电等)；⑥影响抢修时间的原因。

(11)原因及措施栏：填写事故原因及防范措施。当天可能填不了，可以事后补报，但一般不应超过事故发生后三天。

(12)本表用 16 开纸印刷，分年度装订成册，至少保存一年。

(13)本表为不定期的事故写实速报，凡超过 2h 的故障均应填写本表以便及时掌握故障情况。机电报 3 及机电报 4 为弓网故障的定期统计分析报表，对超过 2h 的弓网故障除填写机电报 6 于当天电传至部电调外，还应记入机电报 3 及机电报 4 中。

第九章　铁路技术管理规程及行车组织规则

第一节　铁路技术管理规程

1.（《技规》第 9 条，下同）：铁路机车、车辆、线路、桥隧、通信、信号给水、供电等技术设备，均须有完整和正确反映其技术状态的文件及《技术履历簿》等有关资料。

2.（第 19 条第(7)款）：供电段段长应会同工务段段长对接触网设备限界每年检查一次。供电段段长对供电设备每季至少检查一次。

3.（第 118 条）牵引供电设备应有牵引变电所、接触网、馈电线及油业务车、移动变电所、电气试验车、接触网检修车和接触网检查车。

4.（第 119 条）牵引供电设备应保证不间断可靠供电。牵引供电设备能力应与线路运输能力匹配，并留有余地。接触网电压不低于 21 kV，当行车速度为 140 km/h，应保持 23 kV。

牵引变电所需具备双电源、双回路受电。当一个牵引变电所停电时，相邻的牵引变电所能越区供电。

接触网的分段应考虑检修停电方便和缩小故障停电范围，在编制运行图时，应考虑预留接触网停电检修时间。双线电化区段应具备反方向行车条件。

禁止由馈电线、区间接触网引接非牵引负荷，确需由车站接触网引接小容量非牵引负荷时，需经铁路局批准。

5.（第 120 条）接触网导线最大弛度距钢轨顶面的高度不超过 6500 mm，在区间和中间站，不少于 5700 mm（旧线改造不少于 5330 mm），在编组站、区段站和个别较大的中间站站场，不少于 6200 mm。在电气化铁路施工时，由施工单位在接触网支柱内缘或隧道边墙标出接触网设计的轨面标准线，开通前铁路局供电段、工务段要共同复查确认，以后每年复测一次。接触网分组分段的位置，应能保证电力机车牵引的列车正常运行，便于调车作业和列车起动。

(1)接触线的最高高度：

根据现场测试表明，接触线最高高度在超过 6683 mm 时，电力机车受电弓对接触线的压力不能保持相对稳定，取流状况变坏。因此，《铁路电力牵引设计规范》规定：接触线最高高度为 6500 mm。因为按 SS_1 型电力机车受电弓的工作高度为 5813-6683 mm，接触线最高工作高度 6500 mm，加上抬升量 100 mm，仍在受电弓工作高度范围内。《铁路技术管理规程》第 120 条也规定：接触网导线最大弛度距钢轨项面的高度不超过 6500 mm。《规范》和《规程》均规定接触线最高高度为 6500 mm，两者都系指当接触线可能出现的最大负弛度时，最大负弛度处距钢轨顶面的高度不超过 6500 mm。从而考虑到接触线可能出现最大负弛度时，保证弓线间必要的接触压力。

接触线无弛度状态（只是一种特殊情况）时的温度为 t_0，随着温度的变化，大气温度 t_x 高于 t_0 温度时，接触线出现正弛度，如图 9-1-1(a) 所示的实线部分；在气温度 t_x 低于 t_0 温度时，接触线出现负弛度，如图 9-1-1(b) 所示的实线部分。

(2)接触线的最低高度：

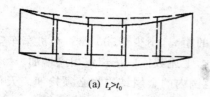 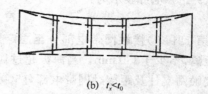

(a) $t_x > t_0$ (b) $t_x < t_0$

图 9-1-1　任意条件下的弛度

接触线最低高度是根据机车车辆限界和最大超限货物限界,同时考虑了带电体与接地体间的空气绝缘间距来定的。我国机车车辆限界高度为4800 mm,超限货物列车装载最高高度为5300 mm。《铁路技术管理规程》第121条规定:接触网带电部分至固定接地物的距离不少于300 mm,距机车车辆或装载货物的距离不少于350 mm。当海拔超过1000 m时,上述数值应按规定相应增加。在目前电气化线路上,接触网带电部分至货物列车最大装载高度的空气绝缘间隙为350 mm。

根据上述规定和条件,不同区段上接触线的最低高度规定如下:

①不符合国标 GB146－59 隧限－2 的隧道内接触线的最低高度为5370 mm,只允许5300 mm三级超限货物列车停电(接触网停电)通过,允许5000 mm二级超限货物列车带电(接触网带电)通过;符合隧限－2 的隧道内接触线的最低高度为5700 mm,允许5300 mm三级超限货物列车带电通过。同时,《技规》第120条规定:旧线改造时,接触线最低高度可降为5330 mm,只允许4950 mm一级超限货物列车带电通过。5000 mm、5300 mm超限货物列车停电通过;

②编组站、区段站及配有调车作业的中间站内为6200 mm,如该站已建成的天桥下方不能满足该高度要求时,经铁道部批准,可降为5700 mm;

③一般中间站和区间为5700 mm;

④接触线最低高度可表示为:

$$H_{jx} = Y + D + \delta_1 \tag{9-1-1}$$

式中　H_{jx}——接触线最低高度(mm);

　　　Y——最大允许货物装载高度(mm);

　　　D——接触网带电部分至机车车辆装载货物的距离,一般取350 mm;

　　　δ_1——考虑施工误差、起道等因素影响的高度,取50 mm。

这样,式(9-1-1)也可表示为:

$$H_{jx} = Y + 400 \tag{9-1-2}$$

也就是说,当某线设计时允许通过的最大货物装载高度确定后,该线任何位置接触线最低高度也就确定了。例如,京广线郑州——汉口段设计时允通过最大货物装载高度为5300 mm,那么该段接触线最低高度为 $H_{jxmin} = Y + 400 = 5300 + 400 = 5700$ mm。这说明该段接触线在任何位置都不得小于5700 mm,否则就要限制某些超限货物列车带电通过。

⑤当在接触网停电列车通过时,接触线最低高度可表示为:

$$H_{jx} = Y + \delta_2 \tag{9-1-3}$$

式中　Y——最大允许货物装载高度(mm);

　　　δ_2——列车在停电通过时,最大允许装载超限货物对接触线的最小允许距离,一般取
　　　　　70 mm。

这样,式(9-1-3)也可表示为:

$$H_{jx} = Y + 70 \tag{9-1-4}$$

6.(第121条)接触网带电部分至固定接地物的距离,不少于300 mm,距机车车辆或装载货物的距离,不少于350 mm。当海拔超过1000 m时,上述数值应按规定相应增加。

在接触网支柱及距接触网带电部分5000 mm范围内的金属结构物必须接地。天桥及跨线桥跨越接触网的地方,应按规定设置安全栅网。

《铁路电力牵引供电设计规范》第4、3、2条规定:根据原"工程技术规范"第10~39条规定,作如下修订和补充:

(1)根据宝成线田家沟等八座隧道五、六年的运行经验,并参考了英国部颁标准等有关国外资料,规定带电体距接地体的静、动态间隙,在已建成的且改建困难的个别隧道及跨线桥范围内,可压缩为240 mm、160 mm。

根据理论推算,当接触网出现3.0倍操作过电压时,接触网空气绝缘间隙理论值为235 mm,在工程中困难时,静态绝缘间隙采用240 mm是合理的。

(2)绝缘元件接地侧裙边距接地体的距离,原规范规定裕量过大,现根据电力机车受电弓绝缘子接地侧瓷裙距接地体74 mm及棒式绝缘子接地侧瓷裙距其本身钢帽为75 mm,确定在正常时采用100 mm,困难时为75 mm。环氧绝缘元件,根据研制单位铁道部科学研究院的意见。确定接地侧瓷裙对接地体为50 mm。

接触网带电部分于固定接地体的距离(空气绝缘间隙)必须保证规定的安全距离,特别在新开通和改造电气化线路上要加强空气绝缘间隙检查测量工作。对接触网带电部分为线索或接地体为线索的更要加强检查测量工作,防止因绝缘间隙过小而放电,引起设备跳闸中断行车。

【事故案例】 1992年3月19日某站接触网停电,事故影响1小时08分,影响列车六列(其中客车一列,货车五列)设备责任跳闸事故。

【事故经过】 某车站84#柱为AT供电方式附加悬挂正馈线(AF线)和保护线(PW线)转角柱,正馈线悬式绝缘子串受转角AF线拉力作用,偏向钢柱84#柱方向,保护线与正馈线间连接跳线在施工调整时,一方面跳线弛度过大,另一方面距正馈线较近不足300 mm。3月19日14时10分天气刮大风,风力达七级左右,弛度过大的跳线在风力作用下与正馈线之间空气绝缘间隙时大时小,到14时15分当间隙不能保证绝缘需要时,空气间隙放电甚至击穿,引起变电保护动作,设备跳闸,14时16分接触网工区接到电力调度员事故抢修通知。在影响1小时08分时间内连续跳闸三次,累计停电时间61 min。

【事故原因】 施工时正馈线和保护线间连接跳线与正馈线间空气绝缘间隙过小,有较大弛度的跳线在大风作用下使跳线与正馈线间空气绝缘间隙更小,以至于不能满足绝缘需要而放电直至击穿,引起变电所跳闸,中断供电。

7.(第122条):架空电线路(通信线路)跨越接触网时,与接触网的垂直距离:110 kV及其以下电线路,不少于3000 mm;220 kV电线路,不少于4000 mm;330 kV电线路,不少于5000 mm;500 kV电线路,不少于6000 mm。

为避免低压线路跨越高压线路,便于设备维修管理,10 kV及其以下的电线路,尽量由地下穿过铁路。

8.(第123条):为保证人身安全,除专业人员执行有关规定外,其他人员(包括所携带的物件)与牵引供电设备带电部分的距离,不得少于2000 mm。

9.（第138条）：全国铁路行车组织工作，应根据本编的规定办理。

各铁路局应根据本规定的原则，结合管内具体条件，制定《行车组织规则》。

10.（第289条）：在车站（包括线路所、辅助所）内线路、道岔上进行作业或检修信号、联锁、闭塞设备，影响期使用时，事先须在《行车设备检查登记簿》内登记，并经车站值班员签认或由扳道员、信号员取得车站值班员同意后签认，方可开始。

正在检修中的设备需要使用时，须经检修人员同意。检修完了后，应会同使用人员检查试验，并将其结果记入《行车设备检查登记簿》。

11.（第330条）：突然发现接触网故障，需要机车临时降弓通过时，发现的人员应在规定地点显示下列手信号：

（1）降弓手信号

昼间——左臂垂直高举，右臂前伸并左右水平重复摇动；夜间——白色灯光上下左右重复摇动；如图 9-1-2 所示。

（2）升弓手信号

昼间——左臂垂直高举，右臂前伸并上下重复摇动；夜间——白色灯光作圆形转动，如图 9-1-3 所示。

图 9-1-2　电力机车降弓手信号示意图　　　　图 9-1-3　电力机车升弓手信号示意图

接触网发生故障，临时修复后或巡视当中发现接触网故障，不能满足电力机车正常运行需要，须临时降弓通过事故发生区时，需要对电力机车显示降弓和升弓手信号。显示降弓信号时：人员应站在列车运行方向左侧位于距事故区150 m地方，面对列车驶来方向显示降弓信号，当

图 9-1-4　禁止双弓、断、合标示意图

电力机车驶离事故区后,必须给其显示升弓信号。显示升弓手信号时:人员应站在列车运行方向左侧位于事故区外沿,面对列车驶来方向显示升弓手信号。

12.〔第 340 条"信号标志"第(7)款〕:断电标、合电标、禁止双弓标,如图 9-1-4 标示,设置位置如图 9-1-5 所示。在双线电气化区段,按规定组织反方向行车时,为引起司机注意,在"合"、"断"电标背面,可分别加装"断"、"合"字标,作为反方向行车的"断"、"合"电标使用。

13.〔第 340 条"信号标志"第(8)款〕:接触网终点标,设在站内接触网边界,如图 9-1-6 所示。安装标准见第四章"接触网运行检修规程"第三节"技术标准"第十三款"保安装置及标志"第 5 条规定,防止因"接触网终点"标安装位置不当而发生弓网事故。

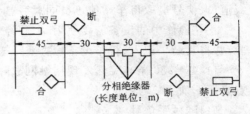

图 9-1-5 禁止双弓、断、合标设置位置示意图

【事故案例】 1992 年 6 月 6 日某车站弓网事故。

【事故经过】 1992 年 6 月 6 日 7 时 20 分,某车站用电力机车 SS$_3$443 进 6 道装卸线进行调车作业,如图 9-1-7 所示。6 道装卸线只电化线路一部分504.662 m,即只电化到 32# 支柱便到接触网悬挂终端。施工时施工单位位于 28#～30# 柱跨中距 30# 柱约10 m处接触网上设置了"接触网终点"标。7 时 22 分电力机车升起后弓进入到 28#～30# 柱跨中后弓距 30# 柱约35 m地方连挂作业。当连挂后,电力机车降弓升起另一受电弓牵引列车运行,当电力机车运行时,升起的受电弓被刮坏,构成弓网事故。

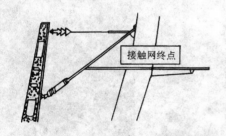

图 9-1-6 接触网终点标设置示意图

【事故原因】 施工时施工单位加在 28#～30# 柱跨中距 30# 柱约10 m处设置了"接触网终点"标,但在事故后测量时,28#～30# 柱跨中(距 30# 柱约30 m处)拉出值为475 mm,已经超标,而"接触网终点"标悬挂处接触线投影点已经在内轨外侧距内轨100 mm(拉出值为712 mm),电力机车进入 6 道进行调车作业时,升起的受电弓后弓距 30 柱约35 m处,由于速度低而且拉出值超标不严重,所以没有出现刮弓现象。电力机车连挂完后升

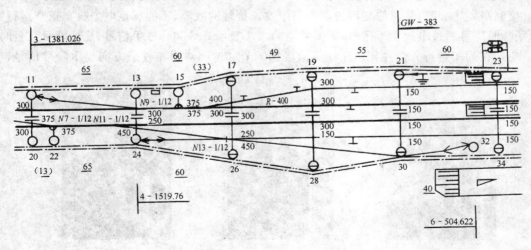

图 9-1-7 站场接触网平面图一部分

起另一受电弓时,升起的受电弓距 30#柱约23 m(SS₃443 电力机车前后受电弓滑板中心距 11640 mm),此处拉出值严重超标,造成了因"接触网终点"标设置位置错误而运营部门日常巡视和检修又没有即时发现原因,刮坏了电力机车受电弓,造成弓网故障,构成弓网事故。

14.[第 340 条"信号标志"第(9)款] 准备降下受电弓标、降下受电弓标、升起受电弓标,如图 9-1-8 所示,设置位置如图 9-1-9 所示。

图 9-1-8 准备降弓、降、升弓标志示意图

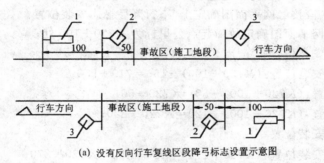

(a) 没有反向行车复线区段降弓标志设置示意图

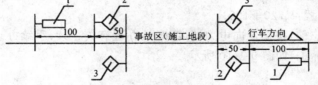

(b) 反向行车单线区段降弓标志设置示意图

图 9-1-9 降弓标志设置示意图(单位:m)
1—准备降弓;2—降;3—升

接触网设备发生故障或故障临时修复,不能满足电力机车正常运行需要,而又在极短时间内无法恢复时,应设立降弓标志,安装降弓标志必须申请和登记制度,按下列程序进行:

(1)查接触网平面图,确定设置降弓标志的公里标;

(2)向电力调度办理设置降弓的标志手续;

(3)在相邻车站登记"运统——17";

(4)按降弓标志安装技术要求,安装降弓标志。

【事故案例】 1992 年 10 月 18 日某区间接触网设备刮坏电力机车受电弓事故,接触网停电1 h20 min,影响列车运行。

【事故经过】 某工区利用上行接触网设备14时15分~15时45分检修天窗更换分相绝缘器接头线夹。15时40分,座台要令人传达电力调度命令,要求作业组按时消令,不准晚消令。此时,四根分相绝缘器分相接头只更换了三根,另一根分相接头正在更换当中,接到要令人通知后,作业组工作领导人决定将正在更换的分相接头及接触线临时处理,用短接线短接正在更换分相部分,将分相及导线捆绑在手搬葫芦上。作业组成员及地面机具撤离现场后,于15时45分按时消令。消令后,由于接触网不能满足正常行车需要,须电力机车受电弓降弓通过。于是,15时50分接触网设置了降升弓标志,15时58分第一趟 SS_1 型489电力机车通过时,电力机车司机来不及降弓而刮坏受电弓,绑扎的接触线落到电力机车顶部引起牵引变电所2#和4#馈线断路器212和214跳闸,接触网停电。返回工区途中的作业组接到通知后重新返回现场,处理事故设备,办理了降升弓标志设置手续和登记手续,16分 $SS_3$481电力机车降弓顺利通过。

【事故原因】 作业组设置降升弓标志没有向电力调度办理手续〔违背《行规》第116条第(1)、(2)款〕和向车站办理登记手续(违背《行规》第11条、《技规》第289条),电力机车司机发现降升弓标志时来不及降弓而刮坏受电弓,导线落入机车顶部引起跳闸,接触网停电。

【例题】 某接触网区段,因列车事故造成上、下行接触网故障,故障影响范围为120 m,根据接触网平面图得知,故障起点公里标为 $K720+100$,公里标方向如图9-1-10所示,经抢修后恢复了临时供电,但须电力机车降弓通过故障区,试问如何安装降弓标志?

【解】 (1)查该区段接触网平面图确定上、下行降弓标志安装位置。

①查该区段接触网平面图确定故障起点公里标为 $K720+100$ 处;

②下行降弓标志安装位置

"准备降弓"标志安装位置:$(K720+100)-150=719+950$;

"降"标志安装位置:$(K720+100)-50=K720+50$;

"升"标志安装位置:$(K720+100)+120=K720+220$;

③上行降弓标志安装位置

"准备降弓"标志安装位置:$(K720+100)+120+150=K720+370$;

"降"标志安装位置:$(K720+100)+120+50=K720+270$;

"升"标志安装位置:$K720+100$;

(2)安装降弓标志前,按规定向电力调度、车站办理有关手续,手续办理完毕,按降弓标志安装位置,设置降弓标志,如图9-1-10所示。

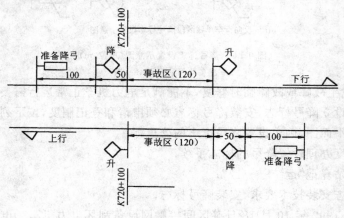

图 9-1-10　降弓标志安装位置

第二节　行车组织规则

1.(《行规》第 7 条,下同):电力机车牵引区段线路与接触网维修的补充规定(《技规》第 19、120、121 条):

(1)为保持接触网与线路的相对位置,供电和工务部门应会同在隧道边墙的一侧或接触网支柱内侧划一红横线(轨面标准线)。红横线上面标明轨面至接触网导线的高度;红横线下面标明隧道边墙或支柱内侧至线路中心的距离,红横线的高程为钢轨顶面设计标高。实际轨面标高(包括施工时标高的改变)与红横线高程之差在任何情况下,不得大于30 mm,作为线路和接触网维修时共同遵守的标准。如因改建、大修需将线路或接触网支柱起高、下落,或横向位移时,施工前供电和工务部门应会同按批准的施工文件测量复核;竣工后复查并重新测定。测量的各数据,均须经双方签认并报分局备查。

在改建、大修设计、施工时,如降低接触网的规定高度,必须报路局批准后,方准施工。接触网高度已在本规则表 9-2-1 规定的最低限度时,不得提高红横线高程。

(2)工务部门线路上进行施工作业时,应严格按照《铁路工务安全规则》的有关规定办理,但在曲线变更原设计超高时,对拨道量应有所限制:其超高度每增加10 mm,向股一侧年累计拨道量应减少40 mm,超高度每减少10 mm,向上股一侧年累计拨道量应减少40 mm。但总的超高度变更,不得超过30 mm。

(3)工务部门与供电部门,对行车设备相互关联部分时:

①工务部门线路施工遇下列情况之一时,须事先通知供电部门采取安全措施:

a.更换带有回流线的钢轨时;

b.更换牵引变电所岔线和通往岔线线路的钢轨及其主要联结零部件(如夹板、辙叉等)时;

c.在有接触网的线路上,于同一地点,同时更换两股钢轨及两股钢轨以上的夹板时;

d.更换整组道岔时。

②下列施工项目,由施工单位设置轨道横向连接线后进行:

a.成段更换一股钢轨或夹板;

b.单独更换道岔;

c.拆开夹板整正或调整轨缝。

③线路施工需要临时拆除接触网常设接地线时,零星施工由工务部门采取安全措施后进行;成段施工,应在供电部门配合下进行。

2.(第 8 条):接触网导线高度的补充规定(《技规》第 120 条):

(1)局管内电力机车牵引区段接触网导线高度,在未改造前,不得低于表 9-2-1 所列数值。

(2)表 9-2-1 内所列高度凡未达到《技规》规定高度者,应于进行技术改造时解决。

3.(第 9 条):电力机车牵引区段隔离开关操作的规定:

(1)隔离开关操作人员必须熟悉掌握供电系统的隔离开关,分段绝缘器位置及线路有关接触网等设备情况。对已停电检修或打开隔离开关断电的线路,要在控制台有关按扭上挂无电表示牌。

(2)进行隔离开关开闭作业时,必须有两人在场,一人操作,一人监护。操作、监护人员分别由车站助理值班员、作业员、站务员、货运员、装卸员、机车司机或整备司机担任。上述人员由车务、机务、水电、供电段共同组织训练,考试合格后由供电段发给隔离开关操作证才能担任操作或监护工作。

表 9-2-1　郑局电力机车牵引区段接触网导线最低高度表

高度(mm) 地段＼区段名称	编组站	区段站	区间	区隧桥间内	中间站	限制度度地点
宝鸡——凤州			5700	5300	5700	杨观12#隧道内为5330 mm
凤州——略阳			5700	5310	5700	两聂88#隧道内为5310 mm
略阳——广元			5700	5150	5700	高巨帅家坨隧道内为5150 mm
宝鸡东、宝鸡、略阳站	6200					
阳平关站		6200				
阳平关、安康			5700	5350	5700	
勉西站、阳平关东站	6200					
汉中、汉阴、恒口站		6200				
宝鸡——天水			5700	5300	5700	坪颜区间个别点导高为5250 mm
天水、福临堡站	6200	6200				
镇——安口窑	6200	6000	5700	6000	5700	
安康——安康东、旬阳站	6200	6200				
达县站	6200					
万源站		6200				
安康——胡家营			5700	5350	5700	
万源——达县			5700	5350	5700	
月山——长治北			5700	5580	5700	
赵庄、东元庆、孔庄、西南呈					5700	
高平、长治		6200				
月山、晋城、长治北	6200					
襄北编组站	6200					
襄樊站、六里坪站	6200					
白浪、十堰、花果站		6200				
襄樊——胡家营			5700	5350	5700	
郑州(北)——安阳	6200	6200	5700		5700	
郑州北——宝鸡	6200	6200	5700	5450	5700	K793＋660 庙沟隧道(上行)为5450 mm K822＋138 贺家庄隧道(下行)为5530 mm
六里坪站	5750					站内人行天桥处
十堰站		5750				站内立交桥处
郑州——武昌南	6200	6200	5700	5750	5700	武汉长江桥上为5650 mm
孟庙——平顶山东	6200	6200	5700		5700	
九府坟——嘉峰		6200	5750	5700	6000	莲——盘间板高为5700 mm
嘉峰站	6450					
济源——关林		6000	5750	5750	6000	
洛阳北上、下行场	6450					

　　(3)隔离开关操作前,操作人必须穿戴好规定的绝缘靴和绝缘手套,确认开关及其传动装置正常、接地良好方准按程序操作。操作要准确迅速、一次开闭到底,中途不得停留和发生冲击。操作过程中,人体各部位不得与支柱及其构件相接触。雷电来临时或雷电中,禁止操作隔

离开关。

（4）发现隔离开关及其传动装置状态不良时，操作人员应立即报告电力调度派人检修。在未修复之前不得进行操作，严禁擅自攀登自行修理。

（5）绝缘靴、绝缘手套由各使用单位自备（或委托供电段代购），投入使用前要送供电段作绝缘耐压试验，合格后才能使用。不用时应放于阴凉干燥不落尘灰的容器内，每半年供电段检查试验一次。每次使用前要仔细检查，发现有裂纹等异状时，禁止使用。

（6）带接地闸刀的隔离开关，应经常处于闭合状态。因工作需要断开时，工作完毕后要及时闭合。

（7）在隔离开关的转动杆上距轨面3m高处，由供电段加装有电或无电表示。

（8）隔离开关断开或闭合要及时加锁。站内货物装卸线上的隔离开关应使用"子母锁"（亦称双胆锁）；因装卸作业隔离开关断开加锁后，一把钥匙交回运转室，另一把钥匙由装卸值班员（没有装卸值班员的车站由货运员或站务员）保管。装卸完毕，隔离开关闭合加锁后，两把钥匙一并交运转室保管。

4.（第10条）：在有接触网线路上设置安全作业标、整备作业灯及进行作业的规定（《技规》第123条）：

（1）设有接触网分段绝缘器和隔离开关的线路上的安全作业标志，在现有线路上由使用单位、在新建线路上由电化单位负责制作设置，如图9-2-1所示。

（2）在敞、平车上（风动卸碴车除外）进行装卸作业或在机车车顶上进行整备作业时，必须在安全作业标内并确认停电后，方可进行。作业完毕，值班员应确认所有人员离开危险区后，方准向接触网送电。

（3）电力机车折返段或给水地点设有接触网有、无电表示灯时，均须确认该灯表示并确认接触网已无电后，方准登上车顶进行整备作业或转动水鹤臂管上水、挖煤。

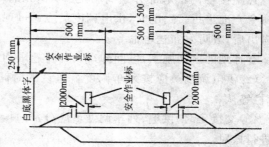

图9-2-1　安全作业标志设置示意图

5.（第11条）：行车设备施工检修登记的补充规定（《技规》第289条）：

车站行车设备发生故障或不正常时，车站值班员应立即通知有关部门处理，并将发生时间、设备名称、故障或不正常现象及对行车的影响记入《行车设备检查登记簿》。

如施工检修工作影响设备正常使用时，检修人员应登记，写明检修的设备名称及需要时间、影响正常使用或停用设备的范围（影响正常使用的设备是指在采取有关安全措施后仍可使用的设备；停用的设备是指禁止使用的设备）。车站值班员应认真审核登记内容，根据有关规定积极配合给点。

每项设备检修前须取得车站值班员同意并给点后方可进行。

检修一项设备需要较长时间时，车站值班员可分段给点，检修工作只能在车站值班员承认的时间内进行。

在承认的用于检修的时间内，遇特殊情况，车站值班员需使用该设备时，在设备能使用的条件下，并取得检修人员的签认后，方准使用。

6.（第12条）：行车设备检查登记簿配置地点的补充规定（《技规》第18条）：

《行车设备检查登记簿》应配置在车站、车场、线路所、辅助所的值班员处。为便于检修人员联系和工作,在信号楼、驼峰集中楼、调车区长室,设有道口信号或报警设备的道口房,设有机车信号的机务段机车调度室的值班员处以及地点适当的扳道长室,亦可配置《行车设备检查登记簿》。

7.(第122条):在电力机车牵引区段安全作业的补充规定(《技规》第123条):

(1)在电力机车牵引区段内,禁止攀登机车、棚车、罐车的车顶及其他车辆装载的货物上,车体及货物上不准有超出机车辆限界的翘起物。对开往电力机车牵引区段的列车,运转车长在接收列车时,以及在衔接电力机车牵引区段的各站停车时,站车人员发现不符合上述规定的人员和物件时,应适当处理,并向押运人员或其它随乘人员宣传注意事项。

(2)在接触网带电的情况下禁止用水管冲洗机车、车辆、往牲畜车上浇水,并禁止在车体外面敲打烟筒、打开车顶门盖或用杆子测量货物高度等。

(3)与电气化铁路衔接的油卸岔线、必须安装消火花装置。

8.(第123条):牵引供电停、送电程序的规定:

(1)由接触网工区或需要停电单位填写《停送电申请书》报供电调度员审查,同意后由供电调度员登记《牵引供电停、送电登记簿》交列车调度员,经共同研究确定后,列车调度员在登记簿"列车调度员同意"栏签认,然后双方分别以调度命令下达。

凡距接触网带电部分距离不足2000 mm的作业需在停电时间内进行的,应有供电调度员的命令方准进行。送电时,供电调度员应通过现场作业负责人确认现场已清理完毕、人员已全部撤出后,方可发布送电命令。

有计划的区间施工,区间卸车及开行超限列车等,应符合月度运输施工方案的安排。

(2)供电调度员应按列车调度员签认的时间及时送电、通知列车调度员,双方在"送电通知"栏签认。

(3)交接班时,供电、列车调度员应分别向接班者交待清楚。接班后,双方应及时将接班内容进行核对。

(4)《牵引供电停、送电登记簿》填写方法如表9-2-2所示。

《牵引供电停、送电登记簿》填写方法和要求如下:

(1)"供电臂"栏:填写需停电供电臂名称,如"五里堡——薛店下行";

(2)"起止时间"栏:填写图定"天窗"时间或电报命令时间,如"10时25分～11时55分";

(3)"停电起止时间"栏:填写以列车调度员同意的时刻为准,如"9时25分～10时35分";

(4)"备考"栏:填写电报命令号、封锁线路等;

表 9-2-2　牵引供电停、送电登记簿填写参考表

项　目	停电计划				列车调度员同意					备　　考
年 月 日	区 间地 点	供电臂	起　止时　间	供调电度员	停电起止时间	签 名	送电时分	供电调度员	列车调度员	
1995.4.5	五小区间下行	五里堡——薛店下行	10.25～11:55	Y	9:25～10:35	K	10;30	Y	K	

9.(第124条):接触网停电时列车运行的补充规定(《技规》第256、259、260条):

(1)电力机车牵引区段列车在区间运行遇接触网停电时,应立即停车。由运转车长报告列车调度员按其指示办理,并按规定进行防护(机车装有无线列调电话时,由司机向列车调度员

报告）。待接触网受电将列车制动系统充风至规定压力后，撤降低防护及止轮措施，按规定继续运行。

（2）在列车运行图为接触网维修施工所留的空隙时间内，进行接触网施工时，除接触网施工用的接触网检查车、重（轻）型轨道车外，其他机车、车辆及重（轻）型轨道车，不经供电调度员许可，不准进入施工停电区间。

（3）接触网停电时，列车在区间应就地制动停车。

10.（第125条）：电力机车牵引区段使用内燃、蒸汽机车的规定：

（1）电力机车牵引区段遇下列情况之一时，准许使用内燃、蒸汽机车：

①事故救援时；

②调车机车、调度机车及线路大修工程列车在规定区段内运行时；

③挂运装载超限货物车辆需要停电时；

④需要停电在区间卸车时；

⑤牵引供电设备较长时间故障时。

（2）电力、内燃、蒸汽机车共同运行的区段，在批准的接触网停电检修时间内必须有非电力机车牵引的列车运行时，应于下达的施工命令中说明，施工负责人应提前与有关车站联系（按《技规》282条的办法），以保证列车经过前撤出线路，在长大坡道的区间必须于邻站开车（通过）前撤出。检修施工时须按规定进行防护。

11.（第126条）：电力机车降弓运行的补充规定（《技规》第330、340条）

（1）接触网故障或其他原因，电力机车受电弓不能正常通过时，司机应根据调度命令和降弓标志或降升弓手信号及时降下或升起受电弓。

（2）需电力机车长期降弓通过的故障地段，除列车调度员、供电调度员的通知发布调度命令外，供电、水电段应按《技规》175图规定在故障地段列车运行方向的左侧，设置准备降弓标志和降、升弓标志。

（3）突然发现接触网故障时经发现人员判明仍能降弓运行时，应站在准备降弓和升弓标志的位置处，向司机显示降弓、升弓手信号并设法通知供电调度员和列车调度员；如不能降弓运行时，应及时向列车停车信号，使列车停车，然后设法将故障情况和地段报告供电调度员和列车调度员。供电调度员应立即组织处理，列车调度员应向能降弓通过故障地段的各次列车，发布降弓的调度命令。

12.（第157条）：区间接触网故障抢修的规定

（1）当区间没有列车时，供电调度员应立即将故障处所通知列车调度员，并通知供电段和接触网工区迅速出动。列车调度员立即封锁区间，放行抢修车。

（2）当区间停有列车时，列车调度员将得到运转车长或司机已被迫停车的报告和供电调度员的抢修报告后，立即发布调度命令向封锁区间开行抢修车并通知运转车长或司机在抢修车开来方面设置防护。

（3）区间停有列车，未得到运转车长或司机的报告时，列车调度员（会同供电调度员）应采取措施查明区间情况后，向抢修车发布进入封锁区间的调度命令，并通知运转车长或司机在抢修车开来方面设置防护。

13.［附件9：第6条第（6）、（7）款］：电务、工务、机务（供电、电力）、车务部门间对行车设备分管办法。（第6条：供电设备分管范围的划定）：

（1）［第（6）款］：吸流变压器上的吸上线与AT区段的PW线与扼流变压器（含空扼流变

压器)相连时,轨道电路用的扼流变压器的连接板由电务段管理;连接板上的螺丝和吸上线由供电段管理。

(2)[第(7)款]:远动装置及通道以电调接及供电的变电所、开闭所、AT 所、分区亭室内通信分线盒为界,通信分线盒为电务设备,由电务部门管理;分线盒以下引至远动装置的电缆为供电设备,由供电段管理。

附表 1　牵引供电设备运行概况表

填报单位：郑州铁路局　　　　1997 年 4 月

供电段	线别	牵引变压器容量 MV·A	台	受电量 MkW·h	供电量 总计 MkW·h	供电量 牵引 MkW·h	供电量 非牵引 MkW·h	变电所自用电 MkW·h	损失电量及损失率 变电所 MkW·h	%	损失电量及损失率 接触网 MkW·h	%	无功电量 MkVar·h	功率因数	负荷率 最大 %	负荷率 最小 %	主变利用率 最大 %	主变利用率 最小 %	接触网末端电压 最低 kV	接触网末端电压 供电区段	馈电线电流 最大电流 A	馈电线电流 持续时间 min	馈电线电流 供电区段	馈电线过负荷跳闸 件数	馈电线过负荷跳闸 累计停时 h
1	2	3	4	5	6	7	8	9	10	11	12	13	14	15	16	17	18	19	20	21	22	23	24	25	26
总计	合计	181.5	4	21.4	20.0	20.0	0	0.016	0.142	0.7	1.26	5.8	6.5	0.96	79	41	23	7	20		22	23	24	25	26
郑州	陇海线	31.5	1	3.6	3.4	3.4	0	0.006	0.028	0.8	0.17	4.6	1.3	0.94	64	64	16	16	22	郑——五	610	1	郑——五	0	0
郑州	京广线	150.0	3	17.8	16.6	16.6	0	0.01	0.114	0.6	1.09	6.0	5.2	0.96	79	41	23	7	22	临——长	600	1	薛——五	0	0
信阳	合计																								
信阳	孟平线																								
信阳	京广线																								
备注																									

填报单位：郑州铁路局　　　　　　　　　　　　　　　　　　　　　

供电段	线别	安全指标				总　计			供电原因							接触网									变电设备				
							其中	其中					其中																
		每瓦百时万跳千闸	跳停闸平均时	每供百电万原千因瓦跳时闸	供闸电平原均因停跳时	跳闸	其中重合成功	停电时间	跳闸合计	重合成功	停电时间合计	接触网	变电设备	误操作	其它	零件缺陷	绝缘闪络击穿	分相装置	分段装置	锚段关节	线岔	电联接	补偿装置	其它	保护装置	绝缘闪络击穿	其它	误操作	其它
		件	min	件	min	件	件	h	件	件	h	h	h	h	h	件	件	件	件	件	件	件	件	件	件	件	件	件	件
1	2	3	4	5	6	7	8	9	10	11	12	13	14	15	16	17	18	19	20	21	22	23	24	25	26	27	28	29	30
总　计																													
郑州	合计	0.207	9.25	0.000	0	10	6	0.61	0	0	0	0	0	0	0	0	0	0	0	0	0	0	0	0	0	0	0	0	0
	枢纽	0.938	9	0.000	0	7	4	0.45	0	0	0	0	0	0	0	0	0	0	0	0	0	0	0	0	0	0	0	0	0
	京广线	0.062	10	0.000	0	3	2	0.16	0	0	0	0	0	0	0	0	0	0	0	0	0	0	0	0	0	0	0	0	0
备注																													

跳闸及事故概况表

机车原因					外 部 原 因													原因不明		接触网故障地点分布				供电责任事故			行车责任事故			工伤	
跳闸合计	停电时间合计	受电弓及绝缘闪络击穿	误操作	其中带闸分电相	其它	跳闸合计	停电时间合计	装载不良	误操作发开列车	倒树	隧道漏水	交通肇事	电源故障	雷击接触网	雷击变电设备	偷盗	其它	跳闸合计	停电时间合计	车站	其中机务段	区间	其中隧道	重大	大	一般	合计	其中险性	一般	合计	其中死亡
件	h	件	件	件	件	件	h	件	件	件	件	件	件	件	件	件	件	件	h	件	件	件	件	件	件	件	件	件	件	件	件
31	32	33	34	35	36	37	38	39	40	41	42	43	44	45	46	47	48	49	50	51	52	53	54	55	56	57	58	59	60	61	62
4	0.05	0	0	1	3	6	0.56	1	0	0	0	0	0	0	0	0	5	0	0	0	0	0	0	0	0	0	0	0	0	0	0
4	0.05	0	0	1	3	3	0.4	1	0	0	0	0	0	0	0	0	2	0	0	0	0	0	0	0	0	0	0	0	0	0	0
0	0	0	0	0	0	3	0.16	0	0	0	0	0	0	0	0	0	3	0	0	0	0	0	0	0	0	0	0	0	0	0	0

填报单位:郑州供电段

线别	所别	安全指标				总　计			供　电　原　因																					
										其中		其中			接触网									变电设备					
		每瓦百时万千闸	跳停闸平均时	每供电百原万千瓦跳时闸	供闸电平原均停跳时	跳闸	其中重合成功	停电时间	跳闸合计	重合成功	停电时间合计	接触网	变电设备	其它	零件缺陷	绝缘闪络击穿	分相装置	分段装置	锚段关节	线岔	电联接	补偿装置	其它	保护装置	绝缘闪络击穿	其它	误操作	其它	其它
		件	min	件	min	件	件	h	件	件	h	h	h	h	件	件	件	件	件	件	件	件	件	件	件	件	件	件	件
1	2	3	4	5	6	7	8	9	10	11	12	13	14	15	16	17	18	19	20	21	22	23	24	25	26	27	28	29	30
总　计		0.207	9.25	0.000	0	10	6	0.61	0	0	0	0	0	0	0	0	0	0	0	0	0	0	0	0	0	0	0	0	0
陇海线	郑北	0.938	9	0.000	0	7	4	0.45	0	0	0	0	0	0	0	0	0	0	0	0	0	0	0	0	0	0	0	0	0
京广线	小计	0.062	10	0.000	0	3	2	0.16	0	0	0	0	0	0	0	0	0	0	0	0	0	0	0	0	0	0	0	0	0
	广武	0.000	0	0.000	0	0	0	0.00	0	0	0	0	0	0	0	0	0	0	0	0	0	0	0	0	0	0	0	0	0
	薛店	0.167	10	0.000	0	1	0	0.16	0	0	0	0	0	0	0	0	0	0	0	0	0	0	0	0	0	0	0	0	0
	临颖	0.000	0	0.000	0	2	2	0.00	0	0	0	0	0	0	0	0	0	0	0	0	0	0	0	0	0	0	0	0	0

备注

本月总供电量:19.3MkW·h。　　其中郑北:3.2MkW·h。　　京广线小计:16.1MkW·h

(广武:2.4MkW·h,薛店:6.0MkW·h,临颖:7.7MkW·h)

跳闸及事故概况表

机车原因						外部原因												原因不明		接触网故障地点分布				供电责任事故			行车责任事故			工伤	
跳闸合计	停电时间合计	受电弓及绝缘闪络击穿	误操作	其中带闸分相	其它	跳闸合计	停电时间合计	装载不良	误操作接发列车	倒树	隧道漏水	交通肇事	电源故障	雷击 接触网	雷击 变电设备	偷盗	其它	跳闸合计	停电时间合计	车站	其中机务段	区间	其中隧道	重大	大	一般	合计	其中险性	其中一般	合计	其中死亡
件	h	件	件	件	件	件	h	件	件	件	件	件	件	件	件	件	件	件	h	件	件	件	件	件	件	件	件	件	件	件	件
31	32	33	34	35	36	37	38	39	40	41	42	43	44	45	46	47	48	49	50	51	52	53	54	55	56	57	58	59	60	61	62
4	0.05	0	0	1	3	6	0.56	1	0	0	0	0	0	0	0	0	5	0	0	0	0	0	0	0	0	0	0	0	0	0	0
4	0.05	0	0	1	3	3	0.4	1	0	0	0	0	0	0	0	0	2	0	0	0	0	0	0	0	0	0	0	0	0	0	0
0	0	0	0	0	0	3	0.16	0	0	0	0	0	0	0	0	0	3	0	0	0	0	0	0	0	0	0	0	0	0	0	0
0	0	0	0	0	0	0	0	0	0	0	0	0	0	0	0	0	0	0	0	0	0	0	0	0	0	0	0	0	0	0	0
0	0	0	0	0	0	1	0.16	0	0	0	0	0	0	0	0	0	1	0	0	0	0	0	0	0	0	0	0	0	0	0	0
0	0	0	0	0	0	2	0	0	0	0	0	0	0	0	0	0	2	0	0	0	0	0	0	0	0	0	0	0	0	0	0

附表 4　牵引供电设备运行概况填写参考表

填报单位：郑州供电段　　1997 年 4 月

线别	所别	牵引变压器容量 MV·A	台	受电电量 MkW·h	供电量 总计 MkW·h	供电量 牵引 MkW·h	供电量 非牵引 MkW·h	损失电量及损失率 变电所自用电 MkW·h	损失电量及损失率 变电所 MkW·h	损失电量及损失率 变电所 %	损失电量及损失率 接触网 MkW·h	损失电量及损失率 接触网 %	无功电量 MkVar·h	功率因数	负荷率 最大 %	负荷率 最小 %	主变利用率 最大 %	主变利用率 最小 %	接触网末端电压 最低 kV	接触网末端电压 供电区段	馈电线电流 最大电流 A	馈电线电流 持续时间 min	馈电线电流 供电区段	馈电线过负荷跳闸 件数	馈电线过负荷跳闸 累计停时 h
1	2	3	4	5	6	7	8	9	10	11	12	13	14	15	16	17	18	19	20	21	22	23	24	25	26
总计		181.5	4	21.4	20.0	20.0	0	0.016	0.142	0.7	1.26	5.9	6.5	0.96	79	41	23	7	22	郑—五	610	1	郑—五	25	26
陇海线	郑北	31.5	1	3.6	3.4	3.4	0	0.006	0.028	0.8	0.17	4.7	1.3	0.94	64	64	16	16	22	郑—五	610	1	郑—五	0	0
京广线	小计	150.0	3	17.8	16.6	16.6	0	0.010	0.114	0.6	1.09	6.1	5.2	0.96	79	41	23	7	22	临—长	600	1	薛—五	0	0
京广线	广武	50.0	1	2.7	2.5	2.5	0	0.003	0.029	1.1	0.17	6.3	0.0	1.00	41	7	7		24	广—忠	480	1	广—忠	0	0
京广线	薛店	50.0	1	6.8	6.3	6.3	0	0.003	0.041	0.6	0.46	6.8	2.5	0.94	79		19		23	薛—长	600	1	薛—五	0	0
京广线	临颍	50.0	1	8.3	7.8	7.8	0	0.004	0.044	0.5	0.46	5.5	2.7	0.95	50		23		22	临—长	470	2	临—漯	0	0

备注

填报单位：郑州铁路局

附表5 弓网故障分析表

1996年1月

供电段	线别	安全指标 每百万千瓦时弓网故障(件)	弓网故障平均停时(min)	每百万千瓦时供电原因弓网故障(件)	供电原因弓网故障平均停时(min)	总计 弓网故障(件)	停电时间(h)	供电原因 弓网故障合计(件)	停电时间合计(h)	接触网参数(件)	抗风稳定差(件)	零件缺陷(件)	分相装置(件)	分段装置(件)	锚段关节(件)	补偿装置(件)	线(件)	其它(件)	机车原因 弓网故障合计(件)	停电时间合计(h)	受电弓滑板(件)	受电弓其它部分(件)	误操作(件)	带电局分相(件)	其它(件)	外部原因 弓网故障合计(件)	停电时间合计(h)	装载不良(件)	误接发列车(件)	线路施工影响(件)	交通肇事(件)	偷盗(件)	其它(件)	其它 弓网故障合计(件)	停电时间合计(h)	故障地点分布 车站(件)	区间(件)	其中隧道(件)	故障发生时间分布 昼间(件)	夜间(件)	供电原因分类 运营(件)	设计施工(件)	产品质量(件)	其它(件)
		3	4	5	6	7	8	9	10	11	12	13	14	15	16	17	18	19	20	21	22	23	24	25	26	27	28	29	30	31	32	33	34	35	36	37	38	39	40	41	42	43	44	45
	1																																											
总计	2																																											
郑州	合计	0.050	41	0.000	0	1	0.68	0	0										0	0	0	0	0	0	0	1	0.68	1	0	0	0	0	0	0	0	0	0	0	0	0	0	0	0	0
	陇海线	0.000	0	0.000	0	0	0	0	0										0	0	0	0	0	0	0	0	0	0	0	0	0	0	0	0	0	0	0	0	0	0	0	0	0
	京广线	0.063	41	0.000	0	1	0.68	0	0										0	0	0	0	0	0	0	1	0.68	1	0	0	0	0	0	0	0	0	0	0	0	0	0	0	0

备注

附表6　弓　网　故　障　分　析　表

1996年1月

填报单位：郑州供电段

所别	线别	安全指标 每百千瓦时弓网故障(件)	弓网故障平均停时(min)	每百千瓦时供电原因弓网故障(件)	供电原因弓网故障平均停时(min)	总计 弓网故障(件)	停电时间(h)	供电原因 弓网故障合计(件)	停电时间合计(h)	接触网参数(件)	抗风稳定差(件)	零件缺陷(件)	分相装置(件)	锚段关节(件)	分段装置(件)	补偿装置(件)	线路(件)	其它(件)	机车原因 弓网故障合计(件)	停电时间合计(h)	受电弓滑板(件)	受电弓其它部分(件)	误操作(件)	其中带电闸分相(件)	其它(件)	外部原因 弓网故障合计(件)	停电时间合计(h)	装载不良(件)	误接发列车(件)	线路施工影响(件)	交通肇事(件)	偷盗(件)	其它(件)	其它 弓网故障合计(件)	停电时间合计(h)	故障地点分布 车站(件)	区间(件)	其中隧道(件)	故障发生时间分布 昼间(件)	夜间(件)	供电原因分类 运营(件)	设计施工(件)	产品质量(件)	其它(件)
		3	4	5	6	7	8	9	10	11	12	13	14	15	16	17	18	19	20	21	22	23	24	25	26	27	28	29	30	31	32	33	34	35	36	37	38	39	40	41	42	43	44	45
计		0.05	40.8	0	0	1	0.68	0	0	0	0	0	0	0	0	0	0	0	0	0	0	0	0	0	0	1	0.68	1	0	0	0	0	0	0	0	0	0	0	0	0	0	0	0	0
总	郑北陇海线	0	0	0	0	0	0	0	0											0	0						0	0							0	0	0	0		0	0	0	0	0	0
	临颍京广线	0.063	40.8	0	0	1	0.68	0	0											0	0						1	0.68	1						0	0	0	0		0	0	0	0	0	0

备注：本月牵引总供电量20 MkW·h（其中：枢纽4 MkW·h，京广线16 MkW·h）

填报单位：郑州铁路局　　1996 年 12 月

附表 7　接触网检修"天窗"概况表

供电段	线别	图定天窗 h	可利用天窗 h	申请计划 h	实际停电时间 h	允许作业时间 h	实际作业时间 h	计划率 %	兑现率 %	利用率 %	上网率 应作业人数 名	上网率 实际作业人数 人次	上网率 %	天窗损失分析 计 h	天窗损失分析 %	其中 供电 h	其中 %	其中 运输 h	其中 %	其中 天气 h	其中 %	其中 其它 h	其中 %
	1	3	4	5	6	7	8	9	10	11	12	13	14	15	16	17	18	19	20	21	22	23	24
总计	合计	810.5	583.34	609.48	325.45	297.27	297.27	104.5	53.4	100	7870	7421	94.3	257.89	44.2	0	0	241.65	93.7	16.24	6.3	0	0
郑州	陇海	165.7	165.7	185.7	83.5	71.34	71.34	112	45	100	2156	1995	93	82.17	49.6	0	0	82.17	100	0	0	0	0
	京广	644.8	417.64	423.78	241.92	225.93	225.93	101.5	57	100	5714	5426	95	175.72	42	0	0	159.48	90.76	16.24	9.24	0	0

分析

填报单位：郑州供电段　　　　　　　　　　　　　　　　　　　　　　　　　　　　　　　　　　　1996年12月

附表8　接触网检修"天窗"概况表

线别	工区	图定利用天窗 (h)	可用天窗 (h)	申请计划 (h)	实际停电时间 (h)	允许作业时间 (h)	实际作业时间 (h)	计划率 (%)	兑现率 (%)	利用率 (%)	应作业人数 (名)	实际作业人次 (人次)	上网率 (%)	天窗损失分析 计 (h)	%	其中供电 (h)	%	运输 (h)	%	天气 (h)	%	其它 (h)	%
1	2	3	4	5	6	7	8	9	10	11	12	13	14	15	16	17	18	19	20	21	22	23	24
总	计	810.5	583.34	609.48	325.45	297.27	297.27	104.5	53.4	100	7870	7421	94.3	257.89	44.2	0	0	241.65	93.7	16.24	6.3	0	0
陇海线	小计	165.7	165.7	185.7	83.5	71.34	71.34	112	45	100	2156	1995	93	82.17	49.6	0	0	82.17	100	0	0	0	0
	上行	40.5	40.5	46.5	21.35	19.4	19.4	115	46	100	576	519	90	19.15	47.3	0	0	19.15	100	0	0	0	0
	下行	39	39	43.5	21.25	16.9	16.9	111.5	49	100	566	517	91	17.75	45.5	0	0	17.75	100	0	0	0	0
	西站	30	30	38.5	25.02	20.51	20.51	128	65	100	576	558	97	4.98	17	0	0	4.98	100	0	0	0	0
	客站	29.2	29.2	36.2	14.53	13.2	13.2	124	40	100	408	374	92	14.67	50	0	0	14.67	100	0	0	0	0
	五网	27	27	21	1.38	1.33	1.33	78	7	100	30	27	90	25.62	95	0	0	25.62	100	0	0	0	0
京广线	小计	644.8	417.64	423.78	241.92	225.93	225.93	101.5	57	100	5714	5426	95	175.72	42	0	0	159.48	90.76	16.24	9.24	0	0
	五网	52.29	52.29	57.27	44.62	43.5	43.5	110	78	100	960	884	92	7.67	15	0	0	7.67	100	0	0	0	0
	谢网	77.19	77.19	77.19	57.48	50.71	50.71	100	74.4	100	608	532	87.5	19.7	25.6	0	0	17.27	87.4	2.44	12.6	0	0
	新网	59	59	59	28.3	26.64	26.64	100	48	100	600	545	90.8	30.7	52	0	0	21.7	70.68	9	29.32	0	0
	长网	156	79	81	40	38	38	103	49	100	1258	1249	99	39	49	0	0	39	100	0	0	0	0
	许网	147.8	73.9	73.9	35.4	32	32	100	48	100	1215	1192	98.1	38.5	52	0	0	33.7	87.5	4.8	12.5	0	0
	临网	152.52	76.26	75.42	36.12	35.08	35.08	99	48	100	1073	1024	95	40.14	53	0	0	40.14	100	0	0	0	0

分析
1. 统计日期：96年12月1日～96年12月31日；
2. 由于运输占用241.65h，天气损失16.24h，因此兑现率仅为53.4%，领工区采用联合作业，因此计划率为104.5%，利用率为100%，上网率为94.3%。

附表 9　接触网检修"天窗"概况表

填报单位：五里堡工区　　　　　　　1996 年 12 月

线别	所别	图定天窗定窗 (h)	可利用天窗 (h)	申请计划 (h)	实际停电时间 (h)	允许作业时间 (h)	实际作业时间 (h)	计划率 (%)	兑现率 (%)	利用率 (%)	上网率 应作业人数 (名)	上网率 实际作业人数 (人次)	上网率 (%)	天窗损失分析 计 (h)	(%)	供电 (h)	(%)	运输 (h)	(%)	天气 (h)	(%)	其它 (h)	(%)
1	2	3	4	5	6	7	8	9	10	11	12	13	14	15	16	17	18	19	20	21	22	23	24
陇海线	小计	27	27	21	1.38	1.33	1.33	78	7	100	30	27	90	25.62	95	0	0	22.62	88	3	12	0	0
陇海线	郑北 11#	13.5	13.5	10.5	1.38	1.33	1.33	78	13	100	30	27	90	12.12	90	0	0	10.62	87	1.5	12	0	0
陇海线	郑北 12#	13.5	13.5	10.5	0	0	0	78	0	0	0	0	0	13.50	100	0	0	12	89	1.5	11	0	0
京广线	小计	52.29	52.29	57.27	44.62	43.5	43.5	110	78	100	960	884	92	7.67	15	0	0	7.67	100	0	0	0	0
京广线	薛变 1#	29.82	29.82	32.66	22.31	21.75	21.75	110	68	100	480	442	92	7.51	25	0	0	7.51	100	0	0	0	0
京广线	薛变 2#	22.47	22.47	24.61	22.31	21.75	21.75	110	91	100	480	442	92	0.16	1	0	0	0.16	100	0	0	0	0

分析